国家示范骨干高职院校重点建设专业系列教材

园林植物养护

陈彦霖　陈全胜　主编

中国农业大学出版社
·北京·

内 容 简 介

本教材是湖北省精品课程"园林植物养护"配套教材,基于园林植物养护管理工作过程,系统介绍园林植物移栽定植、园林植物日常管理、园林植物整形修剪、园林植物病虫害防治、园林植物各种灾害防治、古树名木养护等技术,内容全面。教材图文并茂,简明易懂,实用性强,适用于大专院校园林技术专业和相近专业的教学及园林绿化工程技术人员学习参考,也可作为绿化工考级参考书籍和农村实用技术培训用书。

图书在版编目(CIP)数据

园林植物养护/陈彦霖,陈全胜主编. —北京:中国农业大学出版社,2012.12
ISBN 978-7-5655-0634-5

Ⅰ.①园… Ⅱ.①陈…②陈… Ⅲ.①园林植物-观赏园艺 Ⅳ.①S68

中国版本图书馆 CIP 数据核字(2012)第 285303 号

书　　名 园林植物养护	
作　　者 陈彦霖　陈全胜　主编	
策划编辑 姚慧敏　伍斌	**责任编辑** 洪重光
封面设计 郑川	**责任校对** 陈莹　王晓凤
出版发行 中国农业大学出版社	
社　　址 北京市海淀区圆明园西路2号	**邮政编码** 100193
电　　话 发行部 010-62818525,8625	**读者服务部** 010-62732336
编辑部 010-62732617,2618	**出 版 部** 010-62733440
网　　址 http://www.cau.edu.cn/caup	**e-mail** cbsszs @ cau.edu.cn
经　　销 新华书店	
印　　刷 北京时代华都印刷有限公司	
版　　次 2012年12月第1版　　2012年12月第1次印刷	
规　　格 787×1 092　16开本　16.25印张　395千字	
定　　价 28.00元	

图书如有质量问题本社发行部负责调换

编审人员

主　编　陈彦霖（黄冈职业技术学院）
　　　　陈全胜（黄冈职业技术学院）

副主编　田耀奎（黄冈职业技术学院）
　　　　胡文胜（黄冈职业技术学院）
　　　　胡秀良（黄冈职业技术学院）

参　编　李小梅（黄冈职业技术学院）
　　　　张苏丹（黄冈职业技术学院）
　　　　廖祥六（黄冈职业技术学院）
　　　　郑宝清（黄冈职业技术学院）
　　　　杨辉德（黄冈职业技术学院）
　　　　涂赤红（鄂州市枫叶红园林景观设计工程有限公司）
　　　　杨建华（武汉法雅园林集团有限公司）
　　　　邱建林（黄冈市园林绿化管理局）
　　　　童仕彬（黄冈市花木盆景协会）

主　审　李树华（清华大学）

前　言

　　园林植物养护是园林技术专业的专业核心课程。园林植物养护技术是园林行业绿化从业人员必须掌握的专业技术。设计是前提，施工是基础，养护是保证。由此确定了园林植物养护在园林技术及相关专业课程中的核心地位。本教材是适应高职教学改革的需要，根据职业岗位能力要求，本着必需、够用的原则，引入园林行业企业园林植物养护管理技术标准，参照高级绿化工职业资格标准，针对绿化工岗位的工作任务特点，选取教学内容，遵循学生的认知规律和职业能力培养的基本规律，整合、序化教学内容。全书分为园林植物移栽定植、园林植物日常管理、园林植物整形修剪、园林植物病虫害防治、园林植物各种灾害防治、古树名木养护等六大项目十五个工作任务。

　　本教材在编写过程中得到了清华大学、华中农业大学、黄冈市园林绿化管理局、鄂州市园林绿化管理局、黄冈市花木盆景协会、武汉法雅园林集团有限公司、鄂州市枫叶红园林景观设计工程有限公司等单位的大力支持，在此表示感谢！

　　由于编者水平有限，书中难免有疏漏与错误之处，真诚欢迎广大读者、同行与专家批评指正。

编　者

2012 年 10 月

目　录

项目一　园林植物移栽定植

任务一　园林植物移栽准备

◉**学习目标**

1.了解植物移栽成活的基本原理；

2.熟悉园林植物移栽定植前的准备工作；

3.能够结合具体情况进行园林植物移栽准备；

4.培养组织协调能力、团队协作精神和吃苦耐劳精神。

◉**任务描述**

某大学校园居住区绿地已经做好植物配置设计，现要求你根据设计图选择一株符合设计要求的桂花树进行移栽，本次任务是要完成桂花树的选择和移栽前的准备。

◉**知识准备**

一、移植的概念与意义

1.移植的概念

园林树木的栽植是一个系统的、动态的操作过程，应区别于狭义的"种植"。在园林绿化工程中，树木栽植更多地表现为移植。树木移植是园林绿地养护过程中的一项基本作业，主要应用于对现有树木保护性的移植，对密度过高的绿地进行结构调整中发生的作业。一般情况下，包括起挖、装运和定植三个环节。从生长地连根掘起的操作，叫起挖，包括裸根或带土球起挖；将起挖出的树木，运到栽植地点的过程，叫装运。移植依种植时间的长短和地点的变化，可分为假植、寄植和定植。

（1）假植　假植即将树木根系用湿润土壤进行临时性的埋植。如果树木起运到目的地后，因诸多原因不能及时定植，应将苗木进行临时假植，以保持根部不脱水，但假植时间不应过长。

（2）寄植　将植株临时种植在定植地或容器中的方法。寄植比假植要求高，一般是在早春树木发芽前，按规定挖好土球苗或裸根苗，在施工场地附近进行相对集中培育。

（3）定植　按设计要求将树体栽植到目的地的操作，叫定植。定植后的树木将永久性地生长在栽种地。

2.移植的意义

（1）绿地树木种植密度的调整需要　在城市绿化中，为了能使绿地建设在较短的时间内达到设计的景观效果，一般来说初始种植的密度相对较大，一段时间后随着树体的增粗、长高，原有的空间不能满足树冠的继续发育，需要进行抽稀调整。同时对树木本身而言栽植时切断部分主、侧根,促进须根发展,移植后的合理密植,苗木齐头并进,对养好树干及养好树冠有重要意义。

(2)建设期间的原有树木保护 在城市建设过程中,妨碍施工进行的树木,如果被全部伐除、毁灭,将是对生态资源的极大损害。特别是对那些有一定生长体量的大树,应作出保护性规划,尽可能保留;或采取大树移植的办法,妥善处置,使其得到再利用。在这种情况下一般要实施大树移植。

(3)城市景观建设需要 在绿化用地较为紧张的城市中心区域或城市绿化景观的重要地段,如城市中心绿地广场、城市标志性景观绿地、城市主要景观走廊等,适当考虑大树移植以促进景观效果的早日形成,具有重要的现实意义。但目前我国的大树移植,多以牺牲局部地区、特别是经济不发达地区的生态环境为代价,故非特殊需要,不宜倡导多用,更不能成为城市绿地建设中的主要方向。

二、移植质量对植物的影响

(1)影响成活 植物移植质量好坏直接影响着植物是否成活。

(2)影响植物的健康与效益 成活植株后期的长势受移植质量的影响,移栽质量好的植物恢复能力快,长势均衡,生态效益好。反之,则效果差。

(3)影响养护成本 移植质量好的植株后期养护成本低。反之,养护成本高。

三、园林植物移植成活原理

影响植物移栽成活的主要因素是水分的收支平衡。园林树木在移植过程中可能发生一系列对树体的损伤,如根部的损伤,特别是根系先端具主要吸水功能的须根的大量丧失,使得根系不再能满足地上部枝叶蒸腾所需的大量水分供给;又如树木在挖掘、运输和定植过程中,为便于操作及日后的养护管理,提高栽植成活率,通常要对树冠进行程度不等的修剪。这些对树体的伤害直接影响了树木栽植的成活率和植后的生长发育。要确保栽植树木成活并正常生长,则要了解其成活原理。

(1)遵循树体生长发育的规律 树木在长期的系统进化过程中,经过自然选择,在形态、结构和生理上逐渐形成了对现有生存环境条件的适应性,并把这种适应性遗传给后代,形成了对环境条件有一定要求的特性。栽植树木时,要选择适宜在栽植地生长的树种,并要掌握适宜的栽植时期,采取适宜的栽植方法,提供相应的栽植条件和管护措施。

(2)掌握园林树木的代谢平衡 特别关注树体水分代谢生理活动的平衡,协调树体地上部和地下部的生长发育矛盾,促进根系的再生和树体生理代谢功能的恢复,保障根系与土壤密接,使树体尽早尽好地表现出根壮树旺、枝繁叶茂的生机。

四、保证植物水分平衡的具体措施

(1)恰当选树 为提高成活率,应选择生长势强的幼壮树,通过壮苗做好苗木移栽准备。

(2)合理选时 通常在候均温≤10℃的季节移栽,最保险的温度为 3～5℃;落叶树为落叶盛期。

(3)植株处理 掘前使树木充分吸水,掘后保持树体湿润。如天气干燥,土壤干旱,应灌透水至土不粘铲为止,再起苗。远距离运输,途中应洒水,也可浆根(如黄泥浆:过磷酸钙 2 份,黄泥 15 份,加水 80 份,充分搅拌)。栽植前如发现裸根树木失水过多,根系要浸水 10～20 h。对于小规格乔灌木,无论失水与否,都可在起苗后或栽植前浆根后栽植,浆根不能用污水。如不能及时栽植,应假植或覆盖、洒水。

(4)缩短工时　为提高成活率,应减少从挖到栽的时间,及时栽植。

(5)适当修剪　为提高成活率,应根据实际情况对植株进行适当修剪,保持合理的根冠比。

(6)根土密接　修除过密根、过长根、伤根,减少窝根,并用湿润细土填充根系周围,不吊空(防气袋变水袋)。土球散或大树裸根栽植可"坐浆栽植"。

(7)应用激素　可以使用激素促进根系再生。

(8)栽后管理　栽植后要加强管理,发现问题及时救护。

(9)使用抗蒸腾剂　对植物叶片喷洒抗蒸腾剂,减少水分蒸发。

五、移栽季节选择

1.移栽季节选择原则

①有适合于保湿和树木愈合生根的气象条件,特别是温度与水分条件。

②树木具有较强的发根能力,环境条件有利于维持树体水分代谢的相对平衡。

③一般在树液流动最旺盛的时期不宜栽植。在新芽开始膨大前 1～2 周进行栽植容易成功。落叶阔叶树种更适合于秋植。

2.不同季节的栽植

(1)春季栽植　从植物生理活动规律来讲,春季是树体结束休眠开始生长的发育时期,且多数地区土壤水分较充足,是我国大部分地区的主要植树季节。特别是在冬季严寒地区或对那些在当地不甚耐寒的次适树种、具肉质根的树木(如木兰属、鹅掌楸等),更以春植为妥,并可避免越冬防寒之劳。秋旱风大地区,常绿树种也宜春植,但在时间上可稍推迟。具肉质根的树种,如山茱萸、木兰、鹅掌楸等,根系易遭低温伤冻,也以春植为好。华北地区园林树木的春季栽植,多在 3 月上中旬至 4 月中下旬。华东地区落叶树种的春季栽植,以 2 月中旬至 3 月下旬为佳。树种萌芽习性以落叶松、银芽柳等最早,柳、桃、梅等次之,榆、槐、栎、枣等较迟。

春季各项工作繁忙,劳力紧张,要预先根据树种春季萌芽习性和不同栽植地域土壤化冻时期,利用冬闲作好计划安排,并可进行挖穴、施基肥、土壤改良等先期工作,既合理利用劳力又收到熟化土壤的良效。春季栽植宜"早":新芽开始萌动之前 2 周或数周进行,根据物候,先萌动的先栽。春旱严重的地方(如西北、华北等)不宜早栽,落叶树种,必须在萌动前栽植。

(2)夏季栽植　夏季是植物移栽最不保险的季节。夏季气温高,光照充足,树木生长旺盛,树叶蒸发量大,同时土壤水分蒸发作用强,若在此时进行树木栽植,易造成缺水,尤其是降雨量少时,缺水情况更为严重,因此在夏季栽植树木成活率一般不高,且养护成本高,所以最好不要在夏季进行树木栽植。华北、西北及西南等春季干旱的地区,夏季又恰逢雨季的地方,雨季栽植可获得较高的成活率。江南地区,亦有利用 6～7 月份"梅雨"期连续阴雨的气候特点进行夏季栽植,注意防涝排水的措施,也有较好效果。常绿树种(如松、柏、樟等)和萌芽力较强树种如果方法得当,也能取得较好的效果。若要在夏季栽植提高成活率,可采取适当措施,如带土球栽植、容器苗栽植,适当修枝剪叶、树体遮阴、树冠喷水等。

(3)秋季栽植　在气候比较温暖的南方地区,以秋季栽植更为适宜,落叶盛期以后到土壤冻结之前均可。春季干旱严重、风沙大和春季短的地区,秋植较好。此期,树体落叶后进入生理性休眠,对水分的需求量减少,而外界的气温还未显著下降,地温也比较高,树体的根部尚未完全休眠,移植时被切断的根系能够尽早愈合,并可有新根长出。翌春,这批新根即能迅速生长,有效增进树体的水分吸收功能,有利于树体地上部枝芽的生长恢复。易发生冻害和兽害的地区不宜秋植。

华东地区秋植,可延至11月上旬至12月中下旬;而早春开花的树种,则应在11月份之前种植;常绿阔叶树和竹类植物,应提早至9~10月份进行;针叶树虽在春、秋两季都可以栽植,但以秋植为好。

华北地区秋植,适用于耐寒、耐旱的树种,目前多用大规格苗木进行栽植以增强树体越冬能力。

东北和西北北部等冬季严寒地区,秋植宜在树体落叶后至土地封冻前进行。该地区冬季可采用带冻土球移植大树的做法,在加拿大、日本北部等冬寒严重地区,亦常用此法栽植,成活率亦较高。

(4)反季节栽植 反季节栽植主要指在不适宜的季节时进行树木栽植,一般的树木栽植是在春秋季节进行,而在某些特殊情况下,为了赶工期和尽快见到绿化效果,就要求必须突破季节的限制进行树木栽植,栽植时必须采取一些特殊的管护方式,否则成活相对困难。如在5~9月份的高温、低湿季节或极端低温的冬季栽植。常绿树一年四季都可以栽植,甚至秋天和晚春栽植的成功率比同期栽植的落叶树还高。

六、移栽前的准备

1.明确设计意图,了解栽植任务

园林树木栽植是园林绿化工程的重要组成部分,绿化工程的设计思想决定着树木种类的选择、树木规格的确定以及树木定植的位置。因此,在栽植前必须对工程设计意图有深刻的了解,才能完美表达设计要求。

①加强对树种配置方案的审查,避免因树种混植不当而造成的病虫害发生。如槐树与泡桐混植,会造成椿象、水木坚蚧大发生;桧柏应远离海棠、苹果等蔷薇科树种,以避免苹桧锈病的发生;银杏树作行道树栽植应选择雄株,要求树体规格大小相对一致,不宜采用嫁接苗;作景观树应用,则雌、雄株均可。

②必须根据施工进度编制翔实的栽植计划,及早进行人员、材料的组织和调配,并制定相关的技术措施和质量标准。

③了解施工现场地形、地貌及电缆分布与走向,了解施工现场标高的水准点及定点放线的地上固定物。

2.现场调查

在明确设计意图,了解栽植任务之后,工程的负责人员要对施工现场进行设计图纸和说明书仔细核对与踏勘,以便掌握以后在施工过程中可能碰到的问题。

①核对施工栽植面积、定点放线的依据,调查施工现场的各种地物如有无拆迁的房屋、需移走或需变更设计保留的古树名木。

②调查土质情况、地下水位、地下管道分布情况,确定栽植地是否客土或换土及用量。

③调查施工现场的水、电、交通情况,做好施工期间生活设施的安排。

3.制订施工方案及施工原则

施工方在了解设计意图及对现场调查之后,应组织相关技术人员制订出施工方案及施工原则。内容包括:施工组织领导和机构,施工程序与进度表,制订施工预算,制定劳动定额,制订机械运输车辆使用计划和进度表,制定工程所需的材料、工具及提供材料的进度表,制定栽植工程的施工阶段的技术措施和安全、质量要求。绘制出平面图,并在图上标出苗木假植、运输路线和灌溉设备等的位置。

4.现场清理

在工程施工前,进驻施工现场,则需对施工现场进行全面清理,包括拆迁或清除有碍施工的障碍物、按设计图要求进行地形整理。

5.地形准备

依据设计图纸进行种植现场的地形处理,是提高栽植成活率的重要措施。必须使栽植地与周边道路、设施等的标高合理衔接,排水降渍良好,并清理有碍树木栽植和植后树体生长的建筑垃圾和其他杂物。

6.土壤准备

在栽植前对土壤进行测试分析,明确栽植地点的土壤特性是否符合栽植树种的要求,特别是土壤的排水性能,尤应格外关注,是否需要采用适当的改良措施。

7.定点放线

依据施工图进行定点测量放线,是设计景观效果表达的基础。

(1)绿地的定点放线

①徒手定点放线。放线时应选取图纸上已标明的固定物体(建筑或原有植物)作参照物,并在图纸和实地上量出它们与将要栽植植物之间的距离,然后用白灰或标桩在场地上加以标明,依此方法逐步确定植物栽植的具体位置,此法误差较大,只能在要求不高的绿地施工采用,或不需要精确定位的次要树。主景树需要精确定点。

②网格放线。先在图纸上以一定比例画出方格网,把方格网按比例测设到施工现场去(多用经纬仪),再在每个方格内按照图纸上的相应位置进行绳尺法定点。此法适用范围大而地势平坦的绿地。

③标杆放线。标杆放线法是利用三点成一直线的原理进行,多在测定地形较规则的栽植点时应用。

无论何种放线法都应力求准确,丛植苗木的树丛范围线应按图示比例放出;丛植范围内的植物应将较大的放于中间或后面,较小的放在前面或四周;自然式栽植的苗木,放线要保持自然,不得等距离或排列成直线。

(2)行道树的定点放线　以路牙石为标准,无路牙石的以道路树穴中心线为标准。用尺定出行位,作为行位控制标记,然后用白灰标出单株位置。对设计图纸上无精确定植点的树木栽植,特别是树丛、树群,可先画出栽植范围,具体定植位置可根据设计思想、树体规格和场地现状等综合考虑确定。一般情况下,以树冠长大后株间发育互不干扰、能完美表达设计景观效果为原则。行道树栽植时要注意树体与邻近建(构)筑物、地下工程管线及人行道边沿等的适宜水平距离。

8.栽植穴的起挖

起挖严格按定点放线标定的位置、规格挖掘树穴。乔木类栽植树穴的开挖,在可能的情况下,以预先进行为好。特别是春植计划,若能提前至秋冬季安排挖穴,有利于基肥的分解和栽植土的风化,可有效提高栽植成活率。

(1)栽植穴规格　树穴的大小和深浅应根据树木规格和土层厚薄、坡度大小、地下水位高低及土壤墒情而定。各树木栽植穴的大小可参照中华人民共和国行业标准 CJJ/T 82—99《城市绿化工程施工及验收规范》来确定。各树木的栽植穴规格分别见表 1-1 至表 1-4。

表 1-1　常绿乔木类栽植穴规格   cm

树　高	土球直径	栽植穴直径	栽植穴深度
150	40～50	80～90	50～60
150～250	70～80	100～110	80～90
250～400	80～100	120～130	90～110
≥400	≥140	≥180	≥120

表 1-2　落叶乔木类栽植穴规格   cm

胸径	栽植穴直径	栽植穴深度
2～3	40～60	30～40
3～4	60～70	40～50
4～5	70～80	50～60
5～6	80～90	60～70
6～8	90～100	70～80
8～10	100～110	80～90

表 1-3　花灌木类栽植穴规格   cm

冠径	栽植穴直径	栽植穴深度
100	70～90	60～70
200	90～110	70～90

表 1-4　绿篱类栽植槽规格   cm

苗　高	适宜距离	
	单行	双行
50～80	40×40	40×60
100～120	50×50	50×70
120～150	60×60	60×80

树穴达到规定深度后,还需再向下翻松 20～40 cm 深,为根系生长创造条件。贫瘠土壤中;应更大更深些。实践证明,大坑有利树体根系生长和发育。如种植胸径为 5～6 cm 的乔

木,土质又比较好,可挖直径约 80 cm、深约 60 cm 的坑穴。但缺水沙土地区,大坑不利保墒,宜小坑栽植;黏重土壤的透水性较差,大坑反易造成根部积水,除非有条件加挖引水暗沟,一般也以小坑栽植为宜。竹类栽植穴的大小,应比母竹根苑略大、比竹鞭稍长,栽植穴一般为长方形,长边以竹鞭长为依据;如在坡地栽竹,应按等高线水平挖穴,以利竹鞭伸展,栽植时一般比原根苑深 5～10 cm。定植坑穴的挖掘,上口与下口应保持大小一致,切忌呈"锅底"状或"V"形,以免根系扩展受碍。

(2)栽植穴要求 树穴的平面形状没有硬性规定,多以圆、方形为主,以便于操作为准,可根据具体情况灵活掌握。挖掘树穴时,以定点标记为圆心,按规定的尺寸先画一圆圈,然后沿边线垂直向下挖掘,穴底平,切忌挖成锅底形。

挖穴时应避开地下管线,并将表土和心土分边堆放,如有妨碍根系生长的建筑垃圾,特别是大块的混凝土或石灰下脚料等,应予清除。情况严重的需更换种植土,如下层为白干土的土层,就必须换土改良,否则树体根系发育受抑。地下水位较高的南方地区,应有排除坑内积水或降低地下水位的有效措施,如采用导流沟引水或深沟降渍等。

斜坡上挖穴,应先整成一个小平台,然后在平台上挖穴,穴的深度以坡的下沿口开始计算。在新填土方处挖穴,应将穴底适当踩实。土质不好的,应加大穴的规格。挖自然式栽植穴时,如有严重影响操作的地下障碍物时,应与设计人员协商,适当改动位置,而行列式树木,一般不再移位。

树穴挖好后,有条件时最好施足基肥,基肥施入穴底后,须覆盖深约 20 cm 的泥土,以与新植树木根系隔离,不致因肥料发酵而产生烧根现象。

(3)土壤改良 土壤贫瘠的,应加入肥沃的表土或适量的优质腐熟有机肥或全部换土(客土);土质过黏的,应掺入沙土或适量的腐殖质;土层过浅的,需扩大穴的规格,必要的情况下可以采取爆破;有石灰渣、炉渣、沥青、混凝土等的土壤,应将穴径加大 1～2 倍,将有害物清运干净,换上好土。

(4)排水 在易积水的地区,应在沟底铺上瓦管和石砾沟,再铺棕片或树枝叶,后再填土;或者在附近挖一与植穴底部相通而低于植穴的渗水暗井,并在植穴的通道内填入树枝、落叶及石砾等混合物,加强根区的地下径流排水;渍水非常严重的,可以用瓦管铺设地下排水系统,或坑底爆破,加深透水层。

9.苗木准备

(1)号苗 按设计要求到苗木场选择所需苗木的规格,并做出记号,称号苗。按设计要求和质量标准到苗木产地逐一进行"号苗",并作好选苗资料的记录,包括时间、苗圃(场)、地块、树种、数量、规格等内容。选苗时要考虑起苗场地土质情况及运输装卸条件,以便妥善组织运输。选苗时要用醒目的材料做上标记,标记的高度、方向要一致,便于挖苗。选苗数量要准确,每百株可加选 1～2 株以备用。选择苗木要注意,通常选附近苗圃地里的实生苗,若是外地苗木,要通过检疫才能使用,若是野外采集的苗栽植前要对根系和树冠进行处理,若是容器苗应展开盘绕的根系。苗木质量要求生长旺盛,木质化程度高,根系发达而完善,树冠匀称、丰满,高度适合,无病虫害和机械损伤。

(2)移栽植株的处理 胸径在 25～30 cm 或以上的大树需要进行围根缩坨,通常在移栽

7

前2～3年的春季临近萌芽前或秋季进行。绕树一周间断地开沟断根，一般分两次进行，第三年移栽。落叶树种开沟断根水平位置在离干基约为树木胸径的5倍处，常绿树可小些。

为保障水分收支平衡，对大树需适当修剪，保证合理的根冠比。对于分枝较高的常绿树种，可根据树木种类、大小、种植时间采取不同程度的修剪。如胸径为6～15 cm的桂花树一般只修剪交叉枝、病虫枝等，而对于同规格的小叶榕、小叶榄仁等夏季栽植的树种则应进行重剪。

对分枝较高，树干裸露，皮薄而光滑的树木应标记方向，北面用油漆标出"N"字样，便于栽植方向的确定。

为方便挖掘操作，保护树冠，对枝条分枝低、枝长较柔软的树木或丛径较大的灌木应绑缚树冠，用草绳将树冠适当包扎和捆拢(图1-1)，注意松紧度，不能折伤侧枝。

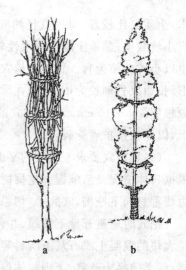

图1-1 拢树冠

a.落叶树　b.常绿树

◆ 技能训练

桂花移栽准备

一、技能训练方式

6人为一小组，轮流扮演项目经理、施工技术员、施工组长、施工员等不同的角色，按照园林植物移栽准备的工作过程，进行任务分析、任务分工、任务操作，通过担任不同的角色熟悉整个操作流程。在进行任务分工与操作前，首先进行个人自主学习，然后小组讨论确定分工和操作方案，按照方案实施操作。

二、技能训练工具材料

挖掘工具、水桶、油漆、修枝剪、草绳或塑料绳等。

三、技能训练时间

2学时。

四、技能训练内容

1. 根据功能要求，实地选择符合功能要求的桂花树一株；

2. 工具准备；

3. 栽植穴的准备；

4. 围根缩坨；

5. 整形修剪；

6. 标记方向；

7. 绑缚树冠。

五、技能训练考核

训练任务考核	任务方案	合理□		不合理□	20	
	操作过程	规范□		不规范□	20	
	产品效果	好□	一般□	差□	20	
技能训练任务工单评估	表格填写情况	详细程度□规范程度□仔细程度□书写情况□ 填写速度□			10	
	素养提升	组织能力□协调能力□团队协作能力□分析解决问题能力□责任感和职业道德□吃苦耐劳精神□			20	
	工作、学习态度	谦虚□诚恳□刻苦□努力□积极□			10	
教师评价： 　　　　　　　　　　　　　　　　　　　　　　　　　　　　　教师： 　　　　　　　　　　　　　　　　　　　　　　　　　　　　　时间：						

◉ **典型案例**

大香樟移栽定植

在园林绿化方面，许多城镇、厂矿、学校、机关和风景点都移栽了较大的香樟树，如杭州西湖、苏州、南昌、株洲等，现在走到任何一条马路和大街小巷，都可看到多姿多香的香樟。移栽大香樟必须掌握以下几点：

1. 大香樟的选择

大香樟选择特征是：干皮没有或少有微浅的裂痕，主枝显得青嫩光滑，或呈深绿色，无病虫害，树冠圆正，树形美观，生命力强，适应性强；移栽后，能较快地扎根生长。

在选树时，要钻取样土或挖坑分析土壤状况，一般土壤含沙量 30% 以上的，就挖不起土球。否则，往往选好了的香樟，因挖不起土球而使计划落空，造成人力、物力、财力的浪费。

2. 选择移栽季节

一般在冬末春初移栽香樟容易成活，最佳移栽时节是嫩芽即将萌动之际。这时有较多的有利因素，如气温较低，雨水渐多，土温回升，枝叶蒸腾作用微弱，而根系已有一定的活动能力，到香樟开始萌动时，根已开始恢复生机，将发生新根，能吸收水分、养分，供应地上部分呼吸、蒸腾、开叶、抽梢的需要。

3. 挖好、包好土球

在挖树之前，要进行修剪部分枝条，挖后即摘光叶子，减少枝叶蒸腾作用，调节地上与地下部分平衡，以提高成活率。树大根系庞大，要挖成大小适当的土球，才易成活，一般以地径的围度作为土球的半径,沿树干作圆,即为土球的合适大小,土球高度要根据根的分布和土性决定,一般以 40~60 cm 为宜。挖掘的方法,要离圆边 3~5 cm 处动土,这样有修整土球的余地。用四齿耙或锋利的锄头,人面对树干挖土开沟,遇有用锄或锹、刀一下斩断不了的粗根,要用锯子锯断,以免震松土球。在土球高度挖至 2/3 时,将其修整成大小合适的、上下垂直的完整圆形,用粗草绳将其从上到下箍紧,防止深挖时震垮土球,再继续深挖土球的下部,并使其成为锅底形,但不断主根,保持树体直立,然后像缠圆纱球一样,用粗草绳将整个土球缠紧,再用利器斩断主根,慢慢倒树,不使土球震散,随即用粗草绳扎紧树冠,缠好树干,以保护树干、树冠不受损伤。

4.随挖、随运、随栽

香樟挖好、包好后,要立即运至造林地栽植。在搬运中,要用吊车或人抬着装车、卸车,切不可拖、滚土球,为防止因车颠跳震散土球,要在车厢内垫层较厚的稻草和用物固定树身不动。

香樟移栽,要预先挖好植穴,其大小要比土球大 50~60 cm,深 60~70 cm。定植时,穴底要加填适量的土拌垃圾,使树放到穴里,正好土球面与地面平着或略高少许。除去树干、树冠上的包扎,将树扶正,横直对齐,再去掉土球上的包扎,边填土边捣紧,使土与土球紧密结合,要防止上紧下松。随即架好三脚架护树,并用一桶腐熟的人尿,对一担清水浇下去,既能安蔸,又能刺激树根生长,提高成活率。在管理上主要是经常检查和加固树干的支柱,以及看天气浇水,一般在初植时,要隔几天浇一次水。

◆复习思考题

1.大树移栽前为什么要围根缩坨?

2.试述树木移栽成活的原理。

3.试述保证树木移栽成活的关键及常用措施。

4.植树最经济最安全时期的温度是多少?

5.落叶树的经济适栽期是什么时候?

任务二　园林植物移栽

◆学习目标

1.熟悉苗木挖掘与包装的过程;

2.掌握移栽程序与栽植技术;

3.能够结合具体情况进行园林植物的挖掘、包装、运输和栽植;

4.培养组织协调能力、团队协作精神和吃苦耐劳精神。

◆任务描述

根据设计图纸,选择一株符合设计要求的桂花树进行移栽。

◆知识准备

一、移栽的程序与技术

1. 具体程序

植穴准备→苗木起挖→包装→运输→栽植→现场清理→栽后管理。

2. 移栽技术(30字方针)

深挖穴→浅栽树→细理根→填回土→分层踩→适紧筑→防积水→高雍苑→防摇晃→撑牢固。

二、起苗

1. 裸根起挖

常绿树种的小苗和绝大部分落叶树种可行裸根起苗。根系的完整和受损程度是决定挖掘质量的关键,树木的良好有效根系,是指在地表附近形成的由主根、侧根和须根所构成的根系集体。一般情况下,经移植养根的树木挖掘过程中所能携带的有效根系,水平分布幅度通常为主干直径的6~8倍;垂直分布深度约为主干直径的4~6倍,一般多在60~80 cm,浅根系树种多在30~40 cm。绿篱用扦插苗木的挖掘,有效根系的携带量,通常为水平幅度20~30 cm,垂直深度15~20 cm。

对规格较大的树木,当挖掘到较粗的骨干根时,应用手锯锯断,并保持切口平整,坚决禁止用铁锹去硬铲。对有主根的树木,在最后切断时要做到操作干净利落,防止发生主根劈裂。

起苗前如天气干燥,应提前2~3天对起苗地灌水,使土质变软、便于操作,多带根系;根系充分吸水后,也便于贮运,利于成活。而野生和直播实生树的有效根系分布范围,距主干较远,故在计划挖掘前,应提前1~2年挖沟盘根,以培养可挖掘携带的有效根系,提高移栽成活率。树木起出后要注意保持根部湿润,避免因日晒风吹而失水干枯,并做到及时装运、及时种植。运距较远时,根系应打浆保护。

2. 带土球起挖

一般常绿树、名贵树和花灌木和胸径大于10 cm的落叶树起挖要带土球。

(1)起挖前准备 准备主要工具,如铲子和锋利的铲刀、锄头或镐,草绳、拉绳、吊绳、树干护板、软木支垫、锋利的手锯、吊车、运输车等。为防止挖掘时土球松散,如遇干燥天气,可提前一两天浇以透水,以增加土壤的黏结力,便于操作。

(2)土球大小的确定 土球大小的确定一般以根系密集范围为准。乔木树种挖掘的根幅或土球规格一般以树干胸径以下的正常直径大小而定。乔木树种根系或全球挖掘直径一般是树木胸径的6~12倍,其中树木规格愈小,比例愈大;反之,愈小。若以土球直径为依据,也可按下列公式推算:

$$土球直径(cm)=5×(树木地径-4)+45$$

即树木地径4 cm以上,每增加1 cm,土球直径相应增加5 m。地径超过19 cm,土球直径则以其6.3(2π)倍计算(即树干20 cm处的周长为半径确定)。土球高度大约为土球直径的2/3。乔木树种土球直径与树木地径的关系见表1-5。

表 1-5　乔木树种土球直径与树木地径的关系　　　　　　cm

树木地径	3～5	5～7	7～10	10～12	12～15
土球直径	40～50	50～60	60～75	75～85	85～100

土球形状有长主根型(圆锥形),如松类;深耕型(径高相等的球形),如栎类;根系浅而广型(宽而平的土球),如柳、桃等。

(3)起挖　土球直径不小于树干胸径的6～8倍,土球纵径通常为横径的2/3;灌木的土球直径约为冠幅的1/3～1/2。起挖时以树干为中心,比计算出的土球大3～5 cm画圆。去除表土,顺着所画圆向外开沟挖土,沟宽60～80 cm。土球高度一般为土球直径的60%～80%。对于细根可用利铲或铲刀直接铲断。粗大根必须用手锯锯断,切忌用其他工具硬性弄断撕裂。土球基本成形后将土球修整光滑,以利包扎。土球修整到1/2时逐渐向里收底,收到1/3时,在底部修一平底,整个土球呈倒圆台形(图1-2)。

3. 捆扎土球

首先在树基部扎草绳钉护板以保护树干。然后"打腰箍"(图1-3),一般扎8～10圈草绳。草绳捆扎要求松紧适度,均匀。一般棕榈类植物可不用包扎。

图 1-2　倒圆台形土球　　　　　　　　　　　　图 1-3　打腰箍

三、苗木的装运

苗木吊装时应尽量避免损树伤皮和碰伤土球。装车时应用软绳,保护树皮。土球装车时要小心轻放,且在土球的下方垫软物如原生土或草绳,以防弄散土球。树干与后车板接触处必须由软木支撑。车厢中土球两侧用软木或沙袋支垫。运输途中树冠应高于地面,防止枝冠损伤,并注意运输中树枝伤人损物。路况不好,应缓慢小心行驶。土球苗苗高<2 m可竖放;苗高≥2 m应使土球在前,斜放或平放,并用木架将树冠架稳。土球直径<20 cm可装2～3层,并应装紧;土球直径≥20 cm,只放一层。运输途中注意洒水。运到后应及时卸车,并要轻拿轻放。

四、苗木的假植

已挖掘的苗木因故不能及时栽植下去,应将苗木进行临时假植,以保持根部不脱水,但假植时间不应过长。假植场地应选择靠近种植地点、排水良好、湿度适宜、避风、向阳、无霜害、近水源、搬运方便的地方。

1. 裸根苗木假植

裸根苗木假植采取掘沟埋根法。干旱多风地区应在栽植地附近挖浅沟,将苗木呈稍斜放置,挖土埋根,依次一排排假植好。若需较长时间假植,应选不影响施工的附近地点挖一宽 $1.5\sim2$ m,深 $0.3\sim0.4$ m,长度视需要而定的假植沟,将苗木分类排码,码一层苗木,根部埋压一层土,全部假植完毕以后仔细检查,一定要将根部埋严,不得裸露。若土质干燥还应适量灌水,保证根部潮湿。对临时放置的裸根苗,可用苫布或草帘盖好。

2. 带土球假植

带土球假植可将苗木集中直立放在一起。若假植时间较长,应在四周培土至土球高度的 $1/3$ 左右夯实,苗木周围用绳子系牢或立支柱。假植期间要加强养护管理,防止人为破坏;应适量浇水保持土壤湿润,但水量不宜过大,以免土球松软,晴天还应对常绿树冠枝叶喷水,注意防治病虫害。苗木休眠期移植,若遇气温低、湿度大、无风的天气,或苗木土球较大在 $1\sim2$ 天内进行栽植时可不必假植,应用草帘覆盖。

五、苗木的栽植

1. 修剪

在定植前,对树木树冠必须进行不同程度的修剪,以减少树体水分的散发,维持树势平衡,以利树木成活。修剪量依不同树种及景观要求有所不同。

(1)落叶乔木修剪 对于较大的落叶乔木,尤其是生长势较强、容易抽出新枝的树种,如杨、柳、槐等,可进行强修剪,树冠可减少至 $1/2$ 以上,这样既可减轻根系负担、维持树体的水分平衡,也可减弱树冠招风、防止体摇,增强树木定植后的稳定性。

具有明显主干的高大落叶乔木,应保持原有树形,适当疏枝,对保留的主侧枝应在健壮芽上短截,可剪去枝条的 $1/4\sim1/3$。无明显主干、枝条茂密的落叶乔木,干径 10 cm 以上者,可疏枝保持原树形;干径为 $5\sim10$ cm 的,可选留主干上的几个侧枝,保持适宜树形进行短截。

(2)花灌木及藤蔓树种的修剪 应符合下列规定:带土球或湿润地区带宿土的裸根树木及上年花芽分化已完成的开花灌木,可不作修剪,仅对枯枝、病虫枝予以剪除。分枝明显、新枝着生花芽的小灌木,应顺其树势适当强剪,促生新枝,更新老枝。枝条茂密的大灌木,可适量疏枝。对嫁接灌木,应将接口以下砧木上萌生的枝蘖疏除。用作绿篱的灌木,可在种植后按设计要求整形修剪。在苗圃内已培育成形的绿篱,种植后应加以整修。攀缘类和藤蔓性树木,可对过长枝蔓进行短截。攀缘上架的树木,可疏除交错枝、横向生长枝。

(3)常绿乔木修剪 常绿乔木如果枝条茂密且具有圆头型树冠的,可适量疏枝。枝叶集生树干顶部的树木可不修剪。具轮生侧枝的常绿乔木,用作行道树时,可剪除基部 $2\sim3$ 层轮生侧枝。常绿针叶树,不宜多修剪,只剪除病虫枝、枯死枝、生长衰弱枝、过密的轮生枝和下垂枝。用作行道树的乔木,定干高度宜大于 3 m,第一分枝点以下枝条应全部剪除,分枝点以上枝条酌情疏剪或短截,并应保持树冠原型。珍贵树种的树冠,应尽量保留,以少剪为宜。

2. 树木定植

(1)定植深度 栽植深度是否合理是影响苗木成活的关键因素之一。一般要求苗木的原土痕与栽植穴地面齐平或略高。栽植过深容易造成根系缺氧,树木生长不良,逐渐衰亡(图 1-4);栽植过浅,树木容易干枯失水,抗旱性差。苗木栽植深度受树木种类、土壤质地、地下水位和地形地势影响。一般根系再生力强的树种(如杨、柳、杉木等)和根系穿透力强的树种(如悬铃木、樟树等)可适当深栽,土壤排水不良或地下水位过高应浅栽;土壤干旱、地下水位低应深栽;坡地可深栽,平地和低洼地应浅栽。如雪松、广玉兰等忌水湿树种,常露球种植,露球高度为土球竖径的1/4~1/3。

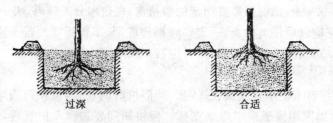

过深　　　　　　　　　合适

图1-4　栽植深度

(2)包扎材料的处理　草绳或稻草之类易腐烂的土球包扎材料,如果用量较稀少,入穴后不一定要解除;如果用量较多,可在树木定位后剪除一部分,以免其腐烂发热,影响树木根系生长。

(3)定植方向　主干较高的大树木定植时,栽植时应保持原来的生长方向。如果原来树干朝南的一面栽植朝北,冬季树皮易冻裂,夏季易日灼。另外应把观赏价值高的一面朝向主要观赏方向,即将树冠丰满完好的一面,朝向主要的观赏方向,如入口处或主行道。若树冠高低不匀,应将低冠面朝向主面,高冠面置于后向,使之有层次感。在行道树等规则式种植时,如树木高矮参差不齐、冠径大小不一,应预先排列种植顺序,形成一定的韵律或节奏,以提高观赏效果。如树木主干弯曲,应将弯曲面与行列方向一致,以作掩饰。对人员集散较多的广场、人行道,树木种植后,种植池应铺设透气护栅。

(4)种植　定植时首先将混好肥料的表土,取其一半填入坑中,培成丘状。裸根树木放入坑内时,务必使根系均匀分布在坑底的土丘上,校正位置,使根颈部高于地面5~10 cm。然后将另一半掺肥表土分层填入坑内,每填20~30 cm土踏实一次,并同时将树体稍稍上下提动,保证根系与土壤紧密接触。最后将心土填入植穴,直至填土略高于地表面。带土球树木必须踏实穴底土层,而后置入种植穴,填土踏实。在假山或岩缝间种植,应在种植土中掺入苔藓、泥炭等保湿透气材料。绿篱成块状模纹群植时,应由中心向外顺序退植。坡式种植时应由上向下种植。大型块植或不同彩色丛植时,宜分区分块种植。珍贵树种或根系欠完整树木、干旱地区或干旱季节,种植裸根树木等应采取根部喷布生根激素、增加浇水次数及施用保水剂等措施。针叶树可在树冠喷洒聚乙烯树脂等抗蒸腾剂。对排水不良的种植穴,可在穴底铺10~15 cm沙砾或铺设渗水管、盲沟,以利排水。竹类定植,填土分层压实时,靠近鞭芽处应轻压;栽种时不能摇动竹竿,以免竹蒂受伤脱落;栽植穴应用土填满,以防根部积水引起竹鞭腐烂;最后覆一层细土或铺草以减少水分蒸发;母竹断梢口用薄膜包裹,防止积水腐烂。

对于裸根大树或带土移栽中土体脱落的树木,可用坐浆栽植的方法提高成活率。具体做法是,在挖好的穴内填入1/2左右的栽培细土,加水搅拌至没有大疙瘩并可以挤压流动为止。然后将树木垂直放入穴的中央"坐"在"浆"上,再按常规回土踩实,完成栽植。

3.支撑

栽植后植物根系不够牢固,容易造成树体不平衡,甚至倒塌。为保持平衡通常需要对树体进行支撑。支撑的方式有桩杆式(硬支撑)和牵索式(软支撑)。桩杆式又分为直立式(单柱、双柱、四柱)和斜撑式(三柱)。牵索式一般是用金属丝或缆绳加固。牵索式的支点一般高于桩杆式支架。

4.开堰浇水

栽后要立即浇水。浇水要缓慢浇,不要频繁少量浇,不要超量大水浇。一般每周1次,浇3次水再松土封堰。有时需要对土球浇水或缓慢注水,甚至土球打孔注水。

5.裹干、涂白、树盘覆盖

(1)裹干　其目的是防日灼、干燥和啮齿类动物啃食,减少蛀虫侵染。其对象通常是新栽树,皮薄、嫩、光滑的幼树,从荫蔽树林中移出的树木。材料包括草绳、粗麻布、粗帆布、特制皱纸等。自地面裹至第一分枝处。保留2年,或让其自然脱落。其缺点是树皮易过湿,诱发真菌性溃疡病。故最好裹干前涂抹杀菌剂。

(2)涂白　其目的是防日灼、防冻。配方:硫磺粉 0.5 kg ＋ 水 1 kg ＋ 熔化动物油 100 g 调成糊。

(3)树盘覆盖　其目的是减少地表水分蒸发,保持土壤湿润,降低土温变幅。材料包括草、沙、腐熟有机肥、腐殖土等。

◆ 技能训练

桂 花 移 栽

一、技能训练方式

6人为一小组,轮流扮演项目经理、施工技术员、施工组长、施工员等不同的角色,按照园林植物移栽定植工作过程,进行任务分析、任务分工、任务操作,通过担任不同的角色熟悉整个操作流程。在进行任务分工与操作前,首先进行个人自主学习,然后小组讨论确定分工和操作方案,按照方案实施操作。

二、技能训练工具材料

绳子、支撑架、挖掘设备、灌溉设备、修剪工具等。

三、技能训练时间

6学时。

四、技能训练内容

1.运输;

2.栽植方向确定;

3.栽植深度确定;

4.栽植;

5.支撑;

6.开堰浇水;

7.裹干、涂白、树盘覆盖。

五、技能训练考核

训练任务考核	任务方案	合理 □		不合理 □	20	
	操作过程	规范 □		不规范 □	20	
	产品效果	好 □	一般 □	差 □	20	
技能训练任务工单评估	表格填写情况	详细程度□规范程度□仔细程度□书写情况□ 填写速度□			10	
	素养提升	组织能力□协调能力□团队协作能力□分析解决问 题能力□责任感和职业道德□吃苦耐劳精神□			20	
	工作、学习态度	谦虚□诚恳□刻苦□努力□积极□			10	

教师评价：

教师：

时间：

◈ **典型案例**

大型桂花树移栽

1.移栽季节与桂花树的选择

移栽季节:桂花移栽时间过早,气温高,蒸腾量大,根系易受损,吸收水分的能力被削弱,往往造成落叶甚至枯死。因大桂花树大部分都是从南方移植过来的,时间过晚又没有过渡阶段,不能适应北方气候,易冻死。即便成活也是几枝骨干枝条,枝叶稀疏,达不到工程要求的效果。经过摸索,大桂花树在郑州地区移栽最佳时间为11月中旬。此时气温开始下降,蒸腾量小,地温高,受伤根系的伤口愈合快。同时,根部能长出一部分毛细根,缓解养分吸收能力的欠缺,保证桂花树的顺利过冬。

桂花树选择:要选择树形饱满,枝叶茂盛,无病虫害,容易起挖、吊运的桂花树。

2.移栽前的工作准备

移栽前1周左右应将新栽地的树坑挖好,预挖树坑直径要比移栽树的包装直径大1 m左右(方便工人坑内操作),高度与移栽包装高度水平即可。挖出的表层土和下层土分开放置,把土摊开晾晒,同时将土中的砖头、瓦块等杂质清理干净。再按10∶1配合比(土为10份)拌入硫酸亚铁,这样增加了土壤的酸度,又对土壤进行了消毒,同时增强了肥力。

大桂花的修剪是移栽成活的关键之一。因大桂花萌蘖能力不强,所以截干、截枝是不可取的。只能修剪桂花的叶片,用剪刀剪下叶片,留下叶柄,保护腋芽,保留原树叶数量的1/3。这样既可减少水分的蒸发,又保留原树冠的美观。

3.起苗与运输

（1）起苗　大桂花的移栽用硬包装最好。对要移栽的大桂花树要提前1周浇一次透水,使其根系吸收到足够的水分。这样易挖掘成球,不会因土壤过干而致使土球散开。土球直径应是植株地上1 m高度冠幅直径的6～8倍,高度是土球直径的70％,有条件的挖大更好。开挖时要除去树干基部表层土,按要求的直径挖成正四方梯形,下口直径是上口直径的1/3,所挖土球的直径比模板直径大5～10 cm（以便用模板拉紧土球）。在挖土球的同时把模板、穿丝（钢筋套丝做成）、铁丝等准备好,以备土球挖好后及时包装。挖土球对需断除的大根要用手锯锯断,不要用其他工具劈砍,根的断面用硫磺粉和ABT生根剂按3∶2的比例调成糊状进行处理。土球挖好迅速把模板扣上,用穿丝拉紧,树干用草绳包装好后吊装。

（2）运输　大桂花吊装到车辆上要直立放置,土球四周用编织袋装原土（挖土球的老土）扎死,树冠用塑料膜裹严扎紧,防止运输过程中移动摇摆。

4.栽植及后期管理

栽植前要对预先挖好的树坑用运输桂花树带回的原土回填10～15 cm。因桂花树不耐水淹,所以栽植的桂花深度要比原地面高出10～15 cm。首先吊下桂花树按原来生长的朝向放好,然后在树坑的4个角各放入塑料管一条,树坑填完土后增加根部透气性。再按顺序把模板去掉的同时回填土到土球高度的1/3,紧贴土球的周围填原土,填一层踏实一层,防止土球破裂。树坑全部填完踏实,围堰,打支撑,浇第一次透水。

后期管理:一是距第一次浇水3～4天再浇一次透水;二是待水全部阴干后,把原来树坑周围剩余的土围在树根的周围,形成中间高四周低的土堆,这样桂花树不会因积水而被淹死;三是翌年春天一定要浇一次开春水;四是在平均温度20℃左右用磷酸二氢钾和杀菌剂（多菌灵等）的混合液每隔半个月喷洒一次树叶、树枝,既给桂花树实施了叶面追肥,又起到了杀菌作用。

◈ **复习思考题**

1.带土移栽植物时,土球破了怎么办?

2.树木栽植的适宜深度是多少? 过深过浅的害处是什么?

3.采取哪些措施可以提高新移栽树木根系土壤的通透性?

4.对新移栽的树木进行裹干的作用是什么?

任务三　园林植物成活期养护

◈ **学习目标**

1.了解养护管理质量的重要意义;

2.掌握养护管理的技术措施;

3.能够结合具体情况进行园林植物成活期养护;

4.培养组织协调能力、团队协作精神和吃苦耐劳精神。

◈ **任务描述**

某大学校园居住区绿地已经做好植物配置设计,现已根据设计图选择一株符合设计要求的桂花树进行移栽,现需你进行成活期养护管理。

◈知识准备

一、园林树木栽植成活期养护管理的主要内容

园林树木定植后及时到位的养护管理,对提高栽植成活率、恢复树体的生长发育、及早表现景观生态效益具重要意义,俗话说"三分栽种、七分管养"。为促使新植树木健康成长,养护管理工作应根据园林树木的生长特性、栽植地的环境条件,以及人力、物力、财力等情况进行妥善安排。

1. 扶正培土

当园林树木栽植后由于灌水和雨水下渗等原因,导致树体晃动、树盘整体下沉或局部下陷、树体倾斜时,应采取培土扶正的措施。具体做法是:检查根颈入土的深度,若栽植较深,应在树木倾向一侧根盘以外挖沟至根系以下内掏至根颈下方,用锹或木板伸入根团以下,向上撬起,向根底塞土压实,扶正即可;若栽植较浅,可在倾向的反侧掏土,稍微超过树干轴线以下,将土踩实。大树扶正培土以后还应设立支架。扶正的时间就一般而言,落叶树种应在休眠期进行;常绿树种应在秋末扶正;对于刚栽植不久的树木发生歪斜,应立即扶正。

2. 水分管理

水分供应是否充分、合理、及时是新栽苗木成活的关键因子。园林树木定植后,由于根系被损伤和环境的变化,根系吸水功能减弱。新移植树木,日常养护管理只要保持根际土壤适当湿润即可。土壤含水量过大,反而会影响土壤的透气性能,抑制根系的呼吸,对发根不利,严重的会导致烂根死亡。因此,要做好几项工作。

(1)严格控制土壤浇水量 移植时第一次要浇透水,以后应视天气情况、土壤质地,检查分析,谨慎浇水。一般情况下新栽的树在 20 天左右的时间内,应连续灌水 3~4 次。第一次灌水应在栽植后立即进行,此次灌水最好浇灌,以利于土壤沉降,使土壤与根系密切结合,最好能保证土壤含水量达最大持水量的 60%。移栽第一年应灌水 5~6 次。

(2)防止树池积水 定植时留下的围堰,在第一次浇透水后即应填平或略高于周围地面,以防下雨或浇水时积水;在地势低洼易积水处,要开排水沟,保证雨天能及时排水。

(3)保持适宜的地下水位高度 地下水位高度一般要求在 1.5 m 以下,地下水位较高处要做网沟排水,汛期水位上涨时,可在根系外围挖深井,用水泵将地下水排至场外,严防淹根。

(4)采取叶面喷水补湿措施 新植树木,为解决根系吸水功能尚未恢复、而地上部枝叶水分蒸腾量大的矛盾,在适量根系水分补给的同时,应采取叶面补湿的喷水或树体喷雾,降低温度,增加树冠内空气湿度。当发现树叶有轻度萎蔫症状时,可采用喷雾器和喷枪,直接向树冠上方喷射,让水滴落在枝叶上。上午 10 时至下午 4 时,每隔 1~2 小时喷一次,每天喷 2~3 次。对于移栽的大树,也可在树冠上方安装喷雾装置,必要时还应架设遮阳网,以防过强日晒。尤其在 7、8 月份炎热干燥的天气,必须及时对干冠喷水保湿,方法如下。

①高压水枪喷雾。去冠移植的树体,在抽枝发叶后,需喷水保湿,束草枝干亦应注意喷水保湿。可采用高大水枪喷雾,喷雾要细、次数可多、水量要小,以免滞留土壤、造成根际积水。

②细孔喷头喷雾。将供水管安装在树冠上方,根据树冠大小安装一个或若干个细孔喷头进行喷雾,喷及树冠各部位和周围空间,效果较好,但需一定成本费用。

(5)应用抗蒸腾防护剂 树木枝叶被抗蒸腾防护剂这种高分子化合物喷施后,能在其表面形成一层具有透气性的可降解薄膜,在一定程度上降低枝叶的蒸腾速率,减少树体的水分散

失,可有效缓解夏季栽植时的树体失水和叶片灼伤,有效地提高树木移栽成活率。

3. 松土除草

(1)松土　因浇水、降雨以及行人走动或其他原因,常导致树木根际土壤硬结,影响树体生长。根部土壤经常保持疏松,有利于土壤空气流通,可促进树木根系的生长发育。另外,要经常检查根部土壤通气设施(通气管或竹笼)。发现有堵塞或积水的,要及时清除,以保持其良好的通气性能。

(2)除草　在生长旺季可结合松土进行除草,一般 20～30 天 1 次。除草平均深度以掌握在 3～5 cm 为宜,可将除下的枯草覆盖在树干周围的土面上,以降低土壤辐射热,有较好的保墒作用。

除草可采用人工除草及化学除草,化学除草具有高效、省工的优点,尤适于大面积使用。一般一年至少进行 2 次,一次是 4 月下旬至 5 月上旬,一次是 6 月底至 7 月初。在杂草高 15 cm 以下时喷药或进行土壤处理,此时杂草茎、叶细嫩,触药面积大、吸收性强、抗药力差,除草效果好。注意喷药时喷洒要均匀,不要触及树木新展开的嫩叶和萌动的幼芽;除草剂用量不得随意增加或减少;除草后应加强肥水和土壤管理,以免引起树体早衰;使用新型除草剂,应先行小面积试验后再扩大施用。

4. 施肥

在移栽树木的新根未形成和没有较强的吸收能力之前,不应施肥,最好等到第一个生长季结束以后进行。树体成活后,可进行基肥补给,用量一次不可太多,以免烧伤新根。有机肥料必须充分腐熟,并用水稀释后才可施用。

树木移植初期,根系处于恢复生长阶段、吸肥能力低,宜采用根外追肥,喷施易吸收的有机液肥或尿素等速效无机肥,可用尿素、硫酸铵、磷酸二氢钾等速效性肥料配制成浓度为 0.5%～1% 的肥液,选早晚或阴天进行叶面喷洒,遇降雨应重喷 1 次。一般半个月左右 1 次。

5. 修剪

(1)抹芽去萌　新栽树木到了生长季节,树干、树枝条上会萌发出许多嫩芽、嫩枝,使树木不能直立生长,树冠生长不均匀,消耗树体营养。为使树木生长苗壮,在春季萌发时,可随时摘除多余的嫩芽,选留的嫩芽要饱满,在树枝上的位置要合理。

(2)补充修剪　新栽树木虽然已经过修剪,但经过挖掘、装卸和运输等操作,常常受到损伤或因为其他原因使部分芽不能正常萌发,导致树枯梢,应及时疏除或剪至嫩芽、幼枝以上。对于截顶或重剪栽植的树木,因留芽位置不准或剪口芽太弱,造成枯桩或发弱枝,则应进行复剪。修剪的大伤口应该平滑、干净、消毒防腐。对于那些发生萎蔫的树木,若用浇水、喷雾的方法仍不能恢复正常,应再加大修剪强度,甚至去顶或截干,以促进其成活。

(3)伤口处理　新栽树木因修剪整形或病虫危害常留下较大的伤口,为避免伤口染病和腐烂,需用锋利的剪刀将伤口周围的皮层和木质部削平,再用 1%～2% 硫酸铜或 40% 的福美砷可湿性粉剂或石硫合剂原液进行消毒,然后涂抹保护剂。

6. 浇灌生长素

树木栽完后,发现地下根系恢复很慢,不能及时吸收足够的水分和养分以供给树木生长的需要,可适当浇灌生长素溶液,目前应用最多的是 3 号生根粉,目的是刺激树木早发新根,促进代谢平衡。

7.成活调查与补植

深秋或早春新栽的树木,在生长季初期,一般都能伸枝展叶,但是其中有一些植株不是真正的成活,而是"假活",一旦气温升高,水分亏损,这种"假活"植株就会出现萎蔫,若不及时救护,就会在高温干旱季节死亡。因此,新栽树木是否成活至少要经过第一年高温干旱的考验之后才能确定。成活率调查须经过一个生长季,最好在树木木质化期(秋末以后)进行。成活率标准:成活率85%以上为一等;41%~84%为二等;40%以下为三等。

园林树木栽植后,由于受各种外界条件的影响,如树木质量、栽植技术、养护措施等,会发生死树缺株的现象,对此应适时进行补植。对已经死亡的植株,应认真调查研究,调查内容包括:土壤质地、树木习性、种植深浅、地下水位高低、病虫危害、有害气体、人为损伤或其他情况等。调查之后,分析原因,采取改进措施,再行补植。为保持原来设计景观效果,补植的树木在规格和形态上应与已成活株相协调。

二、树木生长异常的诊断与检索

1.树木生长异常的诊断

(1)诊断的方法　树体定植后,常因内、外部条件的影响出现生长状态异常的现象,需要通过细致的观察,找出其真实的原因以便于采取措施,促进树木健康生长。导致树体生长异常的原因大致有两个主要类别。

生物因素:生物因素是指活的有机体,如病菌有真菌、细菌、病毒、线虫等,害虫有昆虫、螨虫、软体动物、啮齿动物等。要观察征兆和症状来区别是病菌还是昆虫。如果多种迹象表明是病菌引起,就要找出证据来判断是真菌、细菌、病毒还是线虫。如果迹象表明是昆虫,就要判断是刺吸式口器还是咀嚼式口器的昆虫。

非生物因素:非生物因素是指环境因素,一是物理因素,包括极端的温度、光照、湿度、空气、雷击等。二是化学因素,包括危害树体生长的有毒物质、营养生理失调等。三是机械损伤等。树木生长异常首先判断异常状态是发生在根部还是在地上部,然后再试着判断是机械的、物理的、还是化学的因素。

大致确定导致树体生长状态异常的原因范围后,就可以通过相关分析来获得进一步的信息,最终做出正确的诊断。

(2)诊断的流程

①观察调查。观察异常表现的症状和标记,调查同期其他树体或树体自身往年生长状况。

②异状表现特征分类。从一株树体蔓延到其他树体、甚至覆盖整个地区的症状,可能是由有生命的生物因素导致。不向其他树体或自身的其他部位扩散,异状表现部位有明显的分界线,可能是由非生物因素所导致。

③综合诊断。参考相关资料,必要时进行实验室分析,综合信息来源,诊断异状发生原因。

2.树木生长异常的分析检索

——整体树株

A 正在生长的树体或树体的一部分突然死亡

A1 叶片形小、稀少或褪色、枯萎;整个树冠或一侧树枝从顶端向基部死亡 ………… 束根

A2 高树或在开阔地区生长的孤树,树皮从树干上垂直剥落或完全分离 ………… 雷击

B 原先健康的树体生长逐渐衰弱,叶片变黄、脱落,个别芽枯萎

B1 叶缘或脉间发黄,萌芽推迟,新梢细短,叶形变小,植株渐渐枯萎 …………… 根系生长不良

B2 叶形小、无光泽、早期脱落,嫩枝枯萎,树势衰弱 ………………………… 根部线虫

B3 吸收根大量死亡,根部有成串的黑绳状真菌,根部腐烂 ……………………… 根腐病

B4 叶片变色,生长减缓 ……………………………………………………… 空气污染

B5 叶片稀少,色泽轻淡 ……………………………………………………… 光线不足

B6 叶缘或脉间发黄,叶片变黄,干燥气候下枯萎 …………………………… 干旱缺水

B7 全株叶片变黄、枯萎,根部发黑 ……………………………… 灌水过量,排水不良

B8 施肥后叶缘褪色(干燥条件下) ………………………………………… 施肥过量

B9 叶片黄化失绿,树势减弱 ………………………………………… 土壤 pH 值不适

B10 常绿树叶片枯黄、嫩枝死亡,主干裂缝、树皮部分死亡 ………………… 冬季冻伤

C 主干或主枝上有树脂、树液或虫孔

C1 主干上有树液(树脂)从孔洞中流出,树冠褪色 …………………………… 钻孔昆虫

C2 枝干上有钻孔,孔边有锯屑,枝干从顶端向基部死亡 …………………… 钻孔昆虫

C3 嫩枝顶端向后弯曲,叶片呈火烧状 ………………………………………… 枯萎病

C4 主干、枝干或根部有蘑菇状异物,叶片多斑点、枯萎 …………………… 腐朽病

C5 主干、嫩枝上有明显标记,通常呈凹陷、肿胀状,无光泽 ……………… 癌肿病

C6 在挪威枫和科罗拉多蓝杉主干或主枝上有白色树脂斑点,叶片变色并脱落 ………

…………………………………………………………………………… 细胞癌肿病

——叶片情况,包括叶片损伤、变形、有异状物

(1)叶片扭曲,叶缘粗糙,叶质变厚,纹理聚集,有清楚色带 ……………… 除草剂药害

(2)叶片变黄、卷曲,叶面上有黏状物,植株下方有黑色黏状区域 …………… 蚜虫

(3)叶片颜色不正常,伴随有黄色斑点或棕色带 …………………………… 叶螨虫

(4)叶片部分或整片缺失,叶片或枝干上可能有明显的蛛丝 ……………… 啮齿类昆虫

(5)叶缘卷起,有蛛网状物 ………………………………………………… 卷叶昆虫

(6)叶片发白或表面有白色粉末状生长物 …………………………………… 粉状霉菌

(7)叶表面呈现橘红色锈状斑,易被擦除,果实及嫩枝通常肿胀、变形 ……… 铁锈病

(8)叶片布有从小到大的碎斑点,斑点大小、形状和颜色各异 …………… 菌类叶斑

(9)叶片具黑色斑点真菌体,边缘黑色或中心脱落成孔、有疤痕 ………… 炭疽病

(10)叶片有不规则死区 ………………………………………… 叶片枯萎病(白斑病)

(11)叶片有茶灰色斑点,渐被生长物覆盖 ………………………………… 灰霉菌

(12)叶面斑点硬壳乌黑 ……………………………………………………… 黑霉菌

(13)叶片呈现深绿或浅绿色、黄色斑纹,形成不规则的镶花式图案 ……… 花斑病毒

(14)叶片上呈现黄绿色或红褐色的水印状环形物 ………………………… 环点病毒

◈ 技能训练

桂花成活期养护

一、技能训练方式

6 人为一小组,轮流扮演项目经理、养护技术员等不同的角色,按照园林植物成活期养护工作过程,进行任务分析、任务分工、任务操作,通过担任不同的角色熟悉整个操作流程。在进

行任务分工与操作前,首先进行个人自主学习,然后小组讨论确定分工和操作方案,按照方案实施操作。

二、技能训练工具材料

松土工具、修剪工具、喷灌设备、施肥工具设备、打药工具、水桶、草绳、涂白材料、树盘覆盖材料、支撑材料等。

三、技能训练时间

2 学时。

四、技能训练内容

1. 工具准备;
2. 树体支撑;
3. 树干涂白;
4. 补充修剪;
5. 病虫害防治;
6. 水分管理;
7. 施肥;
8. 树盘覆盖;
9. 成活率调查。

五、技能训练考核

训练任务考核	任务方案	合理□		不合理□	20	
	操作过程	规范□		不规范□	20	
	产品效果	好□	一般□	差□	20	
技能训练任务工单评估	表格填写情况	详细程度□规范程度□仔细程度□书写情况□填写速度□			10	
	素养提升	组织能力□协调能力□团队协作能力□分析解决问题能力□责任感和职业道德□吃苦耐劳精神□			20	
	工作、学习态度	谦虚□诚恳□刻苦□努力□积极□			10	

教师评价:

教师:

时间:

◈ **典型案例**

大雪松移植养护技术

随着园林技术的不断发展,近几年来,各地成功移植大树的例子数不胜数。笔者去年在济南移植了十棵大雪松,在细心养护下全部成活,且长势良好,现将移植和养护的体会介绍如下:

1. 时间、地理位置、水文条件

时间是某年的 10 月中旬,种植地点位于山东济南城西主马路边,是一块面积约 4 000 m² 的街头绿地,其土质为黏性土。为增加绿化效果,在施工过程中进行微地形的塑造,雪松均栽植于地形较高处,排水条件良好。

2. 施工前的准备工作

①因为要移植的雪松有 7.0～8.5 m 高,所以树穴均挖成 2.5 m×2.5 m×2.0 m,去掉内部的大石块及不良土壤,并备好足够的回填土。

②准备 9 m 长的竹竿若干根,12♯铁丝若干千克及所需的工具,高压喷雾器 3 台、喷头(带杆)40 个、输水管若干米、喷灌机一台。

③提前做好场地的平整,计划好吊车及运输车辆的行车路线。

3. 起挖、运输

起挖前做好选苗工作,要求所选苗木树形优美,树干通直,无机械损伤。对于树冠偏大、枝条偏密的雪松尽量不要选用,以增加成活率和降低运输、栽植的费用。提前做好记录,以利于苗木到场后对号入坑。起挖前先用支撑物撑好苗木,防止树木歪倒,以保证安全。另外,还应标记好苗木的阴阳面,以便于栽植时定位。笔者起挖的土球为直径 1.8 m,高度 1.6 m,起挖后发现土球外缘均无大根(根径超过 2 cm)出现。采用软包装,先用草帘裹住土球,然后用草绳麻花状缠绕,外层用棕绳再缠绕一遍。实践证明,在土质良好的情况下,土球无一破碎。吊装采用 16T 吊车,土球用钢丝绳牵拉,钢丝绳之间用 U 形扣连接,钢丝绳与土球接触处垫厚木板,防止其勒入土球。用主钩挂住钢丝绳,副钩挂住树干的 2/3 处,挂钩处树干均应用麻袋片层层包裹,防止绳子勒入树皮。在树干的 1/2 处还应拴一条长绳子,以利于在吊运过程中靠人力保持运动方向。苗木上车后,保持土球朝前,树冠朝后,并用三脚架撑住树干,防止树冠拖地。近距离运输,要在树干及树冠上喷水,远途运输则必须加盖篷布并定时喷水,以减少树木的水分蒸发。

4. 栽植

在每个树穴内施有机肥 20 kg,并用回填土拌匀填至土球的预留高度。栽植的吊装方法与起挖吊装基本一致。苗木吊到树穴内在未落地前,用人力旋转土球,使其位置、朝向合理,随后将土回填,回填前应把所有的包裹物全部去除。最后分层夯实并做好水穴。

5. 养护

①苗木栽植后应立即扶架,扶架完毕后再浇水。第一次浇水应浇透,并在 3 天后浇第二遍水,10 天后浇第三遍水。为保证成活率,在栽植的第四天结合浇水用 100 mg/kg 的 ABT 生根粉 3 号作灌根处理。三次浇水之后即可封穴,用地膜覆盖树穴并整出一定的排水坡度,防止因后期养护时喷雾造成根部积水。地膜可长期覆盖,以达到防寒和防止水分蒸发的作用。

②为增加成活率,在扶架完成后,配合苗木的整形作了疏枝处理。先去除病枝、重叠枝、内堂枝及个别影响树形的大枝,然后再修剪小枝。修剪过程中应勤看、分多次修剪,且勿一次修

剪成形,以免错剪枝条。修剪完成后及时用石蜡或防锈漆涂抹伤口,防止伤口遇水腐烂。

③苗木栽植之后应立即用喷灌机做喷雾养护,以保证树冠所需的水分和空气湿度。为了减小劳动强度,增加养护效果,提前在每棵雪松上安装 3～4 个喷头,喷头的位置以水雾能将全树笼罩为原则。每天定时喷雾,实践证明效果非常好。

④在吊装完成后,若发现有因吊装过程不小心被绳子勒坏的,在树的 2/3 处环形剥皮达 1/2 周。于是,趁树皮内黏膜层未干,及时用 1 cm 长的小钉子将脱落的树皮按原位钉住,并在伤口处均匀涂抹黄泥,用草绳缠绕将其裹紧,再用厚一点的塑料薄膜紧密包扎,保持湿润。经过 4 个月之后检查,树皮已基本愈合,在正常养护下,两棵树长势良好。

⑤由于济南属内陆地区,春天风大且降水量少,苗木的水分蒸发量大,因此浇水、喷雾的次数应适当增加。当苗木安全的渡过春天后,养护工作即可进入正常管理。

◈复习思考题

1.植物栽植的成活率在什么季节调查其结果才可靠?

2.新栽树木地上部分如何保湿?

3.树干涂白的目的是什么?

4.树盘覆盖有哪些材料?

5.怎样解决死亡树木的补植问题?

项目二　园林植物日常管理

任务一　土壤管理

◆**学习目标**

1. 掌握松土除草的季节和次数；
2. 熟悉地面覆盖的材料特点；
3. 掌握土壤改良的技术和方法；
4. 能进行土壤状况判断，并采取相应的措施进行土壤管理；
5. 培养观察判断能力和严谨细致的工作作风。

◆**任务描述**

某大学校园绿地有一片红叶石楠生长不良，要求诊断是否是土壤原因，如果是，采取相应措施进行养护管理。

◆**知识准备**

土壤是园林植物生长的基础，它不仅支持、固定园林植物，而且还是园林植物生长发育所需水分、各种营养元素和微量元素的主要来源。因此，土壤的好坏直接关系着园林植物的生长。园林植物土壤管理的任务就在于，通过多种综合措施来提高土壤肥力，改善土壤结构和理化性质，保证园林植物健康生长所需养分、水分、空气的不断有效供给；同时，结合园林工程的地形地貌改造，土壤管理也有利于增强园林景观的艺术效果，并能防止和减少水土流失与尘土飞扬的发生。

一、松土除草

1. 松土的作用

①疏松表土，切断表层与底层土壤的毛细管联系，以减少土壤水分的蒸发，还可防止土壤返碱；

②改善土壤的通气性，尤其是早春松土，还有助于提高土温，有利于树木根系生长和土壤内微生物的活动，有利于难溶解养分的分解，提高土壤肥力；

③有利于根系呼吸，促进植物的生长。

2. 除草的作用

①进一步改善通气和水分状况；

②排除杂草和灌木对水、肥、气、热、光的竞争；

③避免杂草、灌木、藤蔓对植物的危害；

④提高景观效果,减少病虫害。

3. 松土除草的次数和季节

松土与除草常同时结合进行。应在天气晴朗时,或初晴之后,要选土壤不过干又不过湿时进行,才可获得最大的效果。松土除草不可碰伤树皮,可适当切断植物生长在地表的浅根,松土除草的次数和时期可根据当地具体条件及园林植物生育特性等综合考虑确定,通常散生与列植幼树 2~3 次/年,盛夏来临前 1 次,立秋后 1~2 次;大树每年盛夏到来之前进行 1 次,注意割除树身上的藤蔓。例如杭州市园林局规定:市区级主干道的行道树,每年松土、除草应不少于 4 次,市郊每年不少于 2 次,对新栽 2~3 年生的风景树,每年应该松土除草 2~3 次。松土的深度视园林植物根系的深浅而定,一般在 6~10 cm,大树松土深度 6~9 cm,小树 3 cm。松土除草范围通常为树盘以内,逐年扩大。原则是靠近干基浅,远离干基深。

松土除草对促进园林植物生长有密切关系,如牡丹在每年解冻后至开花前松土 2~3 次,开花后至白露松土 6~8 次,总之,见草就除,除草随即松土。每次雨后要松土一次,松土保水作用有"地湿锄干,地干锄湿"和"春锄深一犁,夏锄刮地皮"之说。对于人流密集的地方每年应松土 1~2 次,以疏松土壤,改善通气状况。

人工清除杂草,劳力花费较多。因此,化学除草剂的应用开始受到重视,可根据杂草种类选择适宜的除草剂。目前较常用的除草剂有除草醚、扑草净、西马津、阿特拉津、茅草枯、灭草灵等。

二、树盘覆盖

利用有机物或活的植物体覆盖土面,可以防止或减少水分蒸发,减少地面径流,增加土壤有机质,调节土壤温度,减少杂草生长,为园林植物生长创造良好的环境条件。若在生长季进行覆盖,以后把覆盖的有机物翻入土中,还可增加土壤有机质,改善土壤结构,提高土壤肥力。

覆盖的材料以就地取材、经济实用为原则,如水草、谷草、豆秸、树叶、树皮、锯屑、马粪、泥炭等均可应用。在大面积粗放管理的园林中还可将草坪上或树旁割下来的草头随手堆于树盘附近,用以进行覆盖。一般对于幼龄的园林植物或草地疏林的园林植物,多在树盘下进行覆盖,覆盖的厚度通常以 3~6 cm,过厚会有不利的影响。一般在生长季节温度较高而较干旱时进行土壤覆盖为宜。

地被植物可以是紧伏地面的多年生植物,也可以是一、二年生的较高大的绿肥作物,如绿豆、黑豆、苜蓿、豌豆、羽扇豆等。前者除覆盖作用之外,还可以减免尘土飞扬,增加园景美观,又可占据地面,竞争掉杂草,降低园林植物养护成本;后者除覆盖作用之外,还可在开花期翻入土内,收到施肥的效用。对地被植物的要求是适应性强、有一定的耐阴力、覆盖作用好、繁殖容易、与杂草竞争的能力强,但与园林植物矛盾不大,同时还要有一定的观赏或经济价值。常用的地被草本植物有铃兰、石竹类、勿忘我、酢浆草、鸢尾类、麦冬类、丛生福禄考、玉簪类、沿阶草等。木本植物有地锦类、金银花、扶芳藤、蛇葡萄、凌霄类等。

三、土壤改良

1. 土壤耕作改良

在城市里,人流量大,游客践踏严重,大多数城市园林绿地的土壤,物理性能较差,水、气矛盾十分突出,土壤性质恶化。主要表现是土壤板结,黏重,土壤耕性极差,通气透水不良。在城市园林中,许多绿地因人群踩踏,压实土壤厚度达 3～10 cm,土壤硬度达每平方厘米 14～70 kg,机车压实土壤厚度为 20～30 cm,在经过多层压实后其厚度可达 80 cm 以上,土壤硬度每平方厘米 12～110 kg。通常当土壤硬度在每平方厘米 14 kg 以上,通气孔穴度在 10% 以下时,会严重妨碍微生物活动与园林植物根系伸展,影响园林植物生长。

通过合理的土壤耕作,可以改善土壤的水分和通气条件,促进微生物的活动,加快土壤的熟化进程,使难溶性营养物质转化为可溶性养分,从而提高土壤肥力;同时,由于大多数园林植物都是深根性植物,根系活动旺盛,分布深广,通过土壤耕作,特别是对重点地段或重点树种适时深耕,为根系提供更广的伸展空间,才能保证园林植物随着年龄的增长对水、肥、气、热的不断需要。

(1)深翻熟化　深翻就是对园林植物根区范围内的土壤进行深度翻垦。深翻的主要目的是加快土壤的熟化。这是因为通过深耕可以增加土壤孔隙度,改善理化性状,促进微生物的活动,加速土壤熟化,使难溶性营养物质转化为可溶性养分,提高土壤肥力,同时可以扩大根系吸收范围,促进侧、须根的发育,从而为园林植物根系伸展创造有利条件,增强园林植物的抵抗力,使树体健壮,新梢长,叶色浓,花色艳。

①深翻时期。总体上讲,深翻时期包括园林植物栽植前的深翻与栽植后的深翻。前者是在栽植园林植物前,配合园林地形改造,杂物清除等工作,对栽植场地进行全面或局部的深翻,并暴晒土壤,打碎土块,填施有机肥,为园林植物后期生长奠定基础;后者是在园林植物生长过程中进行的土壤深翻。实践证明,园林植物土壤一年四季均可深翻,但具体应根据各地的气候、土壤条件以及园林植物的类型适时深翻,才会收到良好效果。就一般情况而言,深翻主要在以下两个时期。

——秋末　此时,园林植物地上部分基本停止生长,养分开始回流、积累,同化产物的消耗减少,此时结合施基肥,有利于损伤根系的恢复生长,刺激长出部分新根,对园林植物来年的生长十分有利。同时,秋耕有利于雪水的下渗,可以松土保墒,一般秋耕过的土壤比未秋耕的土壤含水量要高 3%～7%;此外,秋耕后,经过大量灌水,使土壤下沉,根系与土壤进一步紧密接合,有助于根系生长。

——早春　应在土壤解冻后及时进行。此时,园林植物地上部分尚处于休眠状态,根系则刚开始活动,生长较为缓慢,伤根后容易愈合和再生。从土壤养分的季节变化规律来看,春季土壤解冻后,土壤水分开始向上移动,土质疏松,操作省工,但土壤蒸发量大,易导致园林植物干旱缺水。因此,在春季干旱多风地区,春季翻耕后需及时灌水,或采取措施覆盖根系,耕后耙平、镇压,春翻深度也要较秋耕为浅。

②深翻方式。园林植物土壤深翻方式主要有树盘深翻与行间深翻两种。树盘深翻是在园林植物树冠边缘,于地面的垂直投影线附近挖取环状深翻沟或辐射状深翻,有利于园林植物根系向外扩展,适用于园林草坪中的孤植树和株间距较大的园林植物;行间深翻则是在两排园林植物的中间,沿列方向挖取长条形深翻沟,用一条深翻沟,达到了对两行园林植物同时深翻的目的,这种方式多适用于呈行列布置的园林植物,如风景林、防护林带、园林苗圃等。

此外,还有全面深翻、隔行深翻等形式,应根据具体情况灵活运用。各种深翻均应结合进行施肥和灌溉。深翻后,最好将上层肥沃土壤与腐熟有机肥拌和,填入深翻沟的底部,以改良根层附近的土壤结构,为根系生长创造有利条件,而将心土放在上面,促使心土迅速熟化。

③深翻次数与深度。深翻次数:土壤深翻的效果能保持多年,因此,没有必要每年都进

行深翻。但深翻作用持续时间的长短与土壤特性有关。一般情况下,黏土、涝洼地深翻后容易恢复紧实,因而保持年限较短,可每1~2年深翻耕1次;而地下水位低,排水良好,疏松透气的沙壤土,保持时间较长,可每3~4年深翻耕1次。深翻深度:理论上讲,深翻深度以稍深于园林植物主要根系垂直分布层为度,这样有利于引导根系向下生长,但具体的深翻深度与土壤结构、土质状况以及树种特性等有关。如山地土层薄,下部为半风化岩石,或土质黏重,浅层有砾石层和黏土夹层,地下水位较低的土壤以及深根性树种,深翻深度较深,可达50~70 cm;反之,则可适当浅些。树盘深翻可深一些,行间深翻应浅些,而且要掌握离干基越近越浅的原则。

(2)中耕通气 中耕不但可以切断土壤表层的毛细管,减少土壤水分蒸发,防止土壤泛碱,改良土壤通气状况,促进土壤微生物活动,有利于难溶性养分的分解,提高土壤肥力;而且,通过中耕能尽快恢复土壤的疏松度,改进通气和水分状态,使土壤水、气关系趋于协调,因而生产上有"地湿锄干,地干锄湿"之说;此外,早春季节进行中耕,还能明显提高土壤温度,使园林植物的根系尽快开始生长,并及早进入吸收状态,以满足地上部分对水分、营养的需求。中耕还是清除杂草的有效办法,可以减少杂草对水分、养分的竞争,使园林植物生长的地面环境更清洁美观,同时还可阻止病虫害的滋生蔓延。

中耕是一项经常性的养护工作。中耕次数应根据当地的气候条件、树种特性以及杂草生长状况而定。通常各地城市园林主管部门对当地各类绿地中的园林植物土壤中耕次数都有明确的要求,有条件的地方或单位,一般每年园林绿地的中耕次数要达到2~3次。土壤中耕大多在生长季节进行,如以消除杂草为主要目的的中耕,中耕时间在杂草出苗期和结实期效果较好,这样能消灭大量杂草,减少除草次数。具体时间应选择在土壤不过于干,又不过于湿时,如天气晴朗或初晴之后进行,可以获得最大的保墒效果。

中耕深度一般为6~10 cm,大苗6~10 cm,小苗2~3 cm,过深伤根,过浅起不到中耕的作用。中耕时,尽量不要碰伤树皮,对生长在土壤表层的园林植物须根,则可适当截断。

(3)土壤质地改良

①有机改良。加入有机质改良土壤,最好的有机质有粗泥炭、半分解状态的堆肥和腐熟的厩肥。

②无机改良。以沙压黏,或以黏压沙,用粗沙,加沙量需达到原有土壤体积的1/3,不用建筑细沙。也可加入陶粒、粉碎的火山岩、珍珠岩和硅藻土等。

(4)客土、培土

①客土。实际上就是在栽植园林植物时,对栽植地实行局部换土。通常是在土壤完全不适宜园林植物生长的情况下需进行客土栽培。当在岩石裸露,人工爆破坑栽植,或土壤十分黏重、土壤过酸过碱以及土壤已被工业废水、废弃物严重污染等情况下,就应在栽植地一定范围内全部或部分换入肥沃土壤。如在我国北方种植杜鹃、茶花等酸性土植物时,就常将栽植坑附近的土壤全部换成山泥、泥炭土、腐叶土等酸性土壤,以符合酸性土树种生长要求。

②培土。培土就是在园林植物生长过程中,根据需要,在园林植物生长地加入部分土壤基质,以增加土层厚度,保护根系,补充营养,改良土壤结构。

在我国南方高温多雨的山地区域,常采取培土措施。在这些地方,降雨量大,强度高,土壤淋洗流失严重,土层变得十分浅薄,园林植物的根系大量裸露,园林植物既缺水又缺肥,生长势差,甚至可能导致园林植物整株倒伏或死亡,这时就需要及时进行培土。

　　培土工作要经常进行,并根据土质确定培土基质类型。土质黏重的应培含沙质较多的疏松肥土,甚至河沙;含沙质较多的可培塘泥、河泥等较黏重的肥土以及腐殖土。培土量视植株的大小、土源、成本等条件而定。压土厚度要适宜,过薄起不到压土作用,过厚对园林植物生长不利。连续多年压土,土层过厚会抑制园林植物根系呼吸,从而影响园林植物生长和发育,造成根系腐烂,树势衰弱。所以,为了防止接穗生根或对根系的不良影响,一般压土可适当扒土露出根颈。

　　(5)盐碱土的改良　主要是通过灌水洗盐、树盘覆盖等方式减少地表蒸发,也可深挖、增施有机肥,改良土壤理化性质。

　　2.土壤化学改良

　　(1)施肥改良　土壤的施肥改良以有机肥为主。一方面,有机肥所含营养元素全面,除含有各种大量元素外,还含有微量元素和多种生理活性物质,包括激素、维生素、氨基酸、酶等,能有效地供给园林植物生长需要的营养;另一方面,有机肥还能增加土壤的腐殖质,其有机胶体又可改良土壤,增加土壤的空隙度,改良黏土的结构,提高土壤保水保肥能力,缓冲土壤的酸碱度,从而改善土壤的水、肥、气、热状况。

　　施肥改良常与土壤的深翻工作结合进行。一般在土壤深翻时,将有机肥和土壤以分层的方式填入深翻沟。生产上常用的有机肥料有厩肥、堆肥、禽肥、鱼肥、饼肥、人粪尿、土杂肥、绿肥以及城市中的垃圾等,这些有机肥均需经过腐熟发酵才可使用。

　　(2)土壤酸碱度调节　土壤的酸碱度主要影响土壤养分物质的转化与有效性,土壤微生物的活动和土壤的理化性质。因此,与园林植物的生长发育密切相关。通常情况下,当土壤 pH 值过低时,土壤中活性铁、铝增多,磷酸根易与它们结合形成不溶性的沉淀,造成磷元素养分的无效化,同时,由于土壤吸附性氢离子多,黏粒矿物易被分解,盐基离子大部分遭受淋失,不利于良好土壤结构的形成;相反,当土壤 pH 值过高时,则发生明显的钙对磷酸的固定,使土粒分散,结构被破坏。

　　绝大多数园林植物适宜中性至微酸性的土壤。然而,我国许多城市的园林绿地酸性和碱性土面积较大。一般说来,我国南方城市的土壤 pH 偏低,北方偏高。所以,土壤酸碱度的调节是一项十分重要的土壤管理工作。

　　①土壤酸化。土壤酸化是指对偏碱性的土壤进行必要的处理,使之 pH 有所降低,符合酸性园林树种生长需要。目前,土壤酸化主要通过施用释酸物质进行调节,如施用有机肥料、生理酸性肥料、硫磺等,通过这些物质在土壤中的转化,产生酸性物质,降低土壤的 pH。据试验,每亩施用 30 kg 硫磺粉,可使土壤 pH 从 8.0 降到 6.5 左右。硫磺粉的酸化效果较持久,但见效缓慢。对盆栽园林植物也可用 1∶50 的硫酸铝钾,或 1∶180 的硫酸亚铁水溶液浇灌植株来降低 pH。

　　②土壤碱化。土壤碱化是指对偏酸的土壤进行必要的处理,使之土壤 pH 有所提高,符合一些碱性树种生长需要。土壤碱化的常用方法是向土壤中施加石灰、草木灰等碱性物质,但以石灰应用较普遍。调节土壤酸度的石灰是农业上用的"农业石灰",并非工业建筑用的烧石灰。农业石灰实际上就是石灰石粉(碳酸钙粉)。使用时,石灰石粉越细越好,这样可增加土壤内的离子交换强度,以达到调节土壤 pH 的目的。

　　3.土壤疏松剂改良

　　近年来,有不少国家已开始大量使用疏松剂来改良土壤结构和生物学活性,调节土壤酸碱度,提高土壤肥力,并有专门的疏松剂商品销售。如国外生产上广泛使用的聚丙烯酰胺,为人工合成的高分子化合物,使用时,先把干粉溶于80℃以上的热水,制成2‰的母液,再稀释10倍浇灌至5 cm深土层中,通过其离子键、氢键的吸引,使土壤连接形成团粒结构,从而优化土壤水、肥、气、热条件,其效果可达3年以上。

土壤疏松剂可大致分为有机、无机和高分子三种类型,它们的功能分别表现在膨松土壤、提高置换容量、促进微生物活动;增多孔穴,协调保水与通气、透水性;使土壤粒子团粒化。

目前,我国大量使用的疏松剂以有机类型为主,如泥炭、锯末粉、谷糠、腐叶土、腐殖土、家畜厩肥等,这些材料来源广泛,价格便宜,效果较好,但在运用过程中要注意腐熟,并在土壤中混合均匀。

4. 土壤污染防治

(1)土壤污染的概念及危害　土壤污染是指土壤中积累的有毒或有害物质超过了土壤自净能力,从而对园林植物正常生长发育造成的伤害。土壤污染一方面直接影响园林植物的生长,如通常当土壤中砷、汞等重金属元素含量达到2.2～2.8 mg/kg土壤时,就有可能使许多园林植物的根系中毒,丧失吸收功能;另一方面,土壤污染还导致土壤结构破坏,肥力衰竭,引发地下水、地表水及大气等连锁污染,因此,土壤污染是一个不容忽视的环境问题。

(2)土壤污染的途径　城市园林土壤污染主要来自工业和生活两大方面,根据土壤污染的途径不同,可分为以下几种:

①水质污染。由工业污水与生活污水排放、灌溉而引起的土壤污染。污水中含有大量的汞、镉、铜、锌、铬、铅、镍、砷、硒等有毒重金属元素,对园林植物根系造成直接毒害。

②固体废弃物污染。包括工业废弃物、城市生活垃圾及污泥等。固体废弃物不仅占用大片土地,并随运输迁移不断扩大污染面,而且含有重金属及有毒化学物质。

③大气污染。即工业废气、家庭燃气以及汽车尾气对土壤造成的污染。大气污染中最常见的是二氧化硫或氟化氢,它们分别以硫酸和氢氟酸随降水进入土壤,前者可形成酸雨,导致土壤不同程度的酸化,破坏土壤理化性质,后者则使土壤中可溶性氟含量增高,对园林植物造成毒害。

④其他污染。包括石油污染、放射性物质污染、化肥、农药等。

(3)防治土壤污染的措施

①管理措施。严格控制污染源,禁止工业、生活污染物向城市园林绿地排放,加强污水灌溉区的监测与管理,各类污水必须净化后方可用于园林植物的灌溉;加大园林绿地中各类固体废弃物的清理力度,及时清除、运走有毒垃圾、污泥等。

②生产措施。合理施用化肥和农药,执行科学的施肥制度,大力发展复合肥、控释肥等新型肥料,增施有机肥,提高土壤环境容量;在某些重金属污染的土壤中,加入石灰、膨润土、沸石等土壤改良剂,控制重金属元素的迁移与转化,降低土壤污染物的水溶性、扩散性和生物有效性;采用低量或超低量喷洒农药方法,使用药量少,药效高的农药,严格控制剧毒及有机磷、有机氯农药的使用范围;广泛选用吸毒、抗毒能力强的园林树种。

③工程措施。常见的有客土、换土、去表土、翻土等,除此之外,工程措施还有隔离法、清洗法、热处理法以及近年来为国外采用的电化法等。工程措施治理土壤污染效果彻底,是一种治本措施,但投资较大。

◆技能训练

红叶石楠土壤管理

一、技能训练方式

6人为一小组,分工协作,按照园林植物土壤管理工作过程,进行任务分析、任务分工、任务操作,通过担任不同的角色熟悉整个操作流程。在进行任务分工与操作前,首先进行个人自主学习,然后小组讨论确定分工和操作方案,按照方案实施操作。

二、技能训练工具材料

松土工具、树盘覆盖材料、腐熟粪肥、稻草、铁锹、石灰粉、硫酸铵、氮磷钾复合肥、pH计等。

三、技能训练时间

2学时。

四、技能训练内容

1.材料工具准备;

2.松土除草;

3.树盘覆盖;

4.土壤改良。

五、技能训练考核

训练任务考核	任务方案	合理□		不合理□	20	
	操作过程	规范□		不规范□	20	
	产品效果	好□	一般□	差□	20	
技能训练任务工单评估	表格填写情况	详细程度□规范程度□仔细程度□书写情况□填写速度□			10	
	素养提升	组织能力□协调能力□团队协作能力□分析解决问题能力□责任感和职业道德□吃苦耐劳精神□			20	
	工作、学习态度	谦虚□诚恳□刻苦□努力□积极□			10	
教师评价:						
				教师:　　时间:		

◆**典型案例**

茶园的土壤管理

茶园的土壤管理是实现优质高产的重要技术措施之一。其目的主要是控制杂草,改良土壤理化特性,促进有益微生物增殖,为茶树良好的生长发育创造一个十分有利的地下环境。

1. 常规成年茶园的土壤耕锄

(1)耕锄的时期与深度 成年茶园耕锄的时间和深度因各地自然气候条件和栽培技术水平的不同差异较大,但均可分为春夏季的浅耕和秋冬季的深中耕。

①春季耕锄。时间是在 2 月下旬至 3 月中旬,高山茶区(海拔 1 200 m 以上)可到 4 月上旬。此次浅耕一般是结合施春肥进行,耕深 7～10 cm。目的是疏松土壤,提高地温,补给营养,促进春茶萌发生长。

②夏季耕锄。一轮茶结束(约在 5 月中下旬)结合追施夏肥进行,耕深 10～15 cm。茶园经过春季的采摘和其他农事活动,土壤表层已被人的多次践踏而板结,妨碍了空气的流通和雨水的渗透,而这时又是杂草生长旺盛期,因此夏季耕锄极为重要。

③伏耕。夏末秋初(7 月下旬至 8 月上旬)当第二轮茶结束时配合施秋肥进行,耕深 10～15 cm。这时气温高,光照强,还往往伴随干旱,适时耕作对彻底杀灭杂草,促进土壤硝化细菌活动,加速有机物质分解具有显著作用。

④秋耕。秋末冬初(10 月下旬至 11 月中旬)当地上部停止生长时结合施冬肥进行,耕深 15～20 cm。这次耕翻不仅可以将杂草随同基肥翻入土中增加土壤有机营养,促进根系生长,同时还加速土壤的自然风化,使肥分释放,土壤结构改良,为次年春芽(越冬芽)的大量形成奠定物质基础。成年老茶园秋冬季的深中耕,可以每年一次。但对根系密布行间,尚在壮年期的茶园,则不必年年冬耕,可每隔 2 年一次,以免大量损伤根系,影响树势发育和翌年春茶产量。

(2)耕锄方法和工具 耕锄方法合理与否对茶树生长和水土保持有着密切的关系,对劳动工效也有很大影响。在锄草时靠近茶树下的地面应浅削,尽量减少对茶根的损伤,密集于丛脚的"夹窝草"宜用手连根拔除。除去的杂草应积于行间,借助晴天的烈日晒死或运出园外,制作堆肥。锄草方法与水土保持关系很大,在坡地茶园,如顺坡耕锄草,将扩大表土沟蚀,引起冲刷,故应沿等高线(或梯面)进行。第一次耕锄与第二次耕锄的方向应交换调节,以避免表土移位搬家。耕锄的时间宜选择晴天或雨天后土壤稍干时进行,土壤过湿易黏结成块不易耕作,同时因破坏了土壤结构会造成土壤更为板结。梯式茶园在耕作时还要进行梯壁管理。对梯壁不宜用锄头去挖,而需用刀割,使草根深扎土中保护梯坎。锄草工具,一般使用板锄、裤刀,深耕则使用扁嘴锄、钉齿耙等。注意千万不能用牛犁,因犁会造成茶根的严重损伤,使次年大减产,如果年年用牛犁则会造成茶树生长不良提早衰退。为了节省用工,保持土壤的良好结构,当前茶园除草最好宜选用草甘膦等除草剂进行化学除草,只有当地面板结时才辅以耕锄,但为了结合施肥,耕作仍不可全免。

2. 密植免耕茶园的土壤管理

密植茶园经过 2～3 年的精心培育,即可形成宽阔的茶篷覆盖整个地面,此时由于地面荫蔽,杂草已失去生存条件;茂密的枝叶阻止了雨水对地面的直接打击,水分被土壤缓慢吸收,地下庞大的根群已布满整个土壤表层,地面又加上一层枯枝落叶保护土壤水热稳定,土壤有机质迅速提高,茶树进入旺盛生长时期。此时,免耕条件具备,即应停止耕锄,这对促进土壤良好结构的进一步形成,提高茶叶品质、产量都有良好作用。研究表明,茶树生长的好坏与主根长短关系不大,而与侧根、细根的数量和旺盛与否关系最为密切,耕作动土必然损伤大量根系,破坏地上、地下部的生理平衡,从而导致减产。贵州省茶叶科学研究所试验,在密植茶园中耕锄草,一次每亩即损失细根达 5 kg 之多,而茶叶产量则随耕作次数的增加而减少,连续 5 年对比,耕作区总产量比免耕区减产 16.6%。密植茶园郁闭后实行免耕也不是一成不变的,到一定年限后可结合树冠更新改造,同时对土壤进行深耕和补施有机肥,使土壤得到周期性调节。

◈复习思考题

1.园林绿地土壤管理包括哪些内容?

2.如何调节园林绿地土壤的 pH 值?

3.土壤覆盖在目前的园林绿地中的使用情况如何?

任务二　植物施肥

◈学习目标

1.掌握施肥的原则和技术方法;

2.熟悉肥料的配方及作用;

3.掌握植物施肥的位置;

4.能根据实际情况确定肥料配方;

5.能进行园林植物施肥操作;

6.培养观察判断能力和严谨细致的工作作风。

◈任务描述

某学校有一片樱花树林,有些长势不是太好,请根据实际情况进行施肥。

◈知识准备

一、园林植物施肥的意义和特点

俗话说,"地凭肥养,苗凭肥长"。施肥是改善园林植物营养状况,提高土壤肥力的积极措施。

园林植物和所有的绿色植物一样,在生长过程中,需要多种营养元素,并不断从周围环境,特别是土壤中摄取各种营养成分。园林树木多根深、体大,生长期和寿命长,生长发育需要的养分数量很大;再加之园林树木长期生长于一地,根系不断从土壤中选择性吸收某些元素,常使土壤环境恶化,造成某些营养元素贫乏;此外,城市园林绿地土壤人流践踏严重,土壤密实度大,密封度高,水汽矛盾突出,使得土壤养分的有效性大大降低;同时城市园林绿地中的枯枝落叶常被彻底清除,营养物质被带离绿地,极易造成养分的枯竭。如据重庆市园林科研所调查,重庆园林绿地土壤养分含量普遍偏低,近一半土壤保肥供肥力较弱,尤其碱解氮和速效磷含量水平低,若碱解氮和速效磷分别以 60 mg/kg 和 5 mg/kg 作为缺素临界值,调查区土壤有 58%

缺氮,45%缺磷。因此,只有正确的施肥,才能确保园林植物健康生长,增强园林植物抗逆性,延缓园林植物衰老,达到花繁叶茂,提高土壤肥力的目的。

由于肥料的种类、用量、施肥比例与方法差别大导致施肥难度大。对园林植物施肥而言,通常以有机肥和迟效性肥料为主,次数不能太多,不能用有恶臭、污染环境的肥料,并应适当深施、及时覆盖。

二、园林植物的营养诊断

园林树木营养诊断是指导树木施肥的理论基础,根据树木营养诊断进行施肥,是实现树木养护管理科学化的一个重要标志。营养诊断是将树木矿质营养原理运用到施肥措施中的一个关键环节,它能使树木施肥达到合理化、指标化和规范化。

园林树木营养诊断的方法很多,包括土壤分析、叶样分析、外观诊断等,其中外观诊断是行之有效的方法,它是通过园林树木在生长发育过程中,当缺少某种元素时,在植株的形态上呈现一定的症状来判断树体缺素种类和程度,此法具有简单易行、快速的优点,在生产上有一定实用价值。

现将 A. laurie 及 C. H. Poesch 概括的树木缺素时的表现列述如下:

1. 病症通常发生于全株或下部较老的叶片上

 2. 病症通常出现于全株,但常先是老叶黄化而死亡

  3. 叶淡绿色,生长受阻;茎细弱并有破裂,叶小,下部叶比上部叶的黄色淡,叶黄化而干枯,呈淡褐色,少有脱落 ……………………………………………………… 缺氮

  3. 叶暗绿色,生长延缓;下部叶的叶脉间黄化,常带紫色,特别是在叶柄上,叶早落 ………………………………………………………………………………………… 缺磷

 2. 病症通常发生于植株下部较老叶片上

  4. 下部叶有病斑,在叶尖及叶缘出现枯死部分。黄化部分从边缘向中部扩展,以后边缘部分变褐色而向下皱缩,最后下部和老叶脱落 ………………………………… 缺钾

  4. 下部叶黄化,在晚期常出现枯斑,黄化出现于叶脉间。叶脉仍为绿色,叶缘向上或向下反曲,而形成皱缩 …………………………………………………………… 缺镁

1. 病斑发生于新叶

 5. 顶芽存活

  6. 叶脉间黄化,叶脉保持绿色

   7. 病斑不常出现,严重时叶缘及叶尖干枯,有时向内扩展,形成较大面积,仅有较大叶脉保持绿色 …………………………………………………………… 缺镁

   7. 病斑通常出现,且分布于全叶面,极细叶脉仍保持为绿色,形成细网状,花小而花色不良 ……………………………………………………………………… 缺锰

  6. 叶淡绿色,叶脉色泽浅于叶脉相邻部分,有时发生病斑,老叶少有干枯 …………………………………………………………………………………………… 缺硫

 5. 顶芽通常死亡

  8. 嫩叶的顶端和边缘腐败,幼叶的叶尖常形成钩状,根系在上述病症出现以前已经死亡 ……………………………………………………………………… 缺钙

  8. 嫩叶基部腐败,茎与叶柄极脆,根系死亡,特别是生长部分 ……… 缺硼

三、施肥的原则

1. 根据园林植物种类合理施肥

园林植物种类不同,习性各异,需肥特性有别。例如泡桐、杨树、重阳木、香樟、桂花、茉莉、月季、茶花等生长速度快,生长量大的种类,就比柏木、马尾松、油松、小叶黄杨等慢生耐瘠树种需肥量要大;又如在我国传统花木种植中,"矾肥水"就是养植牡丹的最好用肥等。

2. 根据园林植物生长发育阶段合理施肥

总体上讲,随着园林植物生长旺盛期的到来,需肥量逐渐增加,生长旺盛期以前或以后需肥量相对较少,在休眠期甚至就不需要施肥;在抽枝展叶的营养生长阶段,园林植物对氮素的需求量大,而生殖生长阶段则以磷、钾及其他微量元素为主。根据园林植物物候期差异,施肥方案上有萌芽肥、抽枝肥、花前肥、壮花稳果肥以及花后肥等。就生命周期而言,一般处于幼年期的树种,尤其是幼年的针叶树种生长需要大量的化肥,到成年阶段,对氮素的需要量减少;对古大树供给更多的微量元素有助于增强对不良环境因子的抵抗力。

3. 根据园林植物用途合理施肥

园林植物的观赏特性以及园林用途要影响其施肥方案。一般说来,观叶、观形树种需要较多的氮肥,而观花观果树种对磷、钾肥的需求量大。有调查表明,城市里的行道树大多缺少钾、镁、磷、硼、锰、硝态氮等元素,而钙、钠等元素又常过量,这对制订施肥方案有参考价值。也有人认为,对行道树、庭荫树、绿篱树种施肥,应以饼肥、化肥为主,郊区绿化树种可更多地施用人粪尿和土杂肥。

4. 根据土壤条件合理施肥

土壤厚度、土壤水分与有机质含量、酸碱度高低、土壤结构以及三相比例等均对园林植物的施肥有很大影响。例如,土壤水分含量和酸碱度就与肥效直接相关。土壤水分缺乏时施肥有害无利。由于肥分浓度过高,园林植物不能吸收利用而遭毒害;积水或多雨时又容易使养分被淋洗流失,降低肥料利用率。土壤酸碱度直接影响营养元素的溶解度。有些元素,如铁、硼、锌、铜,在酸性条件下易溶解,有效性高,当土壤呈中性或碱性时,有效性降低;另一些元素,如钼,则相反,其有效性随碱性提高而增强。

5. 根据气候条件合理施肥

气温和降雨量是影响施肥的主要气候因子。如低温,一方面减慢土壤养分的转化,另一方面削弱园林植物对养分的吸收功能。试验表明,在各种元素中,磷是受低温抑制最大的一种元素。雨量多寡主要通过土壤过干过湿左右营养元素的释放、淋失及固定。干旱常导致发生缺硼、钾及磷,多雨则容易促发缺镁。

6. 根据营养诊断合理施肥

根据营养诊断结果进行施肥,是实现园林植物栽培科学化的一个重要标志,它能使园林植物的施肥达到合理化、指标化和规范化,完全做到园林植物缺什么,就施什么,缺多少,就施多少。目前,园林植物施肥的营养诊断方法主要有叶样分析、土样分析、植株叶片颜色诊断以及植株外观综合诊断等,不过,叶样与土样分析均需要一定的仪器设备条件,而其在生产上的广泛应用受到一定限制,植株叶片颜色诊断和植株外观综合诊断则需有一定的实践经验。

7. 根据养分性质合理施肥

养分性质不同,不但影响施肥的时期、方法、施肥量,而且还关系到土壤的理化性状。一些易流失挥发的速效性肥料,如碳酸氢铵、过磷酸钙等,宜在园林植物需肥期稍前施入,而迟效性肥料,如有机肥,因腐烂分解后才能被园林植物吸收利用,故应提前施入。氮肥在土壤中移动性强,即使浅施也能渗透到根系分布层内,供园林植物吸收利用,磷、钾肥移动性差,故宜深施,尤其磷肥需施在根系分布层内,才有利于根系吸收。对化肥类肥料,施肥用量应本着宜淡不宜浓的原则,否则,容易烧伤园林植物根系。事实上,任何一种肥料都不是十全十美的,因此,生产上,我们应该将有机与无机,速效性与缓效性,酸性与碱性,大量元素与微量元素等结合施用,提倡复合配方施肥,以扬长避短,优势互补。

四、施肥的时期

肥料的具体施用时间,应视园林植物生长情况和季节而定,生产上一般分为基肥和追肥。

1. 基肥的施用时期

基肥一般在园林植物生长期开始前施用,通常有栽植前基肥、春季(早春)基肥和秋季(晚秋)基肥。秋施以秋分前后施入效果最好,此时正值根系又一次生长高峰,伤根后容易愈合,并可发新根;有机质腐烂分解的时间也长,可及时为翌年园林植物生长提供养分。春施基肥,不但有利于提高土壤孔隙度,疏松土壤,改善土壤中水、肥、气、热状况,有利微生物活动,而且还能在相当长的一段时间内源源不断地供给园林植物所需的大量元素和微量元素。但如果施入太晚,有机质没有充分分解,肥效发挥较慢,早春不能供给根系吸收,到生长后期肥效才发挥作用,往往造成新梢的二次生长,对园林植物生长发育尤其是对花芽分化和果实发育不利。

2. 追肥的施用时期

追肥又叫补肥。基肥肥效发挥平稳缓慢,当园林植物需肥急迫时就必须及时补充肥料,才能满足园林植物生长发育需要。追肥一般多为速效性无机肥,并根据园林植物一年中各物候期特点来施用。具体追肥时间,则与树种、品种习性以及气候、树龄、用途等有关。如对观花、观果园林植物而言,花芽分化期和花后追肥尤为重要,而对于大多数园林植物来说,一年中生长旺期的抽梢追肥常常是必不可少的。天气情况也影响追肥效果,晴天土壤干燥时追肥好于雨天追肥,而且重要风景点还宜在傍晚游人稀少时追肥。

与基肥相比,追肥施用的次数较多,但一次性用肥量却较少,对于观花灌木、庭荫树、行道树以及重点观赏树种,每年在生长期进行2~3次追肥是十分必要的,且土壤追肥与根外追肥均可。至于具体时期则需视情况合理安排,灵活掌握。园林植物有缺肥症时可随时进行追肥。

前期追肥即生长高峰前追肥、开花前追肥及花芽分化期追肥,以氮肥为主;后期追肥,时间不能太晚,9月底前完全停止施氮肥,促木质化,安全越冬。一般初栽2~3年内的花木、庭荫树、行道树及风景树等,每年在生长期追肥1~2次。植物缺素时,什么时候缺就什么时候追。基肥宜早,追肥宜巧。

五、肥料种类、性质及用途

根据肥料的性质及使用效果,园林植物用肥大致包括化学肥料、有机肥料及微生物肥料三大类。

1. 化学肥料

化学肥料由物理或化学工业方法制成,其养分形态为无机盐或化合物,又被称为化肥、矿质肥料、无机肥料。有肥料价值的无机物质,如草木灰,虽然不属于商品性化肥,习惯上也列为化学肥料,还有些有机化合物及其合成产品,如硫氰酸化钙、尿素等,也常被称为化肥。化学肥料种类很多,按植物生长所需要的营养元素种类,可分为氮肥、磷肥、钾肥、钙肥、镁肥、硫肥、微量元素肥料、复合肥料、草木灰、农用盐等。化学肥料大多属于速效性肥料,供肥快,能及时满足园林植物生长需要,因此,化学肥料一般以追肥形式使用;同时,化学肥料还有养分含量高,施用量少的优点。但化学肥料只能供给植物矿质养分,一般无改良土壤作用,养分种类也比较单一,肥效不能持久,而且容易挥发、淋失或发生强烈的固定,降低肥料的利用率。所以,生产上不宜长期单一施用化学肥料,必须贯彻化学肥料与有机肥料配合施用的方针,否则,对园林植物、土壤都是不利的。

2.有机肥料

有机肥料是指含有丰富有机质,既能提供植物多种无机养分和有机养分,又能培肥改良土壤的一类肥料,其中绝大部分为农家就地取材,自行积制的。由于有机肥料来源极为广泛,所以品种相当繁多,常用的有粪尿肥、堆沤肥、饼肥、泥炭、绿肥、腐殖酸类肥料等。虽然不同种类有机肥的成分、性质及肥效各不相同,但有机肥大多有机质含量高,有显著的改良土壤作用;含有多种养分,有完全肥料之称,即能促进园林植物生长,又能保水保肥;而且其养分大多为有机态,供肥时间较长。不过,大多数有机肥养分含量有限,尤其是氮含量低,肥效来得慢,施用量也相当大,因而需要较多的劳力和运输力量,此外,有机肥施用时对环境卫生也有一定不利影响。针对以上特点,有机肥一般以基肥形式施用,并在施用前必须采取堆积方式使之腐熟,其目的是为了释放养分,提高肥料质量及肥效,避免肥料在土壤中腐熟时产生某些对园林植物不利的影响。

3.微生物肥料

微生物肥料也称生物肥、菌肥、细菌肥及接种剂等。确切地说,微生物肥料是菌而不是肥,因为它本身并不含有植物需要的营养元素,而是含有大量的微生物,通过这些微生物的生命活动,来改善植物的营养条件。依据生产菌株的种类和性能,生产上使用的微生物肥料大致有根瘤菌肥料、固氮菌肥料、磷细菌肥料及复合微生物肥料等几大类。根据微生物肥料的特点,使用时需注意,一是使用菌要具备一定的条件,才能确保菌种的生命活力和菌肥的功效,如强光照射、高温、接触农药等,都有可能会杀死微生物,又如固氮菌肥,要在土壤通气条件好,水分充足,有机质含量稍高的条件下,才能保证细菌的生长和繁殖;二是微生物肥料一般不宜单施,一定要与化学肥料、有机肥料配合施用,才能充分发挥其应有作用,而且微生物生长、繁殖也需要一定的营养物质。

4.肥料的配方

多数园林植物自然生长在酸性土壤中,因此,一般不应使用碱性肥料,但也有特例。肥料配方的表示通常用数字表示比例,例如,10-8-6(或 10/8/6),即 10% 的 N,8% 的 P_2O_5 和 6% 的 K_2O,如肥料中还需标定其他重要元素的比例,可向后延伸,但必须将其含义予以说明。

六、施肥量

施肥量过多或不足,对园林植物均有不利影响。显然,施肥过多,园林植物不能全部吸收,既造成肥料的浪费,还有可能使园林植物遭受肥害,当然,肥料用量不足就达不到施肥的目的。

对施肥量含义的全面理解应包括肥料中各种营养元素的比例、一次性施肥的用量和浓度以及全年施肥的次数等数量指标。施肥量受园林植物生活习性、物候期、植株大小、株龄、土壤与气候条件、肥料的种类、施肥时间与方法、管理技术等诸多因素影响,难以制定统一的施肥量标准。目前,关于施肥量指标有许多不同的观点。

理论施肥量＝(树木吸收肥料的元素量－土壤供应量)/肥料元素的利用率

应该说,根据植株主干的直径来确定施肥量较为科学可行。经验施肥量:最安全用量为每厘米胸径 350～700 g 完全肥料,胸径<15 cm 则减半。在我国一些地方,有以园林植物每厘米胸高直径 0.5 kg 的标准作为计算施肥量依据的,如主干直径 3 cm 左右的园林植物,可施入 1.5 kg 完全肥料。就同一园林植物而言,一般化学肥料、追肥、根外施肥的施肥浓度分别较有机肥料、基肥和土壤施肥要低,而且要求更严格。化学肥料的施用浓度一般不宜超过 1%～3%,而在进行叶面施肥时,多为 0.1%～0.3%,对一些微量元素,浓度应更低。

近年来,国内外已开始应用计算机技术、营养诊断技术等先进手段,在对肥料成分、土壤及植株营养状况等给以综合分析判断的基础上,进行数据处理,很快计算出最佳的施肥量,使科学施肥、经济用肥发展到了一个新阶段。

七、施肥方法

依肥料元素被园林植物吸收的部位,园林植物施肥主要有以下两大类方法。

1. 土壤施肥

土壤施肥就是将肥料直接施入土壤中,然后通过园林植物根系进行吸收的施肥,是园林植物主要的施肥方法。

土壤施肥必须根据根系分布特点,将肥料施在吸收根集中分布区附近,才能被根系吸收利用。我们通常确定的水平位置是从树冠投影半径的 1/3 倍处至滴水线附近;施肥的垂直深度是在密集根层以上。施肥要在根部的四周,不要靠近树干基部;不要太浅,避免简单的地面喷撒;不要太深,一般不超过 60 cm。根系强大,分布较深远的园林植物,施肥宜深,范围宜大;根系浅的园林植物施肥宜浅,范围宜小。理论上讲,在正常情况下,园林植物的多数根集中分布在地下 20～60 cm 深范围内,具吸收功能的根,则分布在 20 cm 左右深的土层内;根系的水平分布范围,多数与园林植物的冠幅大小一致,即主要分布在树冠外围边缘的圆周内,所以,应在树冠外围于地面的水平投影处附近挖掘施肥沟或施肥坑。由于许多园林植物常常都经过了造型修剪,树冠冠幅大大缩小,这就给确定施肥范围带来困难。有人建议,在这种情况下,可以将离地面 30 cm 高处的树干直径值扩大 10 倍,以此数据为半径,树干为圆心,在地面做出的圆周边即为吸收根的分布区,也就是说该圆周附近处即为施肥范围。

事实上,具体的施肥深度和范围还与园林植物种类、植株大小、土壤和肥料种类等有关。深根性树种、沙地、坡地、基肥以及移动性差的肥料等,施肥时,宜深不宜浅,相反,可适当浅施;随着树龄增加,施肥时要逐年加深,并扩大施肥范围,以满足园林植物根系不断扩大的需要。应选天气晴朗、土壤干燥时施肥。阴雨天由于树根吸收水分慢,不但养分不易吸收,而且肥分还会被雨水冲失,造成浪费。施肥后(尤其是追肥)又必须及时适量灌水,使肥料渗透,否则土壤溶液浓度过大对树根不利。

现将生产上常见的土壤施肥方法介绍如下:

(1)全面施肥 分撒施与水施两种。前者是将肥料均匀地撒布于园林植物生长的地面,然后再翻入土中。这种施肥的优点是,方法简单,操作方便,肥效均匀,但因施入较浅,养分流失严重,用肥量大,P、K不易移动而保留在施用的地方,诱使根系向地表伸展,而降低树木的抗性。此法若与其他方法交替使用,则可取长补短,发挥肥料的更大功效,适用于裸露土壤上的小树,必须同时松土或浇水。特别要注意的是,不要在离树干 30 cm 以内干施化肥,否则会造成根颈和干基的损伤;后者主要是与喷灌、滴灌结合进行施肥。水施供肥及时,肥效分布均匀,既不伤根系,又保护耕作层土壤结构,节省劳力,肥料利用率高,是一种很有发展潜力的施肥方式。

(2)沟状施肥 沟状施肥包括放射沟状施肥、环状沟施和条状沟施(图 2-1),其中以环状沟施较为普遍。环状沟施是在树冠外围稍远处挖环状沟施肥,一般施肥沟宽 30～40 cm,深30～60 cm,它具有操作简便,用肥经济的优点,但易伤水平根,多适用于园林孤植树;放射状沟施较环状沟施伤根要少,但施肥部位也有一定局限性;条状沟施是在园林植物行间或株间开沟施肥,多适合苗圃里的园林植物或呈行列式布置的园林植物。

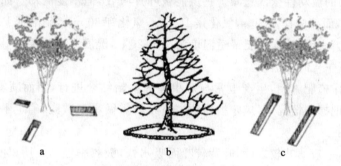

图 2-1 沟状施肥方法

a.放射沟状施肥 b.环状沟施肥 c.条状沟施肥

(3)穴状施肥 穴状施肥与沟状施肥很相似,若将沟状施肥中的施肥沟变为施肥穴或坑就成了穴状施肥(图 2-2),栽植前的基肥施入,实际上就是穴状施肥。生产上,以环状穴施居多。施肥时,施肥穴同样沿树冠在地面投影线附近分布,不过,施肥穴可为 2～4 圈,呈同心圆环状,内外圈中的施肥穴应交错排列,因此,该种方法伤根较少,而且肥效较均匀。目前,国外穴状施肥已实现了机械化操作。把配制好的肥料装入特制容器内,依靠空气压缩机,通过钢钻直接将肥料送入到土壤

图 2-2 穴状施肥

中,供园林植物根系吸收利用。这种方法快速省工,对地面破坏小,特别适合城市里铺装地面中园林植物的施肥。

(4)打孔施肥 在施肥区每隔 60～80 cm 打一个 30～60 cm 深的孔,将肥料均匀施入各个孔中,约达孔深的 2/3,然后堵塞孔洞、踩紧。或按树木每厘米胸径打孔 4～8 个。打孔时,孔洞最好不要垂直向下,以便扩大施肥面积。

2.根外施肥

图 2-3 叶面喷施

(1)叶面施肥 叶面施肥(图 2-3)实际上就是水施。它是用机械

的方法，将按一定浓度要求配制好的肥料溶液，直接喷雾到园林植物的叶面上，再通过叶面气孔和角质层吸收后，转移运输到树体各个器官。叶面施肥具有用肥量小，吸收见效快，一般喷后 15 min 到 2 h 即可被叶片吸收，避免了营养元素在土壤中的化学或生物固定等优点，因此，在早春园林植物根系恢复吸收功能前、在缺水季节或缺水地区以及不便土壤施肥的地方，均可采用叶面施肥，同时，该方法还特别适合于微量元素的施用以及对树体高大，根系吸收能力衰竭的古树、大树的施肥。

叶面施肥的效果与叶龄、叶面结构、肥料性质、气温、湿度、风速等密切相关。幼叶生理机能旺盛，气孔所占比重较大，较老叶吸收速度快，效率高；叶背较叶面气孔多，且表皮层下具有较疏松的海绵组织，细胞间隙大而多，利于渗透和吸收，因此，应对树叶正反两面进行喷雾。肥料种类不同，进入叶内的速度有差异。尿素中的氮易被吸收。钾、钠也易被吸收。磷、氯、硫、锌、铜、镁、铁和钼的流动性依次递减。钙虽能被叶片吸收，但不能流动。如硝态氮、氯化镁喷后 15 s 进入叶内，而硫酸镁需 30 s，氯化镁 15 min，氯化钾 30 min，硝酸钾 1 h，铵态氮 2 h 才进入叶内。许多试验表明，叶面施肥最适温度为 18～25℃，湿度大些效果好，因而夏季最好在上午 10 时以前和下午 4 时以后喷雾。

叶面施肥多作追肥施用，生产上常与病虫害的防治结合进行，因而喷雾液的浓度至关重要。在没有足够把握的情况下，应宁淡勿浓。喷布前需做小型试验，确定不能引起药害，方可再大面积喷布。

叶面喷肥时，一般幼叶较老叶，叶背较叶面吸水快，吸收率也高。所以实际喷布时一定要把叶背喷匀、喷到，使之有利于园林植物吸收。叶面喷肥要严格掌握浓度，以免烧伤叶片，最好在阴天或上午 10 时以前和下午 4 时以后喷施，以免气温高，溶液很快浓缩，影响喷肥或导致药害。喷洒量以营养液开始从叶片大量滴下为准。

(2)枝干施肥　枝干施肥就是通过园林植物枝、茎的韧皮部来吸收肥料营养，它吸肥的机理和效果与叶面施肥基本相似。枝干施肥又大致有枝干涂抹和枝干注射两种方法，前者是先将园林植物枝干刻伤，然后在刻伤处加上固体药棉；后者是用专门的仪器来注射枝干，目前国内已有专用的树干注射器。将营养液盛在容器中，系在树上，将针管插入木质部（或髓心），缓慢滴注。已用于治疗特殊缺素病或不容易进行土壤施肥的林荫道、人行道和根区有其他障碍的园林植物。例如，用此法将铁盐注入树干治疗缺铁性褪绿病。枝干施肥主要可用于衰老古大树、珍稀树种、树桩盆景以及观花园林植物和大树移栽时的营养供给。例如，有人分别用浓度 2% 的柠檬酸铁溶液注射和用浓度 1% 的硫酸亚铁加尿素药棉涂抹栀子花枝干，在短期内就扭转了栀子花的缺绿症，效果十分明显。但若钻孔消毒、堵塞不严，容易引起心腐和蛀干害虫的侵入。

施肥方法还有滴灌施肥、冲施肥料等方法，国外还生产出可埋入树干的长效固体肥料，通过树液湿润药物缓慢地释放有效成分，有效期可保持 3～5 年，主要用于行道树的缺锌、缺铁、缺锰的营养缺素症。

有机肥料要充分发酵、腐熟，切忌施用生粪，且浓度宜稀，化肥必须完全粉碎成粉状，不宜成块施用。基肥因发挥肥效较慢，应深施；追肥肥效较快，则宜浅施，以供园林植物及时吸收。城镇园林绿化地施肥，在选择肥料种类和施肥方法时，应考虑到不影响市容卫生，散发臭味的肥料不宜施用。

◆ 技能训练

樱 花 施 肥

一、技能训练方式

6人为一小组,分工协作,按照园林植物施肥工作过程,进行任务分析、任务分工、任务操作,通过担任不同的角色熟悉整个操作流程。在进行任务分工与操作前,首先进行个人自主学习,然后小组讨论确定分工和操作方案,按照方案实施操作。

二、技能训练工具材料

松土工具、喷灌设备、施肥工具、各类肥料等。

三、技能训练时间

2学时。

四、技能训练内容

1.材料工具准备;
2.植物施肥操作。

五、技能训练考核

训练任务考核	任务方案	合理□		不合理□	20	
	操作过程	规范□		不规范□	20	
	产品效果	好□	一般□	差□	20	
技能训练任务工单评估	表格填写情况	详细程度□规范程度□仔细程度□书写情况□填写速度□			10	
	素养提升	组织能力□协调能力□团队协作能力□分析解决问题能力□责任感和职业道德□吃苦耐劳精神□			20	
	工作、学习态度	谦虚□诚恳□刻苦□努力□积极□			10	

教师评价:

教师:

时间:

◈典型案例

紫薇盆栽养护要点

紫薇喜光,稍耐阴;喜温暖气候,耐寒性不强;喜肥沃、湿润而排水良好的石灰性土壤,耐旱,怕涝。萌芽性强,生长较慢,寿命长。

1.加强光照

紫薇喜阳光,生长季节必须置室外阳光处。

2.适时浇水

春冬两季应保持盆土湿润,夏秋季节每天早晚要浇水一次,干旱高温时每天可适当增加浇水次数,以河水、井水、雨水以及贮存 2～3 天的自来水浇施。

3.定期施肥

盆栽紫薇施肥过多,容易引起枝叶徒长,若缺肥反而导致枝条细弱,叶色发黄,整个植株生长势变弱,开花少或不开花。因此,要定期施肥,春夏生长旺季需多施肥,入秋后少施,冬季进入休眠期可不施。雨天和夏季高温的中午不要施肥,施肥浓度以"薄肥勤施"的原则,在立春至立秋每隔 10 天施一次,立秋后每半个月追施一次,立冬后停肥。

4.合理修剪

紫薇耐修剪,发枝力强,新梢生长量大。因此,花后要将残花剪去,可延长花期,对徒长枝、重叠枝、交叉枝、辐射枝以及病枝随时剪除,以免消耗养分。

5.及时换盆

盆栽紫薇每隔 2～3 年更换一次盆土,用 5 份疏松的山土、3 份田园土、2 份细河沙混合配制成培养土,换盆时可用骨粉、豆饼粉等有机肥作基肥,但不能使肥料直接与根系接触,以免伤及根系,影响植株生长。

◈复习思考题

1.园林植物施肥的时期有哪些?

2.植物施肥的原则是什么?

3.如何给大树施肥? 与草坪施肥有什么不同?

任务三 水 分 管 理

◈学习目标

1.掌握水分管理的原则与依据;

2.熟悉园林植物的灌溉与排水的方法及各自的优缺点;

3.能根据实际情况进行园林植物的水分管理;

4.培养观察判断能力和严谨细致的工作作风。

◈任务描述

某学校有一片枇杷树林,有些长势不是太好,请根据实际情况进行水分管理。

◈知识准备

一、园林植物对水分的需求

正确全面认识园林植物的需水特性,是制订科学的水分管理方案,合理安排灌排工作,适时适量满足园林植物水分需求,确保园林植物健康生长,充分有效利用水资源的重要依据。园林植物需水特性主要与以下因素有关。

1.园林植物种类与水分的需求

园林植物的种类、品种不同,自身的形态构造、生长特点、生物学与生态学习性不同,在水分需求上有较大差异。一般说来,生长速度快,生长期长,花、果、叶量大的种类需水量较大,相反需水量较小。因此,通常乔木比灌木,常绿树种比落叶树种,阳性树种比阴性树种,浅根性树种比深根性树种,中生、湿生树种比旱生树种需要较多的水分。但值得注意的是,需水量大的种类不一定需常湿,需水量小的也不一定要常干,而且园林植物的耐旱力与耐湿力并不完全呈负相关。

2.园林植物生长发育阶段与水分的需求

就生命周期而言,种子萌发时,必须吸足水分,以便种皮膨胀软化,需水量较大。特别在幼苗状态时,因根系弱小,于土层中分布较浅,抗旱力差,虽然植株个体较小,总需水量不大,但也必须经常保持表土适度湿润。以后随着植株体量的增大,根系的发达,总需水量应有所增加,个体对水分的适应能力也有所增强。在年生长周期中,总体上是生长季的需水量大于休眠期。秋冬季气温降低,大多数园林植物处于休眠或半休眠状态,即使常绿树种的生长也极为缓慢,这时的需水量较少,应少浇或不浇水;春季开始,气温上升,随着园林植物大量的抽枝展叶,需水量也逐渐增大,应适时灌水。

在生长过程中,许多园林植物都有一个对水分需求特别敏感的时期,即需水临界期,此时如果缺水,将严重影响园林植物枝梢生长和花的发育,以后即使更多的水分供给也难以补偿。需水临界期因各地气候及园林植物种类而不同,但就目前研究的结果来看,呼吸、蒸腾作用最旺盛时期以及观果类树种果实迅速生长期都要求充足的水分。由于相对干旱有助于园林植物枝条停止加长生长,使营养物质向花芽转移,因而在栽培上常采用减水、断水等措施来促进花芽分化。如对梅花、桃花、榆叶梅、紫薇、紫荆等,在营养生长期即将结束时适当扣水,少浇或停浇几次水,能提早并促进花芽的形成和发育,从而达到开花繁茂的观赏效果。

3.园林植物栽植年限与水分的需求

显然,园林植物栽植年限越短,需水量越大。刚刚栽植的园林植物,由于根系损伤大,吸收功能弱,根系在短期内难与土壤密切接触,常常需要连续多次反复灌水,方能保证成活,如果是常绿树种,还有必要对枝叶进行喷雾。园林植物定植经过一定年限后,进入正常生长阶段,地上部分与地下部分间建立起了新的平衡,需水的迫切性会逐渐下降,灌水次数可适当减少。

4.园林植物用途与水分的需求

生产上,因受水源、灌溉设施、人力、财力等因素限制,常常难以对全部园林植物进行同等的灌溉,而要根据园林植物的用途来确定灌溉的重点。一般需水的优先对象是观花灌木、珍贵树种、孤植树、古老大树等观赏价值高的园林植物以及新栽园林植物。

5.园林植物立地条件与水分的需求

生长在不同地区的园林植物,受当地气候、地形、土壤等影响,其需水状况有差异。在气温高,日照强,空气干燥,风大的地区,叶面蒸腾和株间蒸发均会加强,园林植物的需水量就大,反之,则小些。由于上述因素直接影响水面蒸发量的大小,因此在许多灌溉试验中,大多以水面蒸发量作为反映各气候因素的综合指标,而以园林植物需水量和同期水面蒸发量比值反映需水量与气候间的关系。土壤的质地、结构与灌水密切相关。如沙土,保水性较差,应"小水勤浇",较黏重土壤保水力强,灌溉次数和灌水量均应适当减少。若种植地面经过了铺装,或对游人践踏严重,透气差的园林植物,还应给予经常性的地上喷雾,以补充土壤水分的不足。

6.管理技术措施与水分的需求

管理技术措施对园林植物的需水情况有较多影响。一般说来,经过了合理的深翻、中耕、客土,施用丰富有机肥料的土壤,其结构性能好,可以减少土壤水分的消耗,土壤水分的有效性高,能及时满足园林植物对水分的需求,因而灌水量较小。

二、灌水

1.灌溉水的质量

灌溉水的质量好坏直接影响园林植物的生长。用于园林植物灌溉的水源有雨水、河水、地表径流水、自来水、井水及泉水等,由于这些水中的可溶性物质、悬浮物质以及水温等的差异,对园林植物生长及水的使用有不同影响。如雨水含有较多的二氧化碳、氨和硝酸,自来水中含有氯,这些物质不利于园林植物生长,且费用高;地表径流水则含有较多的园林植物可利用的有机质及矿质元素;而河水中常含有泥沙和藻类植物,若用于喷、滴灌水时,容易堵塞喷头和滴头;井水和泉水温度较低,伤害园林植物根系,需贮于蓄水池中,经过一段时间增温充气后方可利用。总之,园林植物灌溉用水以软水为宜,不能含有过多的对园林植物生长有害的有机、无机盐类和有毒元素及其化合物,一般有毒可溶性盐类含量不超过1.8 g/L,水温与气温或地温接近。

2.灌水时期

正确的灌水时期对灌溉效果以及水资源的合理利用都有很大影响。理论上讲,科学的灌水是适时灌溉,也就是说在园林植物最需要水的时候及时灌溉。根据园林生产管理实际,可将园林植物灌水时期分为以下两种类型:

(1)干旱性灌溉 干旱性灌溉是指在发生土壤、大气严重干旱,土壤水分难以满足园林植物需要时进行的灌水。在我国,这种灌溉大多在久旱无雨,高温的夏季和早春等缺水时节,此时若不及时供水就有可能导致园林植物死亡。

根据土壤含水量和园林植物的萎蔫系数确定具体的灌水时间是较可靠的方法。形态上已显露出缺水症状(如叶片下垂、萎蔫、果实皱缩等)或观察20 cm深土壤的水分缺失,则需要灌水。一般认为,当土壤含水量为最大持水量的60%～80%时,土壤中的空气与水分状况,符合大多数园林植物生长需要,因此,当土壤含水量低于最大持水量的50%以下,就应根据具体情况,决定是否需要灌水。随着科学技术和工业生产的发展,用仪器测定土壤中的水分状况,来指导灌水时间和灌水量;还可以通过测定园林植物地上部分生长状况,如叶片的色泽和萎蔫程度、气孔开张度等生物学指标,或测定叶片的细胞液浓度、水势等生理指标,以确定灌水时期。生产上,许多园林工作者常凭经验确定是否需要灌水,如根据园林植物外部形态,早晨看树叶是上翘还是下垂,中午看树叶是否萎蔫及其程度轻重,傍晚看萎蔫后恢复的快慢等,以此作为是否需要灌水的参考。又如对沙壤土和壤土,手握成团,挤压时土团不易碎裂,说明土壤水分约为最大持水量的50%以上,一般可不必灌溉;若手松开,轻轻挤压容易碎裂,则说明水分含量少,需要进行灌溉。

（2）管理性灌溉　目前在生产上，除定植时要浇充足的定根水外，大体上还是按照物候期进行浇水，基本上分休眠期灌水和生长期灌水。

①休眠期灌水是在秋冬和早春进行的。我国华北、西北、东北等地降水量较少，冬春严寒干旱，休眠期灌水非常重要。秋末冬初（在 11 月上中旬）的灌水一般称为灌冻水或封冻水，有利于木本园林植物安全越冬和起到防止早春干旱的作用，故北方地区的这次灌水不可缺少，特别是越冬困难的园林植物以及幼龄植株等，灌冻水更为重要。

我国北方早春干旱多风，早春灌水也很重要，不但有利于园林植物顺利通过被迫休眠期，有利于新梢和叶片的生长，而且有利于开花和坐果，同时促进园林植物健壮生长，是实现花繁果茂的关键措施之一。

②生长期灌水一般分花前灌水、花后灌水和花芽分化期灌水。

——花前灌水　在北方经常出现风多雨少的干旱现象。及时灌水补充土壤水分的不足，是解决树木萌芽、开花、新梢的生长和提高坐果率的有效措施，同时还可以防止春寒、晚霜的危害。盐碱地早春灌水后进行中耕，还可起到压碱的作用。花前水的具体时间，要因地、因植物种类而异。

——花后灌水　多数园林植物在花谢后半个月左右是新梢迅速生长期，如果水分不足，会抑制新梢生长，对于结果树种则会引起大量落果。尤其是北方各地，春天多风，地表蒸发量大，适当灌水可保持土壤湿度。前期灌水可促进新梢和叶片生长，提高坐果率和增大果实，同时对后期的花芽分化有良好的作用。没有灌水条件的应采取保墒措施，如覆草、盖沙等。

——花芽分化期灌水　这次灌水对观花、观果植物非常重要。因为园林植物一般是在新梢缓慢或停止生长时开始花芽的形态分化，此时正是果实速生期，需要较多的水分和养分，若水分不足会影响果实生长和花芽分化。因此，在新梢停止生长前及时而适量的灌水，可促进新梢的生长而抑制秋梢的生长，有利于花芽分化和果实发育。

3. 灌溉量

灌水量受气候、园林植物种类、土质、树木生长状况等多方面因素的影响。最适宜的灌水量，应在一次灌水中，使树木根系分布范围的土壤湿度达到最有利于园林植物生长发育的程度。灌水要一次灌透，不可只浸润表层或上层根系分布的土壤。一般对于深厚的土壤需要一次浸湿 1 m 以上，浅薄土壤经过改良也应浸湿 0.8～1.0 m。灌水量一般以达到土壤最大持水量的 60%～80% 为标准。

4. 灌水方法

灌水方法正确与否，不但关系到灌水效果好坏，而且还影响土壤的结构。正确的灌水方法，要有利水分在土壤中均匀分布，充分发挥水效，节约用水量，降低灌水成本，减少土壤冲刷，保持土壤的良好结构。随着科学技术的发展，灌水方法也在不断改进，正朝机械化、自动化方向发展，使灌水效率和灌水效果均大幅度提高。我们根据供水方式的不同，将园林植物的灌水方法分为以下三种。

（1）地上灌水

①机械喷灌。这是一种比较先进的灌水技术，目前已广泛用于园林苗圃、园林草坪、果园等的灌溉。机械喷灌的优点是，由于灌溉水首先是以雾化状洒落在树体上，然后再通过园林植物枝叶逐渐下渗至地表，避免了对土壤的直接打击、冲刷，因此，基本上不产生深层渗漏和地表径流，既节约用水量，又减少了对土壤结构的破坏，可保持原有土壤的疏松状态；而且，机械喷

灌还能迅速提高园林植物周围的空气湿度,控制局部环境温度的急剧变化,为园林植物生长创造良好条件;此外,机械喷灌对土地的平整度要求不高,可以节约劳力,提高工作效率。机械喷灌的缺点是,有可能加重某些园林植物感染真菌病害;灌水的均匀性受风影响很大,风力过大,会增加水量损失;同时,喷灌的设备价格和管理维护费用较高,使其应用范围受到一定限制。但总体上讲,机械喷灌还是一种发展潜力巨大的灌溉技术,值得大力推广应用。机械喷灌系统一般由水源、动力、水泵、输水管道及喷头等部分组成。

②汽车喷灌。汽车喷灌实际上是一座小型的移动式机械喷灌系统,目前,它多由城市洒水车改建而成。在汽车上安装储水箱、水泵、水管及喷头组成一个完整的喷灌系统,灌溉的效果与机械喷灌相似。由于汽车喷灌具有移动灵活的优点,因而常用于城市街道行道树的灌水。

③人工浇灌。虽然人工浇灌费工多,效率低,但在交通不便,水源较远,设施条件较差的情况下,仍不失为一种有效的灌水方法。人工浇灌大致有人工挑水浇灌与人工水管浇灌两种,并大多采用树盘灌水形式。灌溉时,以树干为圆心,在树冠边缘投影处,用土壤围成圆形树堰,灌水在树堰中缓慢渗入地下。人工浇灌属于局部灌溉,灌水前最好应疏松树堰内土壤,使水容易渗透,灌溉后耙松表土,以减少水分蒸发。

（2）地面灌水　地面灌水可分为漫灌与滴灌两种形式。前者是一种大面积的表面灌水方式,因用水极不经济,生产上很少采用;后者是近年来发展起来的机械化与自动化的先进灌溉技术,它是将灌溉用水以水滴或细小水流形式,缓慢地施于植物根域的灌水方法。滴灌的效果与机械喷灌相似,但比机械喷灌更节约用水。不过滴灌对小气候的调节作用较差,而且耗管材多,对用水要求严格,容易堵塞管道和滴头。目前国内外已发展到自动化滴灌装置,其自动控制方法可分时间控制法、电力抵抗法和土壤水分张力计自动控制法等,而广泛用于蔬菜、花卉的设施栽培生产中。滴灌系统的主要组成部分包括水泵、化肥罐、过滤器、输水管、灌水管和滴水管等。

（3）地下灌水　地下灌水是借助于地下的管道系统,使灌溉水在土壤毛细管作用下,向周围扩散浸润植物根区土壤的灌溉方法。地下灌水具有地表蒸发小,节省灌溉用水,不破坏土壤结构,地下管道系统在雨季还可用于排水等优点。

地下灌水分为沟灌与渗灌两种。沟灌是用高畦低沟方法,引水沿沟底流动来浸润周围土壤。灌溉沟有明沟与暗沟,土沟与石沟之分。对石沟,沟壁应设有小型渗漏孔。渗灌是目前应用较普遍的一种地下灌水方式,其主要组成部分是地下管道系统。地下管道系统包括输水管道和渗水管道两大部分。输水管道两端分别与水源和渗水管道连接,将灌溉水输送至灌溉地的渗水管道,它做成暗渠和明渠均可,但应有一定比降。渗水管道的作用在于通过管道上的小孔,使管道中的水渗入土壤中。管道的种类众多,制作材料也多种多样,例如有专门烧制的多孔瓦管、多孔水泥管、竹管以及波纹塑料管等,生产上应用较多的是多孔瓦管。

5.灌溉中应注意的事项

①适时适量灌溉;

②干旱时追肥应结合灌水;

③防止土壤的板结与冲刷;

④生长后期适时停止灌水,即9月中旬后应停止灌水,但干旱寒冷地区,冬灌有利于越冬;

⑤灌溉宜在早晨或傍晚进行;

⑥水质要求无害无毒。

三、排水

1.排水的必要性

土壤中的水分与空气是互为消长的。排水的作用是减少土壤中多余的水分,增加土壤空气的含量,促进土壤空气与大气的交流,提高土壤温度,激发好气性微生物活动,加快有机质的分解,改善园林植物营养状况,使土壤的理化性状全面改善。

在有下列情况之一时,就需要进行排水:

①园林植物生长在低洼地,当降雨强度大时,汇集大量地表径流,且不能及时宣泄,而形成季节性涝湿地。

②土壤结构不良,渗水性差,特别是土壤下面有坚实的不透水层,阻止水分下渗,形成过高的假地下水位。

③园林绿地临近江河湖海,地下水位高或雨季易遭淹没,形成周期性的土壤过湿。

④平原与山地城市,在洪水季节有可能因排水不畅,形成大量积水,或造成山洪暴发。

⑤在一些盐碱地区,土壤下层含盐量高,不及时排水洗盐,盐分会随水的上升而到达表层,造成土壤次生盐渍化,对园林植物生长很不利。

2.排水方法

应该说,园林绿地的排水是一项专业性基础工程,在园林规划及土建施工时就应统筹安排,建好畅通的排水系统。园林植物的排水通常有以下四种方法:

(1)明沟排水　明沟排水是在地面上挖掘明沟,排除径流。它常由小排水沟、支排水沟以及主排水沟等组成一个完整的排水系统,在地势最低处设置总排水沟。这种排水系统的布局多与道路走向一致,各级排水沟的走向最好相互垂直,但在两沟相交处应成锐角(45°～60°)相交,以利水畅其流,防止相交处沟道淤塞,且各级排水沟的纵向比降应大小有别。

(2)暗沟排水　暗沟排水是在地下埋设管道,形成地下排水系统,将地下水降到要求的深度。暗沟排水系统与明沟排水系统基本相同,也有干管、支管和排水管之别。暗沟排水的管道多由塑料管、混凝土管或瓦管做成。建设时,各级管道需按水力学要求的指标组合施工,以确保水流畅通,防止淤塞。

(3)滤水层排水　滤水层排水实际就是一种地下排水方法。它是在低洼积水地以及透水性极差的地方栽种园林植物,或对一些极不耐水湿的树种,在当初栽植园林植物时,就在园林植物生长的土壤下面填埋一定深度的煤渣、碎石等材料,形成滤水层,并在周围设置排水孔,当遇有积水时,就能及时排除。这种排水方法只能小范围使用,起到局部排水的作用。

(4)地面排水　这是目前使用较广泛、经济的一种排水方法。它是通过道路、广场等地面,汇聚雨水,然后集中到排水沟,从而避免绿地园林植物遭受水淹。不过,地面排水方法需要设计者经过精心设计安排,才能达到预期效果。

◆**技能训练**

枇杷水分管理

一、技能训练方式

6人为一小组,分工协作,按照园林植物水分管理工作过程,进行任务分析、任务分工、任务操作,通过担任不同的角色熟悉整个操作流程。在进行任务分工与操作前,首先进行个人自主学习,然后小组讨论确定分工和操作方案,按照方案实施操作。

二、技能训练工具材料

水壶、锄头、铲子、多孔管道等。

三、技能训练时间

2学时。

四、技能训练内容

1.材料工具准备;

2.喷灌操作;

3.盘灌操作;

4.穴灌操作;

5.沟灌操作;

6.滴灌操作;

7.排水操作。

五、技能训练考核

<table>
<tr><td rowspan="3">训练任务考核</td><td>任务方案</td><td colspan="2">合理□</td><td colspan="2">不合理□</td><td>20</td></tr>
<tr><td>操作过程</td><td colspan="2">规范□</td><td colspan="2">不规范□</td><td>20</td></tr>
<tr><td>产品效果</td><td>好□</td><td colspan="2">一般□</td><td>差□</td><td>20</td></tr>
<tr><td rowspan="4">技能训练任务工单评估</td><td>表格填写情况</td><td colspan="4">详细程度□规范程度□仔细程度□书写情况□
填写速度□</td><td>10</td></tr>
<tr><td>素养提升</td><td colspan="4">组织能力□协调能力□团队协作能力□分析解决问题能力□责任感和职业道德□吃苦耐劳精神□</td><td>20</td></tr>
<tr><td>工作、学习态度</td><td colspan="4">谦虚□诚恳□刻苦□努力□积极□</td><td>10</td></tr>
<tr><td colspan="6" rowspan="2">教师评价:

 教师:
时间: </td></tr>
<tr></tr>
</table>

◈典型案例

非洲紫罗兰水分管理

　　一般浇水温度与植株土壤温度尽量接近,且尽量避免盛夏中午(高于 35℃)或冬季晚间(低于 15℃)浇水即可。给水的时机及水量主要是根据介质的含水量来决定,测试介质含水量有以下几种方法:

　　①指头触摸介质——表土已干燥时,应浇水。

　　②称重——介质含水量较高则植株较重,反之,植株较轻。一般植株连盆重量约为最高水量时的 1/3～1/2 即需浇水。

　　③叶片外观——非洲紫罗兰对缺水的忍受性较许多室内的植物高,因此当叶片略有萎凋状时,即表示植株缺水,应及时补充水分。

　　④目测介质表面——表土干燥时,颜色较湿润时白,可借此来判断浇水时机。

　　每次浇水以能充分浇湿介质,并有多余的水分由盆底流出为原则。以一般室内环境而言,非洲紫罗兰的浇水周期为 3～7 天,但须依当下环境有所不同,给水的方式则有:

　　①喷雾法——以喷壶给水,可顺便清洗植株尘埃及沉积之盐类,但应避免使用过大之水而造成水伤。

　　②灌溉——以长嘴壶灌溉,可避免水分与植株或花朵接触,因此不会造成水伤斑纹,也适用于开花期。

　　③底盆吸水——将水浇灌至底部蓄水盆,让介质利用毛细管现象将水吸至介质中,待数分钟介质吸水饱和后,将剩余水倒掉。

◈复习思考题

　　1.如何将土壤改良和水肥管理结合起来?

　　2.比较几种常见灌水方式的优缺点。

　　3.园林绿地排水的方法有哪些?

　　4.校园中的草坪的排水方式有哪些?请分别进行评价。

项目三 园林植物整形修剪

任务一 绿篱整形修剪

◆**学习目标**

　　1.掌握整形修剪的一般技术和方法；

　　2.掌握绿篱的概念和整形修剪的原则；

　　3.掌握绿篱的整形修剪程序和技术；

　　4.能够结合具体情况进行绿篱整形修剪操作；

　　5.培养分析解决问题的能力和创新精神。

◆**任务描述**

　　某大学校园居住区绿地种植有需要整形修剪的大叶黄杨绿篱，现要求你根据周边环境的实际需要，设计篱体形状并对其进行整形修剪。

◆**知识准备**

　　整形修剪是园林植物养护管理中一项十分重要的技术措施，在园林绿化中占有重要的位置。整形修剪既是一门科学，更是一门艺术。平时，对园林植物常强调"三分种，七分养"，通过对园林植物进行正确的整形修剪工作，可以获得优美的树形，从而提高园林植物的观赏价值，提升城市绿化整体水平。

一、整形修剪的概念

　　整形是对园林植物施行一定的技术措施，使之形成栽培者所需要的植物体结构形态。修剪是对植株的某些器官，如茎、枝、叶、花、果、芽、根等进行剪截或删除的措施。整形是目的，修剪是手段。整形是通过一定的修剪手段来完成的，而修剪又是在一定的整形基础上，根据某种目的要求而实施的，两者紧密相关，统一于一定栽培养护目的要求下。

二、整形修剪的目的与意义

　　1.整形修剪的目的

　　根据园林植物不同的生长与发育特性、生长环境和栽培目的，对其进行适当的整形修剪，具有调节植株的长势，防止徒长，使营养集中供应给所需要的枝叶和促使开花结果的作用。修剪时要讲究树体的造型，使叶、花、果所组成的树冠相映成趣，并与周围的环境配置相得益彰，以达到优美的景观效果，满足人们观赏的需要。

2.整形修剪的意义

(1)调节生长和发育

①促进和控制生长。修剪具有"整体抑制,局部促进"和"整体促进,局部抑制"的双重作用。树木的地上部分与地下部分是相互依赖,相互制约的,二者保持动态的平衡。树木经过整形修剪失掉一定的枝叶量,使光合作用产物减少,供给根系的有机物相对减少,因而削弱了根的作用,对树木整体生长起到了抑制作用。枝条被剪去一部分后,养分集中供应留下的枝芽生长,使局部枝芽的营养水平有所提高,从而加强了局部的生长势,这就是所说的"整体抑制,局部促进"作用。如果对幼树大部分枝条采取轻截,则会促其下部侧芽萌发,增加了枝叶的数量,光合作用增强,供给根系的有机营养增加,相应地促进了植株的生长势。如果对背下枝或背斜侧枝剪到弱芽处,压低角度,改变枝向,则抽生的枝条生长势比较弱或根本抽不出枝条,此时对这类枝条不是增强,而起到削弱的作用,这就是"整体促进,局部抑制"作用。

②促进开花结果。整形修剪可以调节养分和水分的运输,平衡树势,可以改变营养生长与生殖生长之间的关系,促进开花结果。在观花观果的园林植物中,通过合理的整形修剪,保证有足够数量的优质营养器官,是植物生长发育的基础;使植物产生一定数量花果,并与营养器官相适应;使一部分枝梢生长,一部分枝梢开花结果,每年交替,使两者均衡生长。

(2)形成优美的树形 园林中很多观赏花木,通过修剪形成优美的自然式人工整形树姿及几何形体式树形,在自然美的基础上,创造出人为干预的自然与艺术融合为一体的美。如有的将树木修剪成尖塔形、圆球形、几何形,还有的将其整剪成不仅外形如画,而且具有含蓄的意境,如将树木整剪成鸟、兽、抽象式等,构成有一定特色的园林景观。

(3)调节树势,促进老树更新复壮 对衰老树木进行强修剪,剪去或短截全部侧枝,可刺激隐芽长出新枝,选留其中一些有培养前途的枝条代替原有骨干枝,进而形成新的树冠。通过修剪使老树更新复壮,一般比栽植的新苗生长速度快,因为具有发达的根系,为更新后的树体提供充足的水分和养分。

(4)调节城市街道绿化中电缆和管道与树木之间的矛盾 在城市中,由于市政建筑设施复杂,常与树木发生矛盾,特别是行道树,上有架空线,下有管道、电缆,通常均需应用修剪、整形措施来解决其与植物之间的矛盾。

三、园林植物的常见树体形态结构

树木由地上与地下两大部分组成。乔木树种的地上部分包括主干与树冠。主干上承树冠下接根系,是支撑树冠与运输物质的总枢纽。树冠由中心干(主干和中央领导干)、主枝、侧枝和其他各级分枝构成,其中的中心干、主枝和其他各级永久性枝条构成树体的骨架,统称骨干枝(图3-1)。树体大小、形状与结构不仅影响光能的利用率,而且影响观赏功能的发挥。

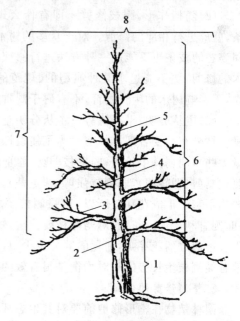

图3-1 树体结构

1.主干 2.主枝 3.侧枝 4.辅助枝
5.中央领导干 6.树高 7.冠高 8.冠幅

（1）主干　从地面起至第一主枝间的树干称为干高。

（2）树高　从地面起沿主干延长线至树木最高点的距离。

（3）树冠　树体各级枝的集合体。第一主枝的最低点至树冠最高点的距离为冠高（长）；树冠垂直投影的平均直径为冠幅，一般用树冠东西，南北 两个方向的平均值表示。

（4）层内距　同一层中，相邻主枝着生点之间的垂直距离。距离小者称"邻接"，距离15～20 cm 者称"邻近"。

（5）分枝角度　分枝与着生母枝的夹角，又分基角、腰角和梢角。

（6）主枝夹角　同层内相邻主枝在水平面上的夹角。

四、园林植物整形修剪的原则与依据

1. 整形修剪的原则

（1）因地制宜，按需修剪　树木的生长发育与环境条件具有密切关系。在不同的生态条件下则树木的整形修剪方式不同，对于生长在土壤瘠薄、地下水位较高处的树木，不应该与生长在一般土壤上的树木以同样的方式进行整形修剪，通常主干应留得低，树冠也相应地小。在盐碱地更应采用低干矮冠的方式进行整剪。在多风地区或风口栽植乔木时，一定选栽深根性的树种，同时树体不能过大，枝叶不要过密。否则适得其反，起不到很好的观赏作用。

不同的配置环境整剪方式不同，如果树木生长地周围很开阔、面积较大，在不影响与周围环境协调的情况下，可使分枝尽可能地开张，以最大限度地扩大树冠；如果空间较小，应通过修剪控制植株的体量，以防拥挤不堪，影响树木的生长，又降低观赏效果。如在一个大草坪上栽植几株雪松或桧柏，为了与周围环境配置协调，应尽量扩大树体，同时留的主干应较低，并多留裙枝。

（2）随树作形，因枝修剪　即有什么式样的树木，就整成相应式样的形；有什么姿态的枝条，就应进行相应的修剪。对于众多的树木，千万不能用一种模式整形。对于不同类型的或不同姿态的枝条更不能用一种方法进行修剪，而是要因树、因枝、因地而异。特别是对于放任树木的修剪，更不能追求某种典型的、规范的造型，一定要根据实际情况因势利导，只要通风透光，不影响树木的生长发育，不有碍于观赏效果就可以了。

（3）主从分明、平衡树势　主从分明是指主枝与侧枝的主从关系要分明，树势平衡也就是骨干枝分布的要合理。修剪时为了使植株长势均衡，应抑强扶弱，一般采用强主枝强剪（修剪量大些），削弱其生长势；弱主枝弱剪（修剪量小些）。调节侧枝的生长势，应掌握的原则是：强侧枝弱剪（即轻截），弱侧枝强剪（即重截）。因为侧枝是开花结实的基础，侧枝如生长过强或过弱均不利于形成花芽。所以，对强侧枝要弱剪，目的是促使侧芽萌发，增加分枝，使生长势缓和，则有利于形成花芽；对弱侧枝要强剪，短截到中部饱满芽处，使其萌发抽生较强的枝条，此类枝条形成的花芽少，消耗的养分也少，从而对该枝条的生长势有增强的作用，应用此方法调整各类侧枝生长势的相对均衡是很有效的。

2. 整形修剪的依据

园林植物在整形修剪前要对其生态环境条件、生长发育习性、分枝规律、枝芽特性等基本知识进行了解，遵循植物的生长发育规律，才能进行科学合理的整形修剪。

（1）与生态环境条件相统一的原理　园林植物在自然界中总是不断协调自身各个器官的相互关系，维持彼此间的平衡生长，以求得在自然界中继续生存。因此，保留一定的树冠，及时调整有效叶片的数量,维持高粗生长的比例关系,就可以培养出良好的树冠与干形。如果剪去树冠下部的无效枝,使养分相对集中,可加速高度生长。

(2)分枝规律的原理 园林树木在生长进化的过程中形成了一定的分枝规律,一般有主轴分枝、合轴分枝、假二叉分枝、多歧分枝等类型(图3-2)。

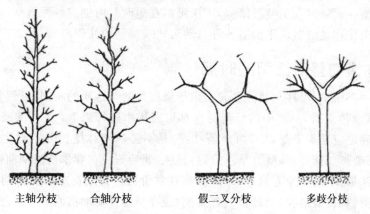

主轴分枝   合轴分枝   假二叉分枝   多歧分枝

图3-2 树木分枝类型

主轴分枝的树木如雪松、龙柏、水杉、杨树等,其顶芽优势极强,长势旺,易形成高大通直的树干,修剪时要控制侧枝,促进主枝生长。合轴分枝的树木如悬铃木、柳树、榉树、桃树等,新梢在生长期末因顶端分生组织生长缓慢,顶芽瘦小不充实,到冬季干枯死亡;有的枝顶形成花芽而不能向上,被顶端下部的侧芽取而代之,继续生长。假二叉分枝的树木如泡桐、丁香等,树干顶梢在生长季末不能形成顶芽,而是由下面对生的侧芽向相对方向分生侧枝,修剪时可用剥除枝顶对生芽中的1枚,留1枚壮芽来培养干高。多歧分枝的树木顶梢芽在生长季末发育不充实,侧芽节间短,或顶梢直接形成3个以上势力均等的芽,在下一个生长季节,每个枝条顶梢又抽生出3个以上新梢同时生长,致使树干低矮。这类树种在幼树整形时,可采用抹芽法或用短截主枝重新培养主枝法培养树形。

(3)顶端优势的原理 由于在养分竞争中顶芽处于优势,所以树木顶芽萌发的枝在生长上也总是占有优势。当剪去一枚顶芽时,可使靠近顶芽的一些腋芽萌发;而除去一个枝端,则可获得一大批生长中庸的侧枝,从而使代谢功能增强,生长速度加快,有利于花果形成,可达到控制树形、促进生长、花开满树、果实累累的目的。

(4)光能利用原理 园林植物通过叶片进行光合作用,将光能转变成化学能,贮藏在有机物里。要增强光合作用,就必须扩大叶面积。而剪去枝条顶端,使下部多数半饱满芽得到萌发,使之形成较多的中、短枝,就可增加叶片数量。在树冠内部、树林、树丛中的很多枝叶间又相互影响着光照条件,其受光量自外向内逐渐减少。因此,通过修剪来调整树体结构,改变有效叶幕层的位置,可提高整体的光能利用率。

(5)树体内营养分配与积累的规律 树叶光合作用合成的养分,一部分直接运往根部,供根的呼吸消耗,剩余的大部分组成氨基酸、激素,然后再随上升的液流运往地上部分,供枝叶生长需要。通过修剪有计划地将树体营养进行重新分配,使过分分散的养分集中起来,重点供给某个生长中心。如培养主干高直的树木时,可将生长前期的大部分侧枝进行短截,以破坏它原有的消耗中心,改变营养运输方向,使营养供给主干顶端生长中心,促进主干的高生长,达到主干高直的目的。

(6)生长与发育规律　园林树木都有其生长发育的规律,即年周期和生命周期的变化。整形修剪可以调节树木的生长与发育的关系,将有限的养分利用到必要的生长点或发育枝上去。

(7)美学的原理　园林树木在外界自然环境因子的影响下,经过长期自然选择才能筛选出美丽的自然造型。而通过人工整形修剪,不仅可以在短时间内创造各种造型,而且还可以根据人们的意愿和美化环境的需求来创造各种自然形式或规则的几何形式。

五、园林植物整形修剪的时期

园林植物种类很多,习性与功能各异。由于修剪目的与性质的不同,虽然各有其相适宜的修剪季节,但从总体上看,一年中的任何时候都可对树木进行修剪,生产实践中应灵活掌握,但最佳时期的确定应至少满足以下两个条件:一是不影响园林植物的正常生长,减少营养徒耗,避免伤口感染。如抹芽、除蘖宜早不宜迟;核桃、葡萄等应在春季伤流期前修剪完毕等。二是不影响开花结果,不破坏原有冠形,不降低其观赏价值。如观花观果类植物,应在花芽分化前和花期后修剪;观枝类植物,为延长其观赏期,应在早春芽萌动前修剪等。总之,修剪整形一般都在植物的休眠期或缓慢生长期进行,以冬季和夏季修剪整形为主。

1.休眠期修剪(冬季修剪)

落叶树从落叶开始至春季萌发前,树木生长停滞,树体内营养物质大都回归根部贮藏,修剪后养分损失最少,且修剪的伤口不易被细菌感染腐烂,对树木生长影响较小。热带、亚热带地区原产的乔、灌观花植物,没有明显的休眠期,但是从11月下旬到第二年3月初的这段时间内,它们的生长速度也明显缓慢,有些树木也处于半休眠状态,所以此时也是修剪的适期。但冬季严寒的地方,修剪后伤口易受冻害,早春修剪为宜;有伤流现象的树种,一定要在春季伤流期前修剪。

2.生长期修剪(夏季修剪)

植物的生长期,枝叶茂盛,影响到树体内部通风和采光,因此需要进行修剪。常绿树没有明显的休眠期,春夏季可随时修剪生长过长、过旺的枝条,使剪口下的叶芽萌发。常绿针叶树在6~7月份进行短截修剪,还可获得嫩枝,以供扦插繁殖。一年内多次抽梢开花的植物,花后及时修去花梗,使其抽发新枝,开花不断,延长观赏期,如紫薇、月季等观花植物;草本花卉为使株形饱满,抽花枝多,要反复摘心;观叶、观姿类的树木,一旦发现扰乱树形的枝条就要立即剪除;棕榈等则应及时将破碎的枯老叶片剪去;绿篱的夏季修剪,既要使其整齐美观,同时又要兼顾截取插穗。

3.各类树木的适宜修剪时期

(1)落叶树　每年深秋至翌年早春萌芽前,是落叶树的休眠期。早春时,树液开始流动,生育功能即将开始,这时伤口的愈合较快,如紫薇、月季、石榴、扶桑、木芙蓉等。

冬季修剪对落叶植物的树冠形成、树梢生长、花果枝的形成等有重要影响。幼树修剪以整形为主;观叶树修剪以控制侧枝生长、促进主枝生长旺盛为目的;花果树修剪则着重培养骨干枝,促其早日成形,提前开花结果。

(2)常绿树　从一般常绿树生长规律来看,4~10月份为活动期,枝叶俱全,此时宜进行修剪。而11月份至次年3月份为休眠期,耐寒性差,剪去枝叶有冻害的危险,因此一般常绿树应避免冬季修剪。尤其是常绿针叶树,宜在6~7月份生长期内进行短截修剪,此时修剪还可获得侧枝,用于扦插繁殖。

北方常绿针叶树,从秋末新梢停止生长开始,到翌年春季休眠芽萌动之前,为冬季整形的时间,此时修剪,养分损失少,伤口愈合快。热带、亚热带地区旱季为休眠期,树木的长势普遍减弱,这是修剪大枝的最佳时期,也是处理病虫枝的最好时期。

六、园林植物整形修剪的程序及注意事项

1.整形修剪的程序

修剪的程序概括地说就是"一知、二看、三剪、四检查、五处理"。

"一知" 修剪人员必须掌握操作规程、技术及其他特别要求。修剪人员只有了解操作要求,才可以避免错误。

"二看" 实施修剪前应对植物进行仔细观察,因树制宜,合理修剪。具体是要了解植物的生长习性、枝芽的发育特点、植株的生长情况、冠形特点及周围环境与园林功能,结合实际进行修剪。

"三剪" 对植物按要求或规定进行修剪。修剪时最忌无次序,修剪观赏花木时,首先要观察分析树势是否平衡,如果不平衡,分析造成的原因,如果是因为枝条多,特别是大枝多造成生长势强,则要进行疏枝。在疏枝前先要决定选留的大枝数及其在骨干枝上的位置,将无用的大枝先剪掉,待大枝条整好以后再修剪小枝,宜从各主枝或各侧枝的上部起,向下依次进行。对于普通的一棵树来说,则应先剪下部,后剪上部;先剪内膛枝,后剪外围枝。几个人同剪一棵树时,应先研究好修剪方案,才好动手去做。

"四检查" 检查修剪是否合理,有无漏剪与错剪,以便修正或重剪。

"五处理" 包括对剪口的处理和对剪下的枝叶、花果进行集中处理等。

2.注意事项

①整形修剪是技术性较强的工作,所以从事修剪的人员,要对所修剪的树木特性有一定的了解,并懂得修剪的基本知识,才能从事此项工作。

②修剪所用的工具要坚固和锐利,在不同的情况下作业,应配有相应的工具。如靠近输电线附近使用高枝剪修剪时,不能使用金属柄的高枝剪,应换成木把的,以免触电;如修剪带刺的树木时,应配有皮手套或枝刺扎不进去的厚手套,以免划破手。

③修剪时一定注意安全,特别上树修剪时,梯子要坚固,要放稳,不能滑脱;有大风时不能上树作业;有心脏病、高血压或喝过酒的人也不能上树修剪。

④修剪时不可说笑打闹,以免发生意想不到的事故。

⑤使用电动机械一定认真阅读说明书,严格遵守使用此机械时应注意的事项,不可麻痹大意。

七、修剪的方法

1.园林树木休眠期修剪

归纳起来,修剪的基本方法有"截、疏、伤、变、放"五种,实践中应根据修剪对象的实际情况灵活运用。

(1)截 是将植物的一年生或多年生枝条的一部分剪去,以刺激剪口下的侧芽萌发,抽发新梢,增加枝条数量,多发叶多开花。它是园林植物修剪整形最常用的方法。根据短剪的程

度,可将其分为以下几种:

①轻短剪:只剪去一年生枝的少量枝段,一般剪去枝条的1/4~1/3。如在春秋梢的交界处(留盲节),或在秋梢上短剪。截后易形成较多的中、短枝,单枝生长较弱,能缓和树势,利于花芽分化。

②中短剪:在春梢的中上部饱满芽处短剪,一般剪去枝条的1/3~1/2。截后形成较多的中、长枝,成枝力高,生长势强,枝条加粗生长快,一般多用于各级骨干枝的延长枝或复壮枝。

③重短剪:在春梢的中下部短剪,一般剪去枝条的2/3~3/4。重短剪对局部的刺激大,对全树总生长量有影响,剪后萌发的侧枝少,由于植物体的营养供应较为充足,枝条的长势较旺,易形成花芽,一般多用于恢复生长势和改造徒长枝、竞争枝。

④极重短剪:在春梢基部仅留1~2个不饱满的芽,其余剪去,此后萌发出1~2个弱枝,一般多用于处理竞争枝或降低枝位。

⑤回缩:又称缩剪,即将多年生枝的一部分剪掉。当树木或枝条生长势减弱,部分枝条开始下垂,树冠中下部出现光秃现象时,为了改善光照条件和促发粗壮旺枝,以恢复树势或枝势时常用缩剪。将衰老枝或树干基部留一段,其余剪去,使剪口下方的枝条旺盛生长或刺激休眠芽萌发徒长枝,以培育新的树冠,重新生长。

(2)疏 又称疏剪或疏删,即把枝条从分枝点基部全部剪去。疏剪主要是疏去膛内过密枝,减少树冠内枝条的数量,调节枝条均匀分布,为树冠创造良好的通风透光条件,减少病虫害,增加同化作用产物,使枝叶生长健壮,有利于花芽分化和开花结果。疏剪对植物总生长量有削弱作用,对局部的促进作用不如截,但如果只将植物的弱枝除掉,总的来说,对植物的长势将起到加强作用。

(3)伤 用各种方法损伤枝条,以缓和树势、削弱受伤枝条的生长势。如环剥、刻伤、扭梢、折梢等。伤主要是在植物的生长季进行,对植株整体的生长影响不大。

(4)变 改变枝条生长方向,控制枝条生长势的方法称为变。如用曲枝、拉枝、抬枝等方法,将直立或空间位置不理想的枝条,引向水平或其他方向,可以加大枝条开张角度,使顶端优势转位、加强或削弱。骨干枝弯枝有扩大树冠、改善光照条件,充分利用空间,缓和生长,促进生殖的作用。将直立生长的背上枝向下曲成拱形时,顶端优势减弱,生长转缓,下垂枝因向地生长,顶端优势弱,生长不良,为了使枝势转旺,可抬高枝条,使枝顶向上生长。变的修剪措施大部分在生长季应用(图3-3、图3-4)。

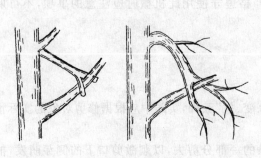

图3-3 支撑

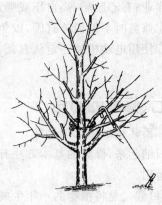

图3-4 拉枝

(5)放 又称缓放、甩放或长放,即对一年生枝条不作任何短截,任其自然生长。利用单枝生长势逐年减弱的特点,对部分长势中等的枝条长放不剪,下部易发生中、短枝,停止生长早,同化面积大,光合产物多,有利于花芽形成。幼树、旺树,常以长放缓和树势,促进提早开花、结果;长放用于中庸树、平生枝、斜生枝效果更好,但对幼树骨干枝的延长枝或背生枝、徒长枝不能长放;弱树也不宜多用长放。

2.园林树木生长期修剪

(1)摘心和剪梢 在园林树木生长期内,当新梢抽生后,为了限制新梢继续生长,将生长点(顶芽)摘去或将新梢的一段剪去,解除新梢顶端优势,使其抽出侧枝以扩大树冠或增加花芽。

(2)抹芽和除蘖 是疏的一种形式。在树木主干、主枝基部或大枝伤口附近常会萌发出一些嫩芽而抽生新梢,妨碍树形,影响主体植物的生长。将芽及早除去,称为抹芽;或将已发育的新梢剪去,称为除蘖。抹芽与除蘖可减少树木的生长点数量,减少养分的消耗,改善光照与肥水条件。如嫁接后砧木的抹芽与除蘖对接穗的生长尤为重要。抹芽与除蘖,还可减少冬季修剪的工作量和避免伤口过多,宜在早春及时进行,越早越好。

(3)环剥 在发育期,用刀在开花结果少的枝干或枝条基部适当部位剥去一定宽度的环状树皮,称为环剥。环剥深达木质部,剥皮宽度以 1 个月内剥皮伤口能愈合为限,一般为 2～10 mm。由于环剥中断了韧皮部的输导系统,可在一段时间内阻止枝梢碳水化合物向下输送,有利于环剥上方枝条营养物质的积累和花芽的形成,同时还可以促进剥口下部发枝。但根系因营养物质减少,生长受一定影响。由于环剥技术是在生长季应用的临时修剪措施,一般在主干、中干、主枝上不采用(图 3-5)。

(4)扭梢与折梢 在生长季内,将生长过旺的枝条,特别是着生在枝背上的旺枝,在中上部将其扭曲下垂,称为扭梢;或只将其折伤但不折断(只折断木质部),称为折梢。扭梢与折梢是伤骨不伤皮,其阻止了水分、养分向生长点输送,削弱枝条生长势,利于短花枝的形成(图 3-6、图 3-7)。

图 3-5 环剥

图 3-6 扭梢

(5)折裂 为了曲折枝条,形成各种艺术造型,常在早春芽略萌动时,对枝条实行折裂处理,用刀斜向切入,深达枝条直径的 1/2～2/3 处,然后小心地将枝弯折,并利用木质部折裂处的斜面互相顶住。为了防止伤口水分过多损失,应在伤口处进行包裹(图 3-8)。

(6)圈枝 在幼树整形时为了使主干弯曲或成疙瘩状时,常采用的技术措施。使生长势缓和,树生长不高,并能提早开花。

(7)断根 将植树木的根系在一定范围内全部切断或部分切断的措施。进行抑制栽培时常常采取断根的措施,断根后可刺激根部发生新的须根,所以在移栽珍贵的大树或移栽山野里

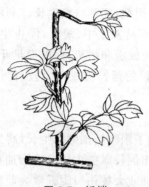

图3-7 折梢

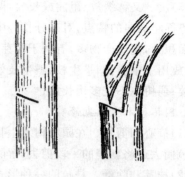

图3-8 折裂

自生树时,往往在移栽前1~2年进行断根,在一定的范围内促发新的须根,有利于移植成活。

3.几种特殊的修剪方法

(1)留桩修剪 疏删、回缩时,在正常修剪位置以上留一段残桩的方法。残桩长度应以其能继续生存但又不会加粗为标准。若回缩或疏枝造成的伤口对母枝削弱作用不明显,可以不留保护桩,而一次疏除;延长枝回缩时,伤口直径比剪口下第一枝粗时,必须留一段保护桩;为控制保护桩增粗生长,在生长季内要经常抹芽、除萌,待剪口枝长到与保护桩一样粗时再去掉。

(2)里芽外蹬 当年冬剪的剪口芽留里芽(枝条内方的芽),而实际培养的是剪口下第二芽(枝条外方的芽)。第二年冬剪时剪去第一枝,留第二枝作延长枝。目的是开张主、侧枝角度,缓和枝条长势。分为单芽外蹬和双芽外蹬。

(3)平茬 又称截干,指从地面附近全部去掉地上枝干,刺激根颈附近萌芽更新的方法。多用于培养优良的主干和灌木的复壮更新。

八、综合修剪技术

1.去顶修剪

去顶修剪是去掉乔木和灌木的顶枝或中央领导干,降低树木的高度或主轴的长度。主要适用于萌芽力强的树木,如樟、悬铃木、杨、柳、榆、椴、刺槐、枫香等;生长空间受到限制树木(空中管线);土壤太薄或因根区缩小而不能支撑大树;因病虫袭击而明显枯顶、枯梢的树木。

操作中应注意切口下尽量留大枝;去顶的伤口应修整光滑并成球面凸形,同时进行消毒和涂抹;易产生大量的干萌条,应及时抹除;切口应在枝皮脊线以上或与保留枝干(枝的长轴线)平行,不留长桩。

2.病害控制修剪

病害控制修剪的目的是为了防止病害蔓延。从明显感病位置以下7~8 cm的地方剪除感病枝条,最好在切口下留枝。修剪应避免雨水或露水时进行,工具用后应以70%的酒精消毒,以防传病。

3.线路修剪

(1)截顶修剪 又叫落头修剪,是指树木直接生长在线路下时,只剪掉树木新梢,或短截顶梢。截顶修剪易破坏树木的自然形状。

（2）侧方修剪　大树与线路发生干扰时去掉线路一侧的侧枝。有时也同时剪除相对一侧的枝条，以维持树木的对称生长。

（3）下方修剪　线路直接通过树冠中下侧时，剪去主枝或大侧枝。

（4）穿过式修剪　穿过式修剪又分为定向修剪和降权修剪。

——定向修剪：给空中线路让路，对较小枝进行修剪；树冠上形成一个可以让线路通过的"隧道"。这种修剪对树形的破坏较轻，而且能长期受益。

——降权修剪：促进枝条向侧方并远离线路生长，将大枝回缩到侧枝。

4.老桩修剪

老桩是以前不正确的修剪，风雪损伤或自然枯死留下来的残桩。在修剪之前应仔细检查桩基附近的愈合情况。修剪时应在愈合体外侧切掉老桩。如果损伤或切掉愈合体就会破坏抵抗微生物侵染的保护带，导致健康组织的腐朽。

5.剪除物的处理

剪除物应实行综合利用。将剪除物经过粉碎机、木材削片机打成木屑，木屑可制成刨花板，也可将碎屑经1～2年分解后，作优良的土壤改良剂或土壤覆盖材料和禽舍、牲畜圈的垫料。

九、剪口处理与大枝修剪

1.平剪口

剪口在侧芽的上方，呈近似水平状态，在侧芽的对面作缓倾斜面，其上端略高于芽5 mm，位于侧芽顶尖上方。优点是剪口小，易愈合，是观赏树木小枝修剪中较合理的方法（图3-9）。

2.留桩平剪口

剪口在侧芽上方呈近似水平状态，剪口至侧芽有1段残桩。优点是不影响剪口侧芽的萌发和伸展。问题是剪口很难愈合，第2年冬剪时，应剪去残桩（图3-10）。

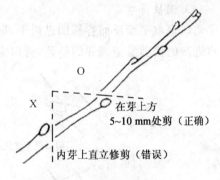

图3-9　平剪口剪口位置

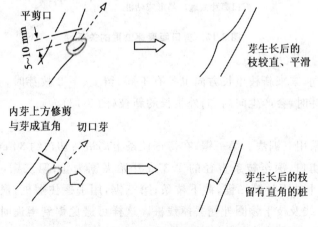

图3-10　不同剪口处芽的生长

3.大斜剪口

剪口倾斜过急,伤口过大,水分蒸发多,剪口芽的养分供应受阻,故能抑制剪口芽生长,促进下面一个芽的生长(图3-11)。

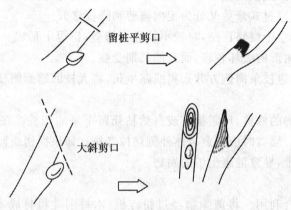

图3-11　留桩平剪口和大斜剪口的剪口方向示意

4.大侧枝剪口

切口采取平面反而容易凹进树干,影响愈合,故使切口稍凸成馒头状,较利于愈合。剪口太靠近芽的修剪易造成芽的枯死,剪口太远离芽的修剪易造成枯桩(图3-12)。

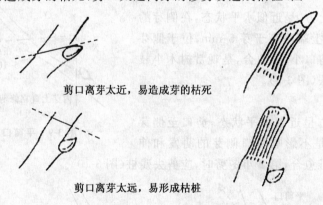

图3-12　剪口距离芽位置的关系

留芽的位置不同,未来新枝生长方向也各有不同,留上、下2枚芽时,会产生向上、向下生长的新枝,留内、外芽时,会产生向内、向外生长的新枝(图3-13)。

5.大枝修剪

大枝修剪通常采用三锯法。第一锯,在待锯枝条上离最后切口约30 cm的地方,从下往上拉第一锯作为预备切口,深至枝条直径的1/3或开始夹锯为止;第二锯,在离预备切口前方2~3 cm的地方,从上往下拉第二锯,截下枝条;第三锯,用手握住短桩,根据分枝结合部的特点,从分杈上侧皮脊线及枝干领圈外侧去掉残桩。这样可避免锯到半途时因树枝自身的重量而撕裂造成伤口过大,不易愈合。

将干枯枝、无用的老枝、病虫枝、伤残枝等全部剪除时,为了尽量缩小伤口,应自分枝点的

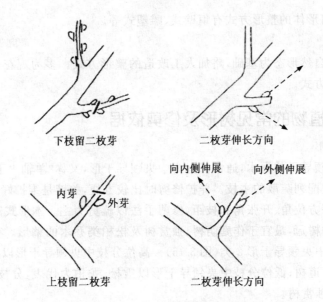

下枝留二枚芽　　　二枚芽伸长方向

内芽　外芽　　向内侧伸展　向外侧伸展

上枝留二枚芽　　　二枚芽伸长方向

图 3-13　上、下枝留芽的生长方向

上部斜向下部剪下,残留分枝点下部突起的部分(图 3-14a),伤口不大,很易愈合,隐芽萌发也不多;如果残留其枝的一部分(图 3-14b),将来留下的一段残桩枯朽,随其母枝的长大渐渐陷入其组织内,致使伤口迟迟不愈合,很可能成为病虫害的巢穴。

十、整形修剪的方式

1.自然式整形

在树木自然树形的基础上,稍加修整。只修剪破坏树形和有损树体健康与行人安全的过密枝、徒长枝、内膛枝、交叉枝、重叠枝及病虫枯死枝等。

自然树形通常有以下几种形状:

——扁圆形:如槐树、复叶槭、桃树等;

——圆球形:如馒头柳、圆头椿、黄刺玫等;

——圆锥形:如雪松、云杉、桧柏等;

——圆柱形:如杜松、钻天杨、箭杆杨等;

——卵圆形:如毛白杨、银杏、苹果等;

——广卵形:如樟树、罗汉松、广玉兰等;

——伞形:如合欢、鸡爪槭、龙爪槐等;

——不规则型:如连翘、迎春、沙地柏等。

2.人工式整形

按照人们的艺术要求修整成规则的几何体或非规则的形体。违反树木的自然生长特性,抑制强度大,技术复杂。适用于萌芽力成枝力强、耐修剪、枝叶繁茂、枝条细软的植物,如圆柏、黄杨、榆、罗汉松、对节白蜡、水蜡树等。几何形体的整形方式有梯形、方形、圆顶形、柱形、球

a　　　b

图 3-14　大枝剪除后的伤口
a.残留分枝点下部突出部分
b.残留枝的一段

形、杯形等。非几何形体的整形方式有垣壁式、雕塑式等。

3.混合式整形

以树木原有的自然形态为基础,略加人工改造的整形方式。多为观花、观果、果品生产及藤木类树木的整形方式。

十一、园林植物的常见树形及修剪依据

1.中央领导干形

有强大的中央领导干的乔木,通常修剪为中央领导干形,又称"单轴中干形"。留一强大的中央领导干,在其上配列疏散的主枝。养护修剪时比较方便,关键是维护好中央领导干这一轴心,各级枝条维护好方位角、开张角和枝距,修剪手法以疏剪为主。本形式适用于轴性较强的树种,能形成高大的树冠,最宜于作庭荫树、独赏树及松柏类乔木的整形。有高位分枝中央领导干形和低位分枝中央领导干形2类(图3-15)。高位分枝中央领导干形以杨树、银杏为代表,分枝较高,适合作行道树;低位分枝中央领导干形以雪松、龙柏为代表,分枝很低,而且越低越美,适合作庭荫树、独赏树。

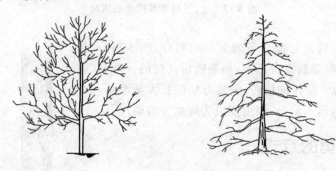

图3-15 中央领导干形树体

2.伞形

这种整形方式常用于建筑物或规则式绿地出入口两侧,两两对植,起导游提示作用。也可点缀于池边、路角等处。它的特点是有一明显主干,所有侧枝均下弯倒垂,逐年由上方芽继续向外延伸扩大树冠,形成伞形,如龙爪槐、垂樱、垂枝三角枫、垂枝榆、垂桃等(图3-16)。

3.自然开心形

此形无中心主干,分枝较低,3个主枝在主干上向四周放射而出,中心又开展,故为自然开心形。但主枝分枝不为2杈分枝,而为左右相互错落分布,因此树冠不完全平面化,并能较好地利用空间,冠内阳光通透,有利于开花结果。此种树形适用于干性弱、枝条开展的强阳性树种,如碧桃、榆叶梅、石榴等观花、观果树木修剪采用此形(图3-17)。

4.多领导干形

多领导干形又称"合轴中干形"。一些萌发力很强的灌木,直接从根颈处培养多个枝干。保留2～4个中央领导干,于其上分层配列侧生主枝,形成均整的树冠。养护修剪比较复杂,幼年阶段要随时疏去过分强烈的竞争枝,同时要避免因分枝不匀称而发生"偏冠"和"凹冠"等现象。本形式适用于合轴分枝中顶端优势较强的树种,可形成较优美的树冠,提早开花年龄,延长小枝寿命,最宜于作观花乔木、庭荫树的整形,如香樟、石楠、枫杨等。多领导干形还可以分

图 3-16 伞形树体

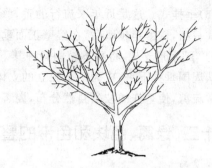

图 3-17 自然开心形树体

为高主干多领导干形和矮主干多领导干形,高
主干多领导干形一般从 2 m 以上的位置培养多
个主干,矮主干多领导干形一般从主干高80~
100 cm 处培养多个主干(图 3-18)。

5.丛球形

此种整形法颇类似多领导干形,只是主干
较短或无主干,留枝数多,呈丛生状。本形式多
适用于萌芽力强的小乔木及灌木的整形,如黄
刺玫、珍珠梅、贴梗海棠、厚皮香等。

6.藤本植物的修剪

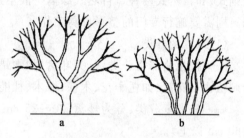

图 3-18 多领导干形树体
a.高主干多领导干形 b.矮主干多领导干形

(1)棚架式 对于卷须类及缠绕类藤本植物,多用此种方式进行修剪整形。棚架的式样按
不同的设计要求而富有变化,其材料有混凝土的、钢架的、竹木结构或水泥仿真的。修剪整形
时,应在近地面处重剪,使发生数条强壮主蔓,然后垂直诱引主蔓于棚架的顶部,并使侧蔓均匀
地分布架上,则可很快地成为荫棚。常用的如紫藤、葡萄、猕猴桃等。

(2)凉廊式 树体较大、枝叶茂密、攀缘能力较强的卷须类及缠绕类植物适宜用凉廊式,偶
尔也用吸附类植物。因凉廊侧方有格架,所以主蔓勿过早诱引于廊顶,否则容易形成侧面空
虚。常用的如油麻藤、凌霄、金银花等。

(3)篱垣式 攀缘能力不太强的藤本植物通常适合于篱垣式。篱垣一般在园路边或建筑
物前,可以利用镂空的墙体、围栏,也可以制作适宜的篱架。将侧蔓水平诱引后,每年对侧枝施
行短剪,形成整齐的篱垣形式,常用的有藤本蔷薇、藤本月季、云实等。如果用攀缘能力较强的
葡萄、猕猴桃等,则效果更好,但花没有前者美丽。

(4)附壁式 本式多用吸附类植物为材料,在墙面或其他物体的垂直面上攀爬。方法很简
单,只需将藤蔓引于墙面即可自行依靠吸盘或吸附根而逐渐布满墙面,例如爬山虎、凌霄、扶芳
藤、常春藤等。此外,在某些庭园中,有在建筑物的墙壁前20~50 cm 处设立格架,在架前栽植
蔓性蔷薇、藤本月季等开花繁茂的种类。附壁式整形,在修剪时应注意使壁面基部全部覆盖,
各蔓枝在壁面上应分布均匀,勿使互相重叠和交错。

(5)直立式 对于茎蔓粗壮的种类,如紫藤等,可以剪整成直立灌木式。主要方法是对主
蔓进行多次短截,注意剪口留芽的位置,一年留左边,一年留右边,应彼此相对,将主蔓培养成
直立强健的主干,然后对其上的枝条进行多次的短截,以形成多主枝式或多主干式的灌木丛。

（6）垂挂式 这是近年来流行的垂直绿化形式。其栽植方式有两种,一种是在墙壁背面用附壁式栽植,待攀爬越墙后,在墙壁正面垂挂下来,常用爬山虎、凌霄等。另一种是先设立一个小型的"T"字形支架,将藤本植物栽种其下,开始与棚架式相同,待其爬到横向顶面时,再让其枝条从周围垂挂下来,成为一个独立的立体绿化形式,常用油麻藤、常春藤等。垂挂式在养护中经常疏剪,使垂挂的枝条自然分布,姿态优美。

十二、绿篱、色块和色带的整形修剪

1. 绿篱

绿篱又称植篱、生篱,是园林组景的重要组成部分。常见的绿篱修剪形式有整形式(又称规则式)和自然式两种。自然式绿篱一般不进行专门的修剪整形,任其自然生长而成。整形式绿篱则需要施行专门的整形修剪工作。

（1）绿篱的分类

——按植物器官分类:分为叶篱(如水蜡、榆树、大叶黄杨等)、刺篱(如小檗、火棘、枸骨等带刺植物)、花篱(如栀子花、木槿、檵木、杜鹃花等花木)等类型。

——按高度分类:分为矮篱(20～25 cm)、中篱(50～120 cm)、高篱(120～160 cm)、绿墙(160 cm 以上)。

（2）整形式绿篱的修剪 整形式绿篱常用的形状有梯形、矩形、圆顶形、柱形、杯形、球形等(图3-19)。此形式绿篱的整形修剪较简便,应注意防止下部光秃。绿篱栽植用苗以2～3年生苗最为理想。株行距按其生物学特性而定,不可为追求当时的绿化效果过分密植。栽植过密,通风透光性差,生长不良,易发生病虫害,同时地下根系不能正常生长,易造成营养不良,导致植株早衰枯死。因此栽植时应为日后生长预留空间。

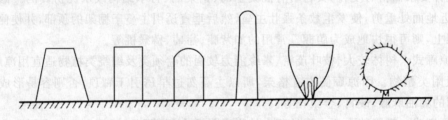

图 3-19 整形绿篱断面形状

绿篱栽植后,第1年可任其自然生长,使地上部和地下部充分生长。从第2年开始,按照要求的高度截顶,修剪时要根据苗木的大小,分别截去苗高的1/3～1/2。为使苗高尽量降低,多发新枝,可在生长期(5～10月份)对所有新梢进行2～3次的修剪,如此反复2～3年,直到绿篱的下部分枝长得均匀、稠密,上部树冠彼此密接成形。

绿篱成形后,可根据需要修剪成各种形状。在进行整体成形修剪时,为了使整个绿篱的高度和宽度均匀一致,最好进行打桩拉线操作,以准确控制绿篱的高度和宽度。修剪较粗的枝条,剪口应略倾斜,以便雨水能尽快流失,避免剪口积水腐烂。同时注意直径1 cm以上的粗枝剪口,应比枝面低5～10 cm,掩盖在枝叶之下,这样可以避免粗大的剪口暴露而影响美观。最后用大平剪和绿篱修剪机修剪表面枝叶,绿篱的横断面以上小下大为好。修剪时先剪其两侧,使侧面成为一个斜面,两侧剪完再修剪顶面,使整个断面呈梯形。注意绿篱表面(顶部及两侧)必须剪平,修剪时高度一致,整齐划一,篱面与四壁要求平整,棱角分明。适时修剪,缺株应及时补栽,以保证供观赏时已抽出新枝叶,生长丰满。

(3)绿篱的修剪时期　绿篱的修剪时期要根据树种来确定。常绿针叶树在春末夏初完成第1次修剪。盛夏前多数树种已停止生长,树形可保持较长一段时间。立秋以后,如果水肥充足,会抽生秋梢并旺盛生长,可进行第2次修剪,使秋冬季都保持良好的树形。大多数阔叶树种生长期新梢都在生长,仅盛夏生长比较缓慢,春、夏、秋3季都可以修剪。花灌木栽植的绿篱最好在花谢后进行,既可防止大量结实和新梢徒长,又可促进花芽分化,为来年或下期开花创造条件。

为了在一年中始终保持规则式绿篱的理想树形,应随时根据生长情况剪去突出于树形以外的新梢,以免扰乱树形,并使内膛小枝充实繁密生长,保持绿篱的体形丰满。

(4)绿篱的更新复壮　衰老的绿篱,萌枝能力差,新梢生长势弱,年生长量很小,侧枝少,篱体空裸变形,失去观赏价值,此时应当更新。

大部分阔叶树种的萌发和再生能力都很强,当年老变形后,可采用平茬的方法更新,即将绿篱从基部平茬,只留4~5 cm的主干,其余全部剪去。1年之后由于侧枝大量的萌发,重新形成绿篱的雏形,2年后就能恢复原貌。也可以通过老干逐年疏伐更新。大部分常绿针叶树种再生能力较弱,不能采用平茬更新的方法,可以通过间伐,加大株行距,改造成非完全规整式绿篱,否则只能重栽,重新培养。

更新要选择适宜的时期。常绿树种可选择在5月下旬到6月底进行,落叶树种以秋末冬初进行为好。

2.色块和色带

块状栽植的面积和形状按照设计要求而定,其顶面有的是平的,有的是弧形的,给人以既不同于绿篱、又不同于球类的感觉。色块和色带的修剪方法与绿篱相同,块状栽植的面积越大,修剪就越麻烦,需要使用伸缩型绿篱剪或借助跳板等工具才能完成。

十三、其他特殊造型的整形修剪

1.几何体造型

绿篱也是几何体造型中的一种,但它是群体造型。这里所说的几何体造型,通常是指单株(或单丛)的几何体造型(图3-20)。通常有以下4种类型:

(1)球类　球类形式在上海绿地中应用较多。球类整形要求就地分枝,从地面开始。整形修剪时除球面圆整外,还要注意植株的高度不能大于冠幅,修剪成半个球或大半个球体既可。

(2)独干球类　如果球类有一个明显的主干,上面顶着一个球体,就称为独干球类。独干球类的上部通常是一个完整的球体,也有半个球或大半个球的,剪成伞形或蘑菇形。独干球类的乔木要先养干,如果选用灌木树种来培养,则采用嫁接法。

(3)其他几何体式　除球类和独干球类外,还有其他一些几何形体的造型,如圆锥形、金字塔形、立方体、独干圆柱形等,在欧洲各国比较热衷于此类造型。整形修剪的方法与球类大同小异。

(4)复合型几何体　将不同的几何形状在同一株(或同一丛)树木上运用,称为复合型几何体。复合型几何体有的较简单,有的则很复杂,可以按照树木材料的条件和制作者的想象来整

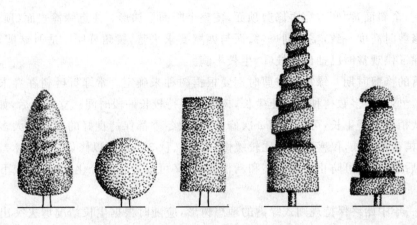

图 3-20　几何体造型

形。结合形式有上下结合、横向结合、层状结合等不同类型。上下结合、横向结合的复合形式通常用几株树木栽植在一起造型,而层状结合的复合型造型基本上都是单株的,两层之间修剪时要剪到主干。

2.雕塑式造型

将树木进行某种具体或抽象形状的整剪称为雕塑式造型。有的是单株造型,有的是几株栽植在一起造型。

(1)仿真式　将树木雕塑修剪成貌似某种实物形状的形式称为仿真式。常见的有仿物体、仿动物,也有仿人体、仿建筑的(图 3-21)。仿真式的造型一般都需要有模具,模具通常用铁条制成框架,再在四周和顶部用铁丝制成网状,然后将模具套在适宜整形的树木上,以后不断地

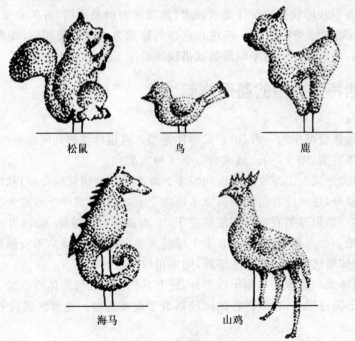

松鼠　　　　　　鸟　　　　　　鹿

海马　　　　　山鸡

图 3-21　仿真式造型

将长出网外的枝叶剪去,待网内生长充实后,将模具取走。仿真式造型也有不用模具,完全靠修剪造型,或修剪结合使用小木棒、小支架等材料,将树木的枝条牵引过去。其造型方法难度较大,需要掌握很高的造型技艺。

(2)抽象式　将树木雕塑修剪成立体的、具有一定艺术性的抽象形状。其创作灵感可能来源抽象派画风。欧洲的抽象式造型较多,而且大多数比较复杂,比较成功。复杂的抽象式造型有相当难度,人们在观赏时也较难领会其艺术精髓。

3.组合式造型

将绿篱、几何体造型、雕塑式造型3种整形方式中的2种以上结合在一起造型,就称为组合式造型(图3-22)。组合式造型将高度不同、形状不同的造型结合在一起,形成一种十分和谐又富有变化的组合,造型可大可小,变化多端,给人一种愉悦的视觉效果。组合式造型目前主要有以下几种类型:

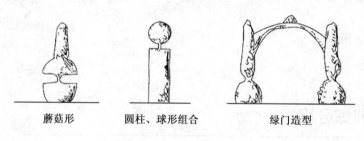

蘑菇形　　　　圆柱、球形组合　　　　绿门造型

图3-22　常见组合式造型

(1)绿篱和球类的组合　这是最常见、最简单的一种组合形式,主要作用是增添了绿篱的观赏性。绿篱和球类的组合有采用同一树种的,也有采用不同树种的。其整形修剪仍然是绿篱和球类修剪的基本技法。

(2)绿篱和拱门的组合　将绿篱与拱门结合在一起,用拱门作为绿篱的出入口。有的绿篱与拱门采用同一树种,有的用乔木类或灌木类植物做拱门。

(3)绿篱和其他几何形体的组合　以绿篱为基础,在观赏效果上明显优于绿篱和球类的组合。方法是在绿篱间隔一定距离时,突出一个几何体的造型。这样既保留了绿篱的所有功能,又增加了观赏性。

(4)几何体和雕塑式的组合　几何体和雕塑式的组合,既增加了几何体的效果,又加深了造型的意境。要做到二者的协调,创作难度较高,需要有一定的艺术修养。好的组合最能体现设计者的创意和制作者的水平。

◈ 技能训练

大叶黄杨整形修剪

一、技能训练方式

6人为一小组,分工协作,按照园林植物绿篱整形修剪工作过程,进行任务分析、任务分工、任务操作,通过担任不同的角色熟悉整个操作流程。在进行任务分工与操作前,首先进行个人自主学习,然后小组讨论确定分工和操作方案,按照方案实施操作。

二、技能训练工具材料

木桩、草绳或塑料绳、绿篱机(剪)等。

三、技能训练时间

4 学时。

四、技能训练内容

1.根据设计要求,制订修剪方案;

2.工具准备;

3.确定绿篱形体规格;

4.打桩拉线;

5.绿篱机的使用;

6.修剪操作;

7.现场清理。

五、技能训练考核

<table>
<tr><td rowspan="3">训练任务考核</td><td>任务方案</td><td colspan="2">合理 □</td><td colspan="2">不合理 □</td><td>20</td><td></td></tr>
<tr><td>操作过程</td><td colspan="2">规范 □</td><td colspan="2">不规范 □</td><td>20</td><td></td></tr>
<tr><td>产品效果</td><td>好 □</td><td>一般 □</td><td colspan="2">差 □</td><td>20</td><td></td></tr>
<tr><td rowspan="3">技能训练任务工单评估</td><td>表格填写情况</td><td colspan="4">详细程度□规范程度□仔细程度□书写情况□
填写速度□</td><td>10</td><td></td></tr>
<tr><td>素养提升</td><td colspan="4">组织能力□协调能力□团队协作能力□分析解决问
题能力□责任感和职业道德□吃苦耐劳精神□</td><td>20</td><td></td></tr>
<tr><td>工作、学习态度</td><td colspan="4">谦虚□诚恳□刻苦□努力□积极□</td><td>10</td><td></td></tr>
<tr><td colspan="8">教师评价:

　　　　　　　　　　　　　　　　　　　　　　　　　　教师:
　　　　　　　　　　　　　　　　　　　　　　　　　　时间:</td></tr>
</table>

◆典型案例

红叶石楠整形修剪与造型技艺

整形是修整树木的整体外表,目的是保持平衡的树势和维持树冠上各段枝条之间的从属关系。修剪是在整形的基础上继续培养和维护良好树形的重要手段。整形修剪可以培养出理想的主干、丰满的侧枝,使树体圆满、匀称、紧凑、牢固,可以改善树体通风透光条件,减少病虫害,可以塑造各种形状,使之适于室内、花坛及其各种园林景观的应用,并与空间协调一致,浑然一体。

1.整形修剪时间和手法

红叶石楠枝条萌发能力特别强,生长速度很快,是极耐修剪、易于整形的树种。因此,红叶石楠在一年四季都可进行整形修剪,但应和其他树种一样,整形主要应在冬季进行,主要是短截、疏枝等。在夏季高温季节不宜进行短截和重短截整枝,否则植株修剪后比较难以恢复树势。

为了提高红叶石楠的观赏性,一定要重视修剪工作。修剪一般在早春、初夏、初秋发芽前或新梢生长后期进行。修剪程度可根据枝梢长势决定,原则上是"去弱留强",以保持树形美观。修剪时,剪口留在节上约 0.5 cm 处。漯河、许昌等一般在 2 月下旬剪除受冻的枝叶,以培育良好的树形;5 月中旬修剪 1 次,以促新梢第二次萌发;8 月下旬再修剪 1 次,以促新梢第 3 次萌发。修剪的目的是使树形更加完美,叶色更加亮丽。修剪后应注意补充肥料,以保证树体健壮生长。

2.造型技艺

红叶石楠的造型除自然树形外,一般的园林绿化应用较多的造型有:孤植乔木、矮球、高干球、圆柱形、模纹花坛(一、二年生小苗即可应用)、篱形造型、立方体造型、盆栽造型等。

(1)孤植乔木树形　第一年苗期加大水肥管理,促苗高生长;第二年适当修除植株下部部分侧枝,继续加大水肥管理;第三年 2 月底至 3 月初,按主干高 1.5 m 左右要求,修除下面全部侧枝,并对上部主梢打顶,促发侧枝以形成树冠。一般要求 3～4 个侧枝,第一次打顶后,仍达不到 3～4 个侧枝的,在主梢生长 30～40 cm 后,进行第二次打顶,使其再分生侧枝。经过继续培养,便可达到工程用孤植乔木树形标准。

(2)矮球形造型　苗期在苗高 40 cm 左右时,即进行打顶,促进分生多个侧枝(至少 3～4 个),第一次打顶后仍达不到 3～4 个侧枝的,酌情进行第二次打顶。以后,因树冠上部枝条生长旺盛,故要重剪,侧面枝要轻剪,及时疏除徒长枝,使整个树冠向中间靠拢,逐步"抱成一团",再经轻剪整形后,即成球形。

(3)高干球形造型　两种方法可以完成。①第一年苗期加强水肥管理促进苗高生长;第二年适当修除植株下部部分侧枝,继续加大水肥管理;第三年 2 月底至 3 月初,按主干高 1.2 m左右要求将下部侧枝全部疏掉,对 1.2 m 以上枝条全部保留,并对主梢打顶促发侧枝。以后按矮球形造型方法修剪即可完成。②选择石楠大苗做砧木,在留有足够的主干高度的情况下,把树冠整形修剪后,根据树冠枝条分布部位,按照树冠圆整性的要求,用芽接法在砧木上嫁接5～6 个芽体,嫁接后注意及时抹芽,促接芽萌发。以后采用矮球形造型方法进行修剪,即可培育成高干红叶石楠球。红叶石楠芽接很容易成活,采用此法培育红叶石楠高干球型苗木不仅省工而且易操作,值得大力推广。

(4)圆柱形造型　首先根据要造型的高度(即要求圆柱的高度)选择植株,在所选植株高度达到柱高要求的情况下,把主干摘心(即打顶),然后根据预想的修剪线,从植株上部到下部把枝叶修剪成圆筒状,小枝长出后,再进行逐步调整,直接培养圆柱树形。在所选植株高度达不到柱高要求的情况下,要加强水肥管理,把植株的中央直立枝保留,将四周枝条剪短、剪圆,让植株有"冲天"感,并进行培养;当植株高度达到要求后,把主干打顶,并继续将植株四周枝条剪短、剪圆,经逐步修剪管理,即可培养出圆柱树形。

(5)绿篱造型 红叶石楠绿篱可分为绿篱墙和间隔式绿篱。绿篱造型,即是根据所需绿篱的高度,对植株顶端进行重平剪,其断面可以是平整的长方形,也可以是梯形,对侧枝可以根据绿篱墙的厚度要求进行垂直平剪,其修剪面要求"平、齐",以后逐步精细修剪即可成型。间隔式绿篱,要求篱墙长度有所不同,一般 1~1.5 m 为一段,每段之间相隔一定距离,造型方法与绿篱墙造型基本相同。

(6)立方体造型 立方体树形即植株顶端断面及四周断面均为整齐的四方形。立方体造型就是根据立方体的大小要求,选择生长健壮、枝叶繁茂的红叶石楠植株,先对植株顶端重剪剪平,再对四周侧枝留适当长度重剪,促发新枝,新枝萌发后经培养,再逐渐修剪成"四方"的平面。

◈复习思考题

1.什么是整形修剪?简述整形修剪的意义和作用。

2.简述绿篱的种类和整形方式。

3.绿篱整形修剪中常用哪些断面形式?

4.什么是人工式整形?简述其适用树种及整形方式。

5.简述绿篱整形修剪操作的基本程序。

6.简述高、中、矮 3 种绿篱的作用和营建方式。

任务二 花灌木整形修剪

◈学习目标

1.掌握整形修剪的一般技术和方法;

2.熟悉花灌木的树形类型及其应用特点;

3.掌握常见花灌木的修剪方法及剪后反应;

4.能够结合具体情况进行花灌木整形修剪操作;

5.培养分析解决问题的能力和创新精神。

◈任务描述

某大学校园居住区绿地种植有紫薇,现要求你根据周边植物配置及整体美观效果,对紫薇树进行修剪。本次任务是要完成紫薇树的修剪。

◈知识准备

一、植物的创伤与愈合

植物的创伤包括修剪和其他机械损伤及自然灾害等造成的损伤。根据创伤深及的部位可以分为皮部伤口(外皮和内皮)和木质部伤口。为保持树体健康和美观,伤面需要及时处理。

1. 伤口的处理

先用利刀将伤口刮净削平,伤口修整应满足伤面光滑、轮廓匀称、不伤或少伤健康组织和保护树木自然防御系统的要求。为了防止伤口因愈伤组织的发育形成周围高、中央低的积水盆,导致木质部的腐朽,大伤口应将伤口中央的木质部修整成凸形球面。伤口经修整后用药剂(2%~5%硫酸铜溶液,0.1%的升汞溶液,石硫合剂原液)进行消毒,然后涂抹伤口保护剂。如用激素涂料对伤口的愈合更有利,用含有 0.01%~0.1%的 α-萘乙酸膏涂在伤口表面,可促进伤口愈合。如果树皮是新掉的,可以在对伤口进行处理后将树皮贴上去绑扎起来,帮助其重新长为一体。

由于风折使树木枝干折裂,应立即用绳索(或铁箍)捆缚加固,然后消毒,涂保护剂。由于雷击使枝干受伤的树木,应将烧伤部位锯除并涂保护剂。如果只是机械或其他原因碰掉了树皮,而未伤及形成层,应将树皮重新贴在外露的形成层上,用铁钉或胶带固定好,然后在树皮上面用保湿材料(湿椰糠或水苔)覆盖,再用白色的塑料薄膜包被密封,以防水保湿,覆盖物应在2~3周内撤除。

2. 伤口敷料的制备

伤口敷料的作用是促进愈伤组织的形成和伤口的封闭。理想的伤口敷料应容易涂抹,黏着性好,受热不熔化,不透雨水,不腐蚀树体,具有防腐消毒,促进愈伤组织形成的作用。在涂抹时要注意涂抹均匀。常用的敷料有紫胶清漆、接蜡、杂酚涂料、沥青涂料。

——紫胶清漆 紫胶清漆防水性能好,不伤害活细胞,使用安全,常用于伤口周围树皮与边材相连接的形成层区。但是单独使用紫胶清漆不耐久,涂抹后宜用外墙使用的房屋涂料加以覆盖。

——接蜡 用接蜡处理小伤口具有较好的效果。植物油 4 份,加热煮沸后加入 4 份松香和 2 份黄蜡,待充分熔化后倒入冷水即可配制成固体接蜡,使用时要加热。

——杂酚涂料 常利用杂酚涂料来处理已被真菌侵袭的树洞内部大伤面。但该涂料对活细胞有害,因此在表层新伤口上使用应特别小心。

——沥青涂料 用每千克固体沥青在微火上熔化,然后加入约 2 500 mL 松节油或石油,充分搅拌后冷却,即可配制成沥青涂料,这一类型的涂料对树体组织有一定毒性,优点是较耐风化。

二、主枝的配置

1. 基本原则

主枝配置的基本原则是使树体结构牢固,枝叶匀称,通透良好,液流顺畅。

2. 中心干形的"掐脖"现象解除方法

主枝过多,养分被主枝分走,会使主干节点处养分不够,造成"掐脖"现象。因此应合理配置主枝,逐步疏除过多主枝,切不可一年疏除过多,应每轮保留 2~3 个主枝,从而解决原来因"掐脖"而造成轮生枝上下粗细悬殊的问题。

3. 三主枝的配置

如果配置邻接三主枝(一年内选定),若为杯状形、自然开心形,易劈裂;若为疏散分层形、合轴主干形等,易造成掐脖现象;而配置邻近三主枝(分两年配齐),则结构牢固,且不易发生掐脖现象。

4.主枝的分枝角度

分枝角度越小,越易劈裂;角度大,结合牢固,不易劈裂。

三、竞争枝的处理

1.一年生竞争枝的处理

竞争枝如何处理要根据延长枝、竞争枝和下邻枝(从上到下数到第三个枝条)的长势而定(图3-23)。

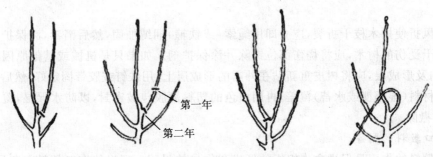

图3-23　竞争枝的处理

竞争枝弱于延长枝,下邻枝较弱的,一次性将竞争枝剪除;

竞争枝弱于延长枝,下邻枝较强的,分两年将竞争枝剪除;

竞争枝强于延长枝,下邻枝较弱的,一次性将延长枝剪除,称为换头;

竞争枝强于延长枝,下邻枝较强的,分两年将延长枝剪除,称为转头。

2.多年生竞争枝的处理

处理竞争枝不会造成树冠过于空膛和破坏树形的,一次性回缩到下部侧枝处,或一次疏除;如会破坏树形或会留下大空位,则应逐年回缩疏除。

四、花灌木与小乔木的整形修剪

1.观花类

(1)先开花后发叶的种类(春季开花)　此类树木的花芽是在前一年的夏秋时期分化的,所以花芽多着生在2年生枝条上。以休眠季修剪为主,夏季补充修剪为辅。花后立即修剪,疏除过多、过密枝,老枝、萌蘖条和徒长枝等,太长或破坏树形的枝条应该短截,疏开中心,以利通风透光。方法以截、疏为主,并综合应用其他修剪方法。具有顶花芽的种类,花前决不能短截花枝;对毛樱桃、榆叶梅等枝条稠密的种类,可适当疏剪弱枝、病虫枝、衰老枝,用重剪进行枝条的更新,用轻剪维持树形;对于具有拱形枝的种类,如连翘、迎春等,可将老枝重剪,促进发生强壮的新条,以充分发挥其树姿特点。

(2)花开于当年新梢的种类(夏秋开花)　此类树木的花芽是在当年春天抽生的新梢上形成的,如八仙花、山梅花、紫薇、木槿等。一般在休眠期修剪,即冬季或早春修剪。修剪方法因树种而不同,主要是短截和疏剪相结合,如八仙花、山梅花等可以重剪使新梢强健。个别种类在花后去掉残花,可以延长花期,如紫薇花期通常只有20多天,去残花后,花期可以延长到100多天。对于月季、珍珠梅等在生长季中开花不绝的,除早春重剪老枝外,可在花后将新梢修剪,以便再次发枝开花。

(3)一年多次开花的种类　在休眠期剪除老枝,在花后短截新梢,如月季、珍珠梅等。

2.观枝及观叶类

(1)观枝类　观枝类主要是指观赏枝(皮)的颜色与干性,如棣棠枝皮为绿色,红瑞木枝皮为红色,常常在冬季观赏。为了使观赏时间长,往往不在秋季修剪,应在翌年早春萌芽前重剪,以后轻剪。这类树木的嫩枝鲜艳,老干的颜色往往较为暗淡,所以每年都要重剪,促使萌发更多的新枝。同时还要逐步去除老干,不断地进行更新。茎枝观色类灌木,要注意剪去失去观赏价值的多年生枝,如红瑞木4年生以上枝条,一般不宜保留。

(2)观叶类　这一类种类比较复杂,有的观赏早春的嫩叶,如悬铃木幼叶背面呈绿白色,好似一朵朵小白花,七叶树幼叶为铜红色;有的观其秋色叶,如黄栌秋季叶色变为橘红色,银杏秋色叶为柠檬黄色;有的常年叶色为紫色或红色,如紫叶李、紫叶小檗、红枫;有的终年为黄色或花叶的,如黄金球柏、金叶连翘等。观叶类一般只进行常规修剪,不要求细致的修剪和特殊的造型,主要观其自然之美。观秋色叶的种类,要特别注意保叶的工作,防止病虫害的发生。

3.观果类

园林树木中有不少观果的种类,有的观赏果实的颜色和数量,如金银木、构骨、山楂、苹果等;有的观赏硕大的果实,如柚子、木菠萝等;有的观赏别致的果形,如佛手。观果类的修剪时间和方法与开花种类相同,不同的是花后不短截,以免影响结实量。重要的是要疏除过密枝,以利通风透光,减少病虫害,果实着色好,提高观赏效果。为了使果实大而多,往往在夏季采用环剥、缚缢或疏花疏果等技术措施。

4.灌木的更新

灌木更新修剪多在休眠期进行,但以早春开始生长前几周进行最好。更新的方法可分为逐年疏干和一次平茬。逐年疏干即每年从地径以上去掉1～2根老干,促生新干,直至新干已满足树形要求时,将老干全部疏除。疏除原则是"去劣留优,去密留稀,去老留幼,先粗后细,从上抽出"。一次平茬多应用于萌发力强的树种,一次疏除灌木丛所有主枝和主干,促使下部休眠芽萌发后,选留3～5个主干。

例:紫薇

生长特点:落叶小乔木或灌木,喜光耐旱耐水,萌芽力、成枝力强,芽的潜伏力强,耐修剪。多采用自然开心形、疏散分层形或多干丛生形。

1.自然开心形整形

一年生苗冬季短截,疏二次枝。翌春留剪口下30 cm整形带内的芽,其余抹去。新梢长20～30 cm时选主干延长枝,其余剪去1/2。

第二年冬,在1.5 m处短截主干延长枝,疏剪口下二次枝和辅养枝。翌春剪口下留3～4芽任其生长,其他短截。

第三年冬,短截三主枝延长枝,留外芽。适当疏剪或短截剪口附近的二次枝。每主枝在离主干50 cm处留第一侧枝,适当短截。主枝上的其他枝疏密截稀,留2～3芽作开花母枝。

第四年冬,各主枝继续延长,并留第二侧枝,短截第一侧枝及所有花枝。

2.疏散分层形

一年生苗短截,翌春发3～4个新枝,剪口第一枝作主枝延长枝,其他2～3枝不断摘心,作第一层主枝。

第二年冬,主干延长枝短截 1/3,第一层主枝轻短截。翌年夏选留第二层主枝 2 个,其他未入选的摘心。

第三年冬,按上法短截主干延长枝,留一枝作第三层主枝,其余的短截。以后主干不再增高。

每年在主枝上选留各级侧枝和安排开花基枝。

开花基枝留 2～3 芽短截,翌年剪去前两枝,第三枝留 2～3 芽短截。如此每年反复。

例:紫荆

1.单干式(小乔木)整形

第一年:保留中央一个粗壮的枝,其余丛生枝剪去。

第二年:剪除该枝下部的新生分枝及新生根蘖条,保留该枝上部的 3～5 个枝条,中央枝作为中干,其余作为主枝。

第三年:剪除主枝以下的新生枝及根蘖条。保留主枝和主枝以上中心干的新生枝。

2.丛状整形

通过平茬或留 3～5 个芽重短截,促进多萌条;然后,选留 3～5 个枝条作为主枝,留 3～5 个芽短截,促其多分枝,其余剪除。留下基部几个芽短截,剪去树冠内过密的枝及细枝。

◉ **技能训练**

紫 薇 修 剪

一、技能训练方式

6 人为一小组,分工协作,按照花灌木整形修剪工作过程,进行任务分析、任务分工、任务操作,通过担任不同的角色熟悉整个操作流程。在进行任务分工与操作前,首先进行个人自主学习,然后小组讨论确定分工和操作方案,按照方案实施操作。

二、技能训练工具材料

人字梯、修枝剪、高枝剪、手锯、手套、涂抹材料等。

三、技能训练时间

4 学时。

四、技能训练内容

1.工具准备;

2.确定修剪时期;

3.确定树形;

4.随树整形;

5.因枝修剪;

6.后期处理。

五、技能训练考核

训 练 任 务 考 核	任务方案	合理□		不合理□	20	
	操作过程	规范□		不规范□	20	
	产品效果	好□	一般□	差□	20	
技 能 训 练 任 务 工 单 评 估	表格填写情况	详细程度□规范程度□仔细程度□书写情况□ 填写速度□			10	
	素养提升	组织能力□协调能力□团队协作能力□分析解决问 题能力□责任感和职业道德□吃苦耐劳精神□			20	
	工作、学习态度	谦虚□诚恳□刻苦□努力□积极□			10	
教师评价：						
				教师： 时间：		

◆**典型案例**

木槿整形修剪技术

木槿系锦葵科木槿属落叶灌木或小乔木。木槿叶茂花繁,管理简单,夏秋开花并有不同花色,为优良的园林观花树种。常做花篱、花墙,列植于路边、林缘。但木槿长期放任生长,往往树体过大,枝条又多又乱,大枝基部光秃,花量少,花期短而且花朵小,降低了观赏价值。对木槿整形修剪进行了系统的探索,经过 3 年合理修剪,木槿花期延长,花量增加,体现较好观赏效果。

1. 木槿整形

根据木槿枝条开张程度不同,可将木槿分为两类,一是<u>直立型</u>,二是开张形。直立型木槿枝条着生角度小,近直立,萌芽力强,成枝力相对较差,不耐长放;可将其培养改造成有主干不分层树形,主干上配植 3～4 个主枝,其余疏除,在每个主枝上可配植 1～2 个侧枝,称为有主干开心形。开张型木槿枝条角度大,枝条开张,抽生旺枝和中花枝比直立型强一些,对修剪反应较敏感,可将其培养成丛生灌木状;与有主干开心形相比区别主要是无主干或主干极短,主枝数较多,一般 4～6 个,称为<u>丛生形</u>。

2. 木槿修剪

(1)主干开心形修剪 对直立型的木槿,往往会发生抱头生长,树冠内的枝条拥挤,枝条占据有效空间小,开花部位易外移,形成基部光透现象,可将其逐步改造成开心形。主要修剪方法如下:一是合理选留主枝和侧枝,将多余主枝和侧枝分批疏掉,使主侧枝分布合理,疏密适度,但一年不可疏枝过多;二是对主枝和侧枝头重回缩,新枝头分枝角度要大,方向要正,对外围过密枝要合理疏剪,以便通风透光;三是对一年生壮花枝开花后缓放不剪,翌年将其上萌发旺枝和壮花枝全部疏除,留下中短枝开花,内膛较细的多年生枝不断进行回缩更新,对中花枝在分枝处短截,可有效调节枝势促进花芽质量提高;四是对外围枝头进行短截,剪口留外芽,一般可发 3 个壮枝,将枝头竞争枝去掉,其他缓放,然后回缩培养成枝组。

(2)丛生形修剪　对开张型木槿,常发生主枝数过多,外围枝头过早下垂,内膛直立枝多且乱现象。主要修剪方法有:一是及时用背上枝换头,防止外围枝头下垂早衰,对枝头处理与开心形相同;二是对内膛萌生直立枝,一般疏去,空间大可利用,但一般不用短截,防止枝条过多,扰乱树形。对内膛枝及其他枝条采用旺枝疏除,壮花枝缓放后及时加缩,再放再缩,用这种方法不断增加中短花枝比例。

◈复习思考题

1.园林常见花灌木的种类有哪些?

2.花灌木常见的有哪些树形?

3.开心形树形如何整形?

4.树状月季如何整形修剪?

5.观果类花灌木如何修剪?

任务三　乔木整形修剪

◈学习目标

1.掌握整形修剪的一般技术和方法;

2.熟悉乔木树形类型及其应用特点;

3.掌握常见乔木的修剪方法及剪后反应;

4.能够结合具体情况进行乔木整形修剪操作;

5.培养分析解决问题的能力和创新精神。

◈任务描述

某校校园居住区绿地种植一片雪松,现要求你选择一株雪松树进行整形修剪,本次任务是要完成雪松的选择和整形修剪。

◈知识准备

一、成片树林的整形修剪

①主轴明显的树种,修剪时应注意保护中央领导干,如雪松、杨树等;

②适当修剪主干下部侧生枝条,逐步提高分枝条点;

③主干很短的树,可把分生的主枝当作主干培养,逐年提高分枝。

二、行道树和庭荫树的整形修剪

1.行道树要求

①冠大、荫浓、整齐；

②高大乔木，枝下高＞2.5 m；

③根系发达、速生树种；

④树木无臭、无毒，干无刺，花果不污染衣物，耐践踏，耐铺装。

2.庭荫树

庭荫树的主干高度与形状，与周围环境的要求相适应，一般无特殊规定。

3.修剪要点

(1)落叶树　主要在定植后的幼树期进行修剪。小乔木是指主干高1.0～1.2 m，中乔木是主干高约1.8 m。当长到定干高度，便去除顶梢，促其分枝。大乔木是主干高1.8～2.4 m及以上，为中心干形的，中心干不去顶，每层主枝适当修剪，保持生长平衡。

(2)常绿树

①常绿针叶树。一般不耐重剪。因为生长较慢，所以苗圃整形极轻，主要培养其自然树形，一般只剪去过多的领导枝或主枝，或过长的枝条。除特殊整形外，应注意保护中央领导干不受伤害。

例：雪松

——生长特性：圆锥形或尖塔形树形，中心干明显，长短枝明显，芽基本上无潜伏力，不易形成不定芽。中干顶梢细长柔软常自然下垂，易形成双杈。中轴侧生枝条过多。

——整形修剪要点：保持中心干的顶端优势，缚杆促主梢，处理竞争枝。合理安排主枝，勿过多过密，相邻主枝相距15 cm以上，同侧相邻主枝距离50 cm以上。抑强扶弱，保持平衡。去掉无用枝，回缩或疏除扰乱树形的枝条。

②常绿阔叶树。可采用中央领导干形等，不去侧梢，侧枝过密可以疏除。主干高度保持1.8～2.4 m或更高。作绿篱时，按绿篱的整形要求进行修剪。

例：樟树

——生长特点：主干明显，卵圆形、广卵形至扁球形树冠。孤立或散生时中央领导干很不明显。芽潜伏力强，顶芽及附近侧芽发达密集，易形成过多过密、近轮生的主枝，自然换头频繁，掐脖子现象严重。

——幼树修剪：保护顶梢的顶芽，去掉顶芽附近的侧芽和二次枝。顶芽或顶枝过弱时，及早更换。树干中下部的粗壮枝，抑(或疏)强留弱，其他枝除过密者外，留作抚养枝。逐渐提高主干高度，每层选留2～3主枝，粗度小于着生处树干直径的1/3。主干高4 m以上后，停止修剪，任其自然生长。

——定植修剪：可以去冠栽植，即在一定高度多节或粗糙处截干，注意留枝去萌抹芽，防日灼。也可留冠栽植，即疏除过多轮生主枝，调整主枝的分布，并使各层主枝由上至下依次缩短。剪去中心干顶芽下的6～8个侧枝，剥除顶芽附近的侧芽，使顶芽突出。若顶梢不理想，则换头。逐渐提高主干高、降低冠高比，至主干高4 m时停剪。

——放任树修剪：主要是培养领导干。疏枝消除掐脖子现象，疏除或回缩扰乱树形的枝条。

◆ **技能训练**

雪松的整形修剪

一、技能训练方式

6 人为一小组,分工协作,按照乔木整形修剪工作过程,进行任务分析、任务分工、任务操作,通过担任不同的角色熟悉整个操作流程。在进行任务分工与操作前,首先进行个人自主学习,然后小组讨论确定分工和操作方案,按照方案实施操作。

二、技能训练工具材料

人字梯、修枝剪、高枝剪、手锯、手套、涂抹材料等。

三、技能训练时间

4 学时。

四、技能训练内容

1.工具准备;

2.确定修剪时期;

3.确定树形;

4.随树整形;

5.因枝修剪;

6.后期处理。

五、技能训练考核

<table>
<tr><td rowspan="3">训练任务考核</td><td>任务方案</td><td colspan="2">合理 □</td><td colspan="2">不合理 □</td><td>20</td><td></td></tr>
<tr><td>操作过程</td><td colspan="2">规范 □</td><td colspan="2">不规范 □</td><td>20</td><td></td></tr>
<tr><td>产品效果</td><td>好 □</td><td colspan="2">一般 □</td><td>差 □</td><td>20</td><td></td></tr>
<tr><td rowspan="3">技能训练任务工单评估</td><td>表格填写情况</td><td colspan="4">详细程度□规范程度□仔细程度□书写情况□
填写速度□</td><td>10</td><td></td></tr>
<tr><td>素养提升</td><td colspan="4">组织能力□协调能力□团队协作能力□分析解决问题能力□责任感和职业道德□吃苦耐劳精神□</td><td>20</td><td></td></tr>
<tr><td>工作、学习态度</td><td colspan="4">谦虚□诚恳□刻苦□努力□积极□</td><td>10</td><td></td></tr>
<tr><td colspan="8">教师评价:

　　　　　　　　　　　　　　　　　　　　　　　　　　教师:
　　　　　　　　　　　　　　　　　　　　　　　　　　时间:</td></tr>
</table>

◆**典型案例**

法国梧桐的整形修剪

　　法国梧桐为落叶乔木。冬季整形修剪,在秋冬法桐树叶脱落、土壤结冻、树体休眠至翌年春季树液流动前均可施行。对于新栽的幼树,当干高达 2.5~3 m 时短截,称为"定干"。

　　修剪可在统观整个树体、决定今后培养方向的基础上,先剪直立枝、下垂枝,再剪病虫枝、交叉枝、细弱枝、内向枝以及影响交通设施的枝条,最后留 3~4 个强壮主枝。所留主枝应有利于今后整形,长势强壮,开张角度适中。选好主枝后,在近基部 30~40 cm 处短截,截口要平滑,不伤树皮,并于截口处涂上护伤剂,以免病虫侵害和水分蒸腾。将伤口削平滑还能促进愈伤组织的形成,利于伤口愈合,防止病菌感染。护伤剂可用接蜡、白涂剂、桐油或油漆。

　　幼树生长每隔 3~4 年后都要于冬季对树体进行一次大的截干。一般第一次保留下来的 3~4 个主枝可以基本不变,再在每个主枝上保留 1~2 个强壮小枝,短截时留长 20~30 cm 即可。小枝上的侧枝可根据具体情况留取,如遇到树旁通信线路不高时,仅保留第一次定干时留下的 3~4 个短截的主枝也可以,这样能使整株树的高度降低,同时增加枝条叶片透光度,既不影响其生长,也很好地保持了树形。

　　法国梧桐同样是著名的优良庭荫树和行道树,适应性强,又耐修剪整形,是优良的行道树种,广泛应用于城市绿化。在园林中孤植于草坪或旷地,列植于街道两旁,尤为雄伟壮观,又因其对多种有毒气体抗性较强,并能吸收有害气体,作为街道、广场、校园绿化颇为合适。

◆**复习思考题**

　　1. 理解下列概念:短截、疏剪、回缩、人工式整形、整形修剪。

　　2. 简述疏除大枝并使伤口尽快愈合的方法和技术。

　　3. 简述一年生竞争枝处理的方法与依据。

　　4. 图示说明多年生竞争枝的处理方法与原因。

　　5. 简述樟树整形修剪的要点。

项目四　园林植物病虫害防治

任务一　园林植物病害防治

◈**学习目标**

  1. 熟悉植物病害的诊断步骤；

  2. 熟悉常见园林植物病害的症状；

  3. 掌握常见的病害防治方法；

  4. 能准确进行园林植物病害诊断；

  5. 能结合具体情况进行园林植物病害防治；

  6. 培养观察能力、严谨细致的工作作风和吃苦耐劳精神。

◈**任务描述**

  在某校内园林基地月季上发现有病害，本次任务是要求你通过诊断，判断病害类型，制订防治计划，并实施防治。

◈**知识准备**

一、植物病害的概念

  植物病害是指植物在生活的过程中，受到有害生物的侵害和不良环境的影响程度超过了植物所能忍耐的限度，使植物在生理上、组织结构上和形态上发生一系列不正常的变化，影响植物的生长发育以至死亡，造成经济上的损失，这种现象就叫植物病害。

二、植物病害的症状

  植物发病后，经过一定的病理程序，最后表现出的异常变化状态，就是植物病害的症状。植物病害的症状由两类不同性质的特征——病状和病征。

  1. 病状

  病状是发病植物体本身表现出的不正常状态。

  (1)变色　病部细胞叶绿素破坏或叶绿素形成受阻，花青素等其他色素增多而出现不正常的颜色。叶片变色最为明显，叶片变为淡绿色或黄绿色的称为褪绿，叶片发黄的称为黄化，叶片变为深绿色与浅绿色浓淡相间的称为花叶。花青素形成过盛则叶片变紫红色。

  (2)坏死　植物的细胞和组织受到破坏而死亡，称为"坏死"。在叶片上，坏死常表现为"叶斑"和"叶枯"。叶斑指在叶片上形成的局部病斑。病斑的大小、颜色、形状、结构特点和产生部位等特征都是病害诊断的重要依据。病斑的颜色有黑斑、褐斑、灰斑、白斑等。病斑的形状有圆形、近圆形、梭形、不规则形等,有的病斑扩大受叶脉限制,形成角斑,有的沿叶肉发展,形成条纹或条斑。不同病害的病斑,大小相差很大,有的不足 1 mm,有的长达数厘米甚至 10 cm以上,较小的病斑扩展后可汇合联结成较大的病斑。典型的草瘟病病斑由内向外可分为崩坏区(病组织已死亡并解体,灰白色)、坏死区(病组织已坏死,褐色)和中毒区(病组织已中毒,呈黄色)等三个层次,坏死组织沿叶脉向上下发展,逸出病斑的轮廓,形成长短不一的褐色坏死线。许多病原真菌侵染禾草引起的叶斑缺崩坏部,坏死部发达,其中心淡褐色,边缘浓褐色,外围为宽窄不等的枯黄色中毒部晕圈。有的病害叶斑由两层或多层深浅交错的环带构成,称为"轮斑"、"环斑"或"云纹斑"。叶枯是指叶片较大范围的坏死,病健部之间往往没有明晰的边界。禾草叶枯多由叶尖开始逐渐向叶片基部发展,而雪霉叶枯病则主要由叶鞘或叶片基部与叶鞘相连处开始枯死。叶柄、茎部、穗轴、穗部、根部等部位也可发生坏死性病斑。

(3)腐烂 植物细胞和组织被病原物分解破坏后发生腐烂,按发生腐烂的器官或部位可分为根腐、根颈腐、茎基腐、穗腐等,多种雪腐病菌还引起禾草叶腐。含水分较多的柔软组织,受病原和酶的作用,细胞浸解,组织溃散,造成软腐或湿腐。腐烂处水分散失,则成为干腐。依腐烂部位的色泽和形态不同,还可区分为黑腐、褐腐、白腐、绵腐等。幼苗的根和茎基部腐烂,导致幼苗直立死亡的,称为立枯,导致幼苗倒伏的,则称为猝倒。

(4)萎蔫 植物的根部和茎部的维管束受病原菌侵害,发生病变,水分吸收和水分输导受阻,引起叶片枯黄、萎凋,造成黄萎或枯萎。植株迅速萎蔫死亡而叶片仍维持绿色的称为青枯。

(5)畸形 植物被侵染后发生增生性病变或抑制性病变导致病株畸形。前者有瘿瘤、丛枝、发根、徒长、膨肿,后者有矮化、皱缩。此外,病组织发育不均导致卷叶、蕨叶、拐节、畸形等。植物传染性病害多数经历一个由点片发病到全田发病的流行过程。在草坪上点片分布的发病中心极为醒目,称为"病草斑"、"枯草斑",其形态特征是草坪病害诊断的重要依据,因而需仔细观察记录枯草斑的位置、大小、颜色、形状、结构以及斑内病株生长状态等特征。通常斑内病株较斑外健株矮小衰弱,严重发病时枯萎死亡,但是,有时枯草斑中心部位的病株恢复生长,重现绿色,或者死亡后为其他草种取代,仅外围一圈表现枯黄,呈"蛙眼"状。

2.病征

病征是病原物在发病部位表现出的特征。通常只在病害发展的某一阶段表现显著。有些不表现病征。其主要类型有:

(1)霉状物 病部产生各种颜色的霉层、灰霉、青霉等。霉状物由病原菌的菌丝体、分生孢子梗和分生孢子构成。霜霉病病株叶片上生霜霉层,为病原真菌的孢囊梗和孢子囊。

(2)粉状物 病原真菌在病部产生各种颜色的粉状物,如白粉、黑粉、红粉等。

(3)锈状物 锈菌在病部产生的黑色、褐色或其他颜色的点状物,按大小与形态可区分为小粒点、小疣点、小煤点等,为病菌的分生孢子器、分生孢子盘、子囊壳或子座等。

(4)线状物和颗粒状物 有些病原真菌在病部产生线状物,如禾草红丝病病叶上产生的毛发状红色菌丝束。有的则形成颗粒状物,如雪腐病、灰霉病、丝核菌综合征和白绢病的菌核等。

(5)伞状物或其他结构 包括病原真菌产生的伞状物、马蹄状物、角状物等。草地上"仙人圈"发生处产生伞菌子实体,呈伞状。麦角菌在禾草或谷物类作物穗部产生的角状菌核,称为"麦角"。

(6)脓状物 病原细菌在病部产生脓状黏液,亦称细菌溢脓。

三、园林植物常见病害识别

1. 生理性病害(非侵染性病害)

生理性病害是由土壤、肥、水、温度、湿度、机械损伤等非生物因子引起的病害,不会进行传染。

(1)营养失调 植物的生长发育需要多种营养物质。土壤中缺乏某些营养物质会影响植物正常的生理机能,引起植物缺素症。

——缺氮 主要表现为植株矮小,发育不良,分枝少、失绿、变色、花小和组织坏死。在强酸性缺乏有机质的土壤中易发生缺氮症。

——缺磷 植物生长受抑制,植株矮化,叶片变成深绿色,灰暗无光泽,具有紫色素,最后枯死脱落。病状一般先从老叶上出现。生荒土或土壤黏重板结易发生缺磷症。

——缺钾 植物叶片常出现棕色斑点,不正常皱缩,叶缘卷曲,最后焦枯。红壤土一般含钾量低,易发生缺钾症。

——缺铁 主要引起失绿、白化和黄叶等。缺铁首先表现为枝条上部的嫩叶黄化,下部老叶仍保持绿色,逐渐向下扩展到基部叶片,如栀子花黄化病。碱性土壤常会发生缺铁症。

——缺镁 症状同缺铁症相似。区别在于缺镁时常从植株下部叶片开始褪绿,出现黄化,逐渐向上部叶片蔓延,如金鱼草缺镁症。此外镁与钙有拮抗作用,当钙过多有害时,可适当加入镁起缓冲作用。

——缺硼 引起植株矮化、芽畸形、丛生、缩果和落果。

——硼中毒 叶片白化干枯、生长点死亡。

——缺锌 引起新枝节间缩短,叶片小而黄,有时顶部叶片成簇生状。如桃树小叶病。

——锌中毒 植株小,叶片皱缩、黄化或具褐色坏死斑。

——缺钙 植株根系生长受抑,嫩芽枯死,嫩叶扭曲,叶缘叶尖白化,提早落叶。

——缺锰 引起花卉叶脉间变成枯黄色,叶缘及叶尖向下卷曲,花呈紫色。症状由上向下扩展。一般发生在碱性土壤中。

——锰中毒 引起叶脉间黄化或变褐。

——缺硫 植物叶脉发黄,叶肉组织仍保持绿色,从叶片基部开始出现红色枯斑。幼叶表现更明显。

发生缺素症,常通过改良土壤和补充所缺乏营养元素治疗。有些元素如硼、铜、钙、银、汞含量过多,对植物也会产生毒害作用,影响植物的生长发育。

(2)土壤水分失调 土壤干旱,植物常发生萎蔫现象,生长发育受到抑制,甚至死亡。如杜鹃对干旱非常敏感,干旱缺水会使叶尖及叶缘变褐色坏死。

土壤水分过多,往往发生水涝现象,常使根部窒息,引起根部腐烂。根系受到损害后,便引起地上部分叶片发黄,花色变浅,花的香味减退及落叶、落花,茎干生长受阻,严重时植株死亡。如女贞淹水后,蒸腾作用立即下降,12天后植株便死亡。一般草本花卉易受涝害,植物在幼苗期对水涝较敏感。雪松、悬铃木、合欢、女贞、青桐等树木易受涝害,而枫杨、杨树、柳树、乌桕等对水涝有很强的耐性。

出现水分失调现象时,要根据实际情况,适时适量灌水,注意及时排水。浇灌时尽量采用滴灌或沟灌,避免喷淋和大水漫灌。

（3）温度不适宜　高温常使花木的茎干、叶、果受到灼伤。花灌木及树木的日灼常发生在树干的南面或西南面。如柑橘日烧病。夏季苗圃中土表温度过高，常使幼苗的根颈部发生日灼伤。如银杏苗木茎基部受到灼伤后，病菌趁机而入，诱发银杏茎腐病。预防苗木的灼伤可采取适时的遮阴和灌溉以降低土壤温度。

低温也会危害植物。霜冻是常见的冻害。晚秋的早霜常使花木未木质化的枝梢等受到冻害，春天的晚霜易使幼芽、新叶和新梢冻死，花脱落。而冬季的反常低温对一些常绿观赏植物及落叶花灌木等未充分木质化的组织造成冻害。露地栽培的花木受霜冻后，常自叶尖或叶缘产生水渍状斑，严重时全叶坏死，解冻后叶片变软下垂。树干涂白是保护树木免受日灼伤和冻害的有效措施。

（4）光照不适宜　不同的园林植物对光照时间长短和强度大小的反应不同，我们应根据植物的习性加以养护。如月季、梅花、菊花、金橘等为喜光植物，宜种植在向阳避风处。龟背竹、杜鹃、茶花等为耐阴植物，忌阳光直射，应给予良好的遮阴条件。中国兰花、广东万年青、海芋等为喜阴植物，喜阴湿环境，除冬季和早春外，均应置荫棚下养护。

当植物正在旺盛生长时，光强度的突然改变和养分供应不足能引起落叶。室内植物要有尽可能多的光照。此外，植株种植过密，光照不足，通风不良等会引致叶部、茎干部病害的发生。

（5）通风不良　无论是露地栽培还是温室栽培，植株栽植密度或花盆摆放密度都应合理，适宜的株行距有利于通风、透气、透光，改善环境条件，提高植物生长势，并造成不利于病菌生长的条件，减少病害的发生。

若过密，不但温室不通风，湿度较高，叶缘易积水，还会使植株叶片相互摩擦出现伤口，尤其在昼夜温差大时，易在花瓣上凝结露水，诱发霜霉病和灰霉病的发生。如蝴蝶兰喜通风干燥条件，通风不良的温室易造成高温、高湿、闷热的环境，诱发根系腐烂。

（6）土壤酸碱度不适宜　酸碱度（pH 值）：强酸性（pH＜4.5），酸性（pH 4.6～5.5），微酸性（pH 5.6～6.5），中性（pH 6.6～7.4），碱性（pH 7.5～8.5），强碱性（pH＞8.5）。许多园林植物对土壤酸碱度要求严格，若酸碱度不适宜易表现各种缺素症，并诱发一些侵染性病害的发生。酸性使钾、钙、磷、镁易缺乏，强酸性使铁、铝、锰过于活化和毒害，强碱性钠对植物产生毒害。如我国南方多为酸性土壤，易缺磷、缺锌；北方多为石灰性土壤，易发生缺铁性黄化病。因为微碱性环境利于病原细菌的生长发育，在偏碱的沙壤土，樱花、月季、菊花根癌病易发生；中性或碱性土壤，一品红根茎腐烂病、香豌豆根腐病发病率较高。土壤酸碱度较低时，利于香石竹镰刀菌枯萎病的发生。

为使土壤保持适宜的酸碱度，确保植物健壮生长，灌溉用水也应加以注意。如杜鹃、山月桂以雨水或泉水浇灌为好，不宜用含有盐碱之水。盆栽花卉如用自来水浇灌，最好在容器中存放几天后再用。

（7）有毒物质的影响　空气、土壤中的有毒物质，可使花木受害。在工矿区，由于空气中含有过量的二氧化硫、二氧化氮、三氧化硫、氯化氢和氟化物等有害气体及各种烟尘，常使花木遭受烟害。引起叶缘、叶尖枯死，叶脉间组织变褐，严重时叶片脱落，甚至使植物死亡。

此外，农药、化肥、植物生长调节剂等使用不当，浓度过大或条件不适宜，可使花木发生不同程度的药害或灼伤，叶片常产生斑点或枯焦脱落，特别是花卉柔嫩多汁部分最易受害。

为防止有毒物质对花木的毒害，应合理使用农药和化肥，在城镇工矿区应注意选择抗烟性较强的花卉和树木进行绿化,改善环境。

2.生物性病害(侵染性病害)

生物性病害是由真菌、细菌、病毒、植原体、线虫、寄生性种子植物等生物因子引起的病害,会进行传染。

(1)生物性病害种类

①真菌性病害。真菌是一类呈丝状的微生物,没有叶绿素,不能自造养分,过寄生或腐生生活。无性和有性繁殖,以孢子繁殖为主,园林植物的大部分侵染性病害是由真菌引起的。

A.真菌的生理特性 真菌是异养生物,必须从外界吸取现成的糖类作为能源。真菌还需要氮及其他微量元素钾、磷、硫、镁、锌、锰、硼、铁等。真菌与植物的不同在于不需要钙。

真菌可以人工培养。真菌通过菌丝吸收营养物质。有些真菌只能从寄主表皮组织获得养料,如白粉菌,以吸器伸入寄主表皮细胞内吸收养料。大多数真菌则从寄主内部组织吸收养料。

根据吸养方式,可将病原真菌分为以下三种类型。

——专性腐生 只能从无生命的有机物中吸取营养物质,不能侵害有生命的有机体,如伞菌、腐朽菌、煤污菌等。

——兼生 兼有寄生和腐生的能力。其中有些真菌主要营腐生生活,当环境条件改变时,也能营寄生生活,称其为兼性寄生。如引起苗木猝倒病的镰刀菌。还有些真菌主要营寄生生活,当环境条件改变时,可以营腐生生活,称其为兼性腐生。如菊花黑斑病菌,君子兰炭疽病菌等。

——专性寄生 只能从活的有机体中吸取营养物质,不能在无生命的有机体和人工培养基上生长。如白粉病、锈菌、霜霉菌等。

B.真菌的生态特性 真菌的生长和发育,要求一定的环境条件。当环境条件不适宜时,真菌可以发生某种适应性的变态。环境条件主要包括温度、湿度、光和酸碱度等。

大多数真菌生长发育的最适温度为20～25℃,相对湿度在90%以上,黑暗和散光条件,pH值范围为3～9,最适pH值为5.5～6.5。

——白粉病 由子囊菌亚门中的白粉病菌引起。这种病害,病症常先于病状。病状最初常不明显。病症初为白粉状,近圆形斑,扩展后病斑可连接成片。一般,秋季白粉层上出现许多由白而黄、最后变为黑色的小颗粒——闭囊壳。少数白粉病晚夏即可形成闭囊壳。主要危害黄栌、紫薇、大叶黄杨、月季、蔷薇、牡丹、芍药、菊花、大丽花、凤仙花、枸杞等。以月季为例(图4-1),白粉病侵染月季的绿色器官,叶片、花器、嫩梢发病重。早春,病芽展开的叶片上下两面都布满了白粉层。叶片皱缩反卷,变厚,为紫绿色,逐渐干枯死亡,成为初侵染源。生长季节叶片受侵染,首先出现小的白粉斑,逐渐扩大成为近圆形或不规则形的白粉斑,严重时病斑连成片。老叶比较抗病,嫩梢和叶柄发病时病斑略肿大,节间缩

图 4-1　月季白粉病

短,病梢有回枯现象。叶柄及皮刺上的白粉层很厚,难剥离。花蕾被满白粉层,萎缩干枯,病轻的花蕾开出畸形花朵。多施氮肥,栽植过密,光照不足,通风不良都加重该病的发生;灌水方式、时间均影响发病,滴灌和白天浇水能抑制病害的发生。品种间抗病性有差异。一般来说,小叶、无毛的蔓生多花品种较抗病;芳香族的多数品种,尤其是红色花品种均感病。防治措施为减少侵染来源,结合修剪剪除病枝、病芽和病叶。休眠期喷洒 2～3 波美度的石硫合剂,消灭病芽中的越冬菌丝,或病部的闭囊壳。加强栽培管理,改善环境条件。栽植和盆花摆放不要过密;温室栽培注意通风透光;增施磷、钾肥,氮肥要适量;灌水最好在晴天的上午进行。防治白粉病的药剂较多。在月季上常用的有 25％的粉锈宁可湿性粉剂 1 500～2 000 倍液,残效期长达 1.5～2 个月;50％苯来特可湿性粉剂 1 500～2 000 倍液;碳酸氢钠 250 倍液。硫磺粉也有效,常用于温室的冬季防治:将硫磺粉涂在取暖设备上任其挥发,能有效地防治月季白粉病。使用硫磺粉的适宜温度是 15～30℃,最好夜间进行,以免白天人受害。

　　——锈病　在植物叶、果、枝、干上出现淡黄色、橘黄色、锈褐色或黑色粉状物。靠风和接触传播。锈病是园林植物病害中又一类常见病害,据统计,花木上有 80 余种锈病。以美人蕉为例(图 4-2),初期,叶上出现针头大的黄色小点,后小点逐渐隆起成黄色疱斑,疱斑破裂散出橘黄色粉状物(病菌夏孢子团),后期又产生深褐色的锈色粉状物(病菌冬孢子团)。通常疱斑和粉状物多见于叶背面。发病严重时,病斑密布并连接成大小不等的斑块,致叶组织坏死焦枯。防治方法为选无病苗栽植;冬、春季结合清园全面喷洒0.5～1 波美度石硫合剂或 50％悬浮硫磺 300 倍液,

图 4-2　美人蕉锈病

以后在病害初发期连续喷药控制。可以喷施 25％粉锈宁可湿性粉剂 1 000～1 500 倍液,或40％多硫悬浮剂 500 倍液,或 75％百菌清＋70％托布津(1∶1)1 000 倍液或 50％硫磺悬浮剂200～300 倍液,交替喷施 3～4 次。

　　——斑点病　花、果、叶局部组织患病死亡后出现的症状,如角斑、圆斑、条斑、不规则斑等,色泽有灰、褐和红色等,斑大小不一。后期病斑上出现各种颜色和形状的霉层或黑点等。叶斑病是叶组织局部受侵染,导致各种形状斑点病的总称。叶斑病的种类很多,可因斑点的色泽、形状、大小、质地、有五轮纹的形成等因素,又分为黑斑病、褐斑病、圆斑病、角斑病、斑枯病、轮斑病等种类。叶斑病主要由真菌门中半知菌亚门、子囊菌亚门的一些真菌,以及细菌、线虫等病原物所致。以月季黑斑病为例(图 4-3),主要侵害月季的叶片,也侵害叶柄、叶脉、嫩梢等部位。发病初期,叶片正面出现褐色小斑点,逐渐扩展成为圆形、近圆形或不规则形病斑,直径为 2～12 mm,黑紫色,病斑边缘呈放射状,这是该病的特征性症状。后期,病斑中央组织变为灰白色,其上着生许多黑色小点粒,即为病原菌的分生孢子盘。有的月季品种病斑周围组织变黄,有的品种在黄色组织与病斑之间有绿色组织,称为“绿岛”。病斑之间相互连接使叶片变黄、脱落。防治措施为减少侵染来源,秋季彻底清除枯枝落叶,并结合冬季修剪剪除有病枝条。休眠期喷洒 2 000 倍五氯酚钠水溶液或 1％硫酸铜溶液杀死病残体上的越冬菌源。改善环境条件,控制病害的发生。灌水最好采用滴灌、沟灌或沿盆边浇水,切忌喷灌,灌水时间最好是晴天的上午,以便使叶片保持干燥。栽植密度、花盆摆放密度要适宜,以利通风透气。增施有机

肥,磷、钾肥,氮肥要适量,使植株生长健壮,提高抗病性。

图 4-3 月季黑斑病

——炭疽病 炭疽病类是园林植物中常见的一大类病害,与斑点病相似,但黑褐色。炭疽病主要为害叶片,降低观赏性,也有的对嫩枝为害严重。炭疽病的病原主要是炭疽菌属中的真菌。兰花炭疽病是一种分布广泛的病害(图 4-4),对兰花素来有观叶和观花的评价,但炭疽病使叶片上布满黑色的病斑,大大影响观赏。主要为害兰花叶片,也为害果实。发病初期,叶片上出现黄褐色稍凹陷的小斑点,逐渐扩大为暗褐色的圆形斑或椭圆形斑。叶尖或叶缘的病斑多为半圆形或不规则形。叶尖端的病斑向下延伸,枯死部分可占整个叶片的 1/5～3/5。发生在叶基部的病斑大,导致全叶迅速枯死或整株死亡。病斑由红褐色变为黑色,病斑中央组织变为灰褐色,或有不规则的轮纹。有的品种病斑周围有黄色晕斑。后期,病斑上有许多近轮状排列的黑色小点粒,即病原菌分生孢子盘。病斑的大小、形状因兰花品种而异。果实上的病斑不规则,稍长。防治措施是减少侵染来源;清除病残体,尤其是假鳞茎上的病叶残茬;生长季节及时剪除叶片上的病斑。加强栽培管理,改善环境条件,控制病害发生。兰室要通风透光良好,降低湿度;夏季盆花室外放置要搭阴棚;浇水忌用喷壶直接从植株上端淋水,最好用滴灌。病斑出现时开始喷药,生长季节喷 3～4 次基本上能控制病害的发生。常用农药为多菌灵可湿性粉剂 500 倍液;70% 甲基托布津可湿性粉剂 800 倍液;0.5%～1% 等量式波尔多液。

——霜霉病 危害叶、果、枝,以叶为主,如葡萄霜霉病(图 4-5)、二月兰霜霉病。在叶背形成稀或密的灰白色霜状物,叶片正面往往黄色,无明显边缘。靠风传播。

图 4-4 兰花炭疽病   图 4-5 葡萄霜霉病

——煤污病　又称煤烟病,在叶、枝、果表面覆盖黑霉层(图 4-6),煤烟状物,很易用手擦去,此病发生通常与蚜虫、蚧虫、粉虱、木虱发生密切相关。仅发生在植物体表面,不侵入植物体组织内。可以危害山茶、米兰、扶桑、木本夜来香、白兰花、五色梅、牡丹、蔷薇、夹竹桃、木槿、桂花、木兰、紫背桂、含笑、紫薇、苏铁、金橘、橡皮树等。

——灰霉病　植物体各个部分发生水渍状褐色腐烂。表现为叶腐、花腐、果腐等,但也能引起猝倒、茎部溃疡以及块茎、鳞茎和根的腐烂,受害主枝上产生大量灰黑色霉层。主要危害牡丹、芍药、四季海棠、月季、香石竹、唐菖蒲等。

——枯、黄萎病　主要破坏茎部组织,引起植株呈现黄萎、枯萎症状。常危害香石竹、翠菊、合欢、黄栌。

——枝干腐烂、溃疡病　危害枝干,引起树皮呈现溃疡(图 4-7)、腐烂状。主要危害杨树、槐树、仙人掌、银杏、月季等。

——根部病害　危害植物的根部或茎基部,引起根系腐烂或茎基表皮腐烂,植株生长不良,严重时植株枯萎死亡。以兰花白绢病为例(图 4-8),发生会引起整个株丛的枯死。白绢病主要为害根及根茎部分。被害的兰花在茎基部出现水渍状的褐色病斑,并有明显的白色羽毛状物,呈辐射状蔓延,侵染相邻的健康植株,病部逐渐呈褐色腐烂,使全株枯死。后期在根部皮层腐烂处见有油菜籽大小的菌核,初期为白色,后期为褐色,表面光滑。防治措施为盆栽土壤要选用无菌土,病土需经热力和农药灭菌后方可使用。在生长期间,如发现病株应立即拔除,轻病株可选用苯来特、退菌特药液浇灌或用五氯硝基苯药土撒施。生物防治采用绿色木霉菌制剂与培养土混合后再栽种植物。

图 4-6　非洲菊煤污病

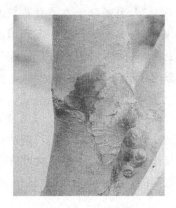
图 4-7　海棠溃疡

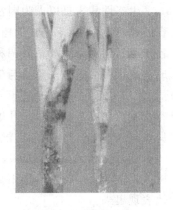
图 4-8　兰花白绢病

——叶畸形类病害　危害叶片,引起叶片畸形。常见的有桃缩叶病、杜鹃饼病、山茶饼病。

②细菌性病害。细菌性病害是由病原细菌侵染引起的,种类较真菌病害少。细菌个体比真菌还要小,是一类单细胞,没有叶绿素的低等生物,要在高倍显微镜下才能看清它的形态。不能自造养分,外形球状、杆状和螺旋状,分裂繁殖。

细菌主要借助于雨水、灌溉水、昆虫、土壤、病株及病株残体以及人为活动和其他动物传播。主要通过植物体表的气孔、皮孔、水孔、蜜腺和各种伤口侵入花卉体内,引起危害。细菌病害主要症状类型有腐烂、坏死、肿瘤、斑点、畸形和萎蔫等。常见的细菌病害有细菌性软腐病、细菌性穿孔病、细菌性叶斑病、细菌性青枯病和根癌病等。

③病毒病害。病毒是一类无细胞结构的极其微小的专性寄生物,必须用电子显微镜才能观察到它的形态,植物病毒的形态多呈球形或杆状。它是由核酸和蛋白质组成的极微小的颗粒,自我复制繁殖。主要通过刺吸式口器的昆虫传播;也可通过嫁接、病株与健康植株接触摩擦传播;无性繁殖材料的调运、交换等传播。受害植株变色、坏死、畸形是最普遍的症状,其中以变色为主。

④线虫病害。线虫是低等动物,又名蠕虫,靠口针刺破植物细胞吸取汁液。

⑤寄生性种子植物。寄生性种子植物是草本植物,无根,无叶绿素,吸取其他植物汁液生存。

(2)生物性病害传播规律

①病害发生和传播的基本条件:寄主植物、病原(发病原因)、环境条件。三者缺一不可。

②病程(发生病害的过程)如下。

A.病原物与寄主植物接触:通过风、雨、虫等接触;

B.病原物向寄主植物体内侵入:条件合适时,孢子萌发,产生芽管,由伤口、气孔、皮孔、表皮、根毛、蜜腺等入口侵入;

C.病原物在寄主植物体内生长、繁殖、蔓延;

D.寄主植物出现病害症状(发病)。

A~C为潜育期,D为发病期。如果一个病程接着一个病程,或几年循环发病,称病原物侵染循环。

3.生态性病害(第三类病害)

生态性病害是以人为因素为主、人为诱导生态变化而产生的第三类病害。在树木生长发育的长期过程中,不适宜的树木栽培与养护管理使生态环境遭受干扰和破坏,导致生态系统中各个因素之间动态关系失调和失衡,从而引发树木侵染性和生理性病害的发生,并互相转化形成树木病害的灾害现象。与生态因子有直接关系。

(1)生态性病害的病因

①诱导因素。是最先开始起作用的因素,包括气候条件不适,土壤水分失调,土壤营养不良,寄主树木的遗传性和空气污染等。它对树木是起长期的作用。

②激化因素。是第二阶段起作用的因素,主要有食叶害虫、霜害、冻害、热害、旱害、盐害和机械损伤等。对树木的作用是短期的,但比较剧烈,直接损害寄主,使诱发因素的作用更明显地表现出来。

③促进因素。是第三阶段起作用的因素,主要有蛀干害虫、溃疡病菌、病毒、根腐菌等。对树木的作用是长期的,使原来生长不良的树木进一步衰弱直至死亡。

这三类因素的作用是综合的、复杂的。诱发因素虽然是首先起作用的,但它的影响可以延续的最后。激化因素虽然是短期的作用,但它可以不止一次地加害于树木。

(2)生态性病害的特征

①生态性病害的综合症状是由许多可以互换的因素引起的,一种特定的症状可由某种因素影响所致,也可以由第二种或第三种因素所致。

②生态性病害发生过程中,至少有三个因素起作用,包括诱发因素、激化因素和促进因素。

③弱寄生的非侵袭性病原真菌和次期性害虫是生态性病害的促进因素,然而它们常常被误认为是树木枯死的主要原因。

④气候和立地条件的不合适几乎总是主要的诱发因素,而在研究生态性病害发生的历史时,气候和立地条件同生态性病害的相关性往往不明显,而随后的激化因素和促进因素却很明显。

⑤生态性病害多出现在树木成熟期后。

(3)生态性病害的综合症状

①生长量降低,抽枝短,直径生长减退;

②节间缩短,小枝顶端的叶片常呈簇生状;

③在地上部症状表现以前,吸收根和菌根就开始退化,但不易发现;

④经化学分析,根部贮藏物质减少;

⑤阔叶树的叶片在夏末和秋初变色、脱落;

⑥叶变小,黄化如缺素症;

⑦枝条或小枝冬季常枯死,在将死的枝条上常有弱寄生菌寄生,并向死亡组织扩展;

⑧部分树冠死亡,造成冠形破坏;

⑨阔叶树上常有不定芽抽出主枝,主干或大枝上的叶簇生;

⑩根腐菌侵染根系。

四、园林植物病害防治

1.综合防治

(1)原则　以生态学为基础,以生物防治为重点。

(2)途径　把病害防治贯穿园林绿化全过程,即规划、种植设计、苗木生产、选苗、运苗、栽植、养护、管理各环节。

(3)立足点　由危害后的喷药防治向危害前的生态保健预防转化。

(4)切入点　种植抑病植物。

(5)辅助点　由喷洒剧毒农药向喷洒微生物农药、植物源农药、仿生农药转化。

2.具体措施

(1)植物检疫　植物检疫也叫法规控制。指一个国家或地方政府颁布法令,设立专门机构,对植物及其产品进行检验和处理,禁止或限制危险性病、虫、杂草等人为地传入或传出,并防止进一步扩散所采取的植物保护措施。

(2)园林管理调控　主要措施有选育抗病品种;按不同立地条件选择不同树种和密度;合理进行栽植设计,避免混植有共同病害的植物;严禁乱砍滥伐,促进多层次的植被生长;合理修剪,清除虫害残体;用无病害的植物材料进行繁殖;加强养护管理,采取中耕、除草、施肥、灌水和修枝等措施促进植物生长;轮作等。

化感作用指植物之间、植物与环境之间是互相联系的,存在着极其复杂的化学关系网。一种植物通过向环境释放化学物质对另一种植物(包括微生物)所产生的直接或间接的益、害作用称为植物化感作用,又称植物相生相克作用。

(3)生物调控

①以微生物治病。某些微生物在生长发育过程中能分泌一些抗菌物质,抑制其他微生物的生长,这种现象称拮抗作用。目前研究较多的是利用具有重寄生作用的真菌或病毒防治植物真菌或线虫病害。如真菌杀菌剂、细菌杀菌剂、生物杀病毒剂、生物杀线虫剂等。

②以微生物除草。

（4）化学农药控制

优点：收效快、控制效果显著；作用范围广，对某些病害有特效；生产、运输、使用、贮藏方便。

缺点：导致病害产生抗性；杀死天敌；污染环境，造成药害。

①农药种类。

——按防治对象分：杀菌剂、杀病毒剂、除草剂、植物生长调节剂。

——按作用方式分：保护性杀菌剂、内吸治疗性杀菌剂、铲除性杀菌剂；选择性除草剂、灭生性除草剂。

——按原料来源分：矿物源农药、生物源农药和化学合成农药。

②农药的使用方法。有喷雾法、种子处理法、土壤处理法、熏蒸法、高压注射法和灌注法等。

③农药使用原则。对症选药、正确用药、适时用药、适量用药、交互用药、混合用药、安全用药。

④常见的药剂。矿物源杀菌剂：波尔多液、石硫合剂、白涂剂、王铜、可杀得；

——生物源杀菌剂：多抗霉素、嘧菌酯、木霉菌、放射土壤杆菌；

——有机合成杀菌剂：代森锰锌、扑海因、速克灵、特克多、世高、敌力脱、福星、普力克、恶霉灵、甲基托布津、嘧霉胺、腈菌唑；

——杀病毒剂：83 增抗剂、弱病毒疫苗 N14、抗毒剂 1 号、博联生物菌素、宁南霉素、盐酸吗啉胍；

——生物源除草剂：鲁保 1 号、双丙胺膦；

——土壤处理剂：敌草胺、异丙甲草胺、嗪草酮；

——茎叶处理剂：精吡氟禾草灵、苯磺隆、灭草松、草甘膦。

（5）物理机械调控技术

①阻隔法。人为设置各种障碍，以切断病害的传播途径。

②汰选法。利用健全种子和被害种子在体形、大小、比重上的差异进行分离，剔除有害种子。有手选、筛选和盐水选等方式。

③温度处理。任何生物，包括植物病原体、害虫对温度都有一定的忍耐性，超过极限会使其死亡。常用的有种苗热处理和土壤热处理两种形式。

◈ 技能训练

月季病害的诊断与防治

一、技能训练方式（分两步进行）

第一步：每位学生接受任务后，按照方案实施田间诊断及室内诊断操作。即：园林基地栽培环境观察→病害症状观察→标本采集→制作玻片标本→镜检观察→绘制病原物形态图。

第二步：按 6 人一组讨论防治意见并实施防治。

二、技能训练工具材料

显微镜、载玻片、盖玻片、跳针、防治器械(剪枝剪、手锯、铲子、喷雾器)、防治药剂等。

三、技能训练时间

6学时。

四、技能训练内容

1.根据要求实施田间诊断;

2.采集病害标本;

3.根据要求实施室内诊断;

4.根据诊断结果提出防治意见;

5.实施防治措施。

五、技能训练考核

训练任务考核	任务方案	合理□		不合理□	20	
	操作过程	规范□		不规范□	20	
	产品效果	好□	一般□	差□	20	
技能训练任务工单评估	表格填写情况	详细程度□规范程度□仔细程度□书写情况□填写速度□			10	
	素养提升	组织能力□协调能力□团队协作能力□分析解决问题能力□责任感和职业道德□吃苦耐劳精神□			20	
	工作、学习态度	谦虚□诚恳□刻苦□努力□积极□			10	

教师评价:

教师:

时间:

◆ **典型案例**

月季白粉病防治

1.症状识别

该病除在月季上普遍发生外,还可寄生蔷薇、玫瑰等。主要危害叶片、新梢、花蕾、花梗,使得被害部位表面长出一层白色粉状物(即分生孢子),同时枝梢弯曲,叶片皱缩畸形或卷曲。老叶较抗病,嫩梢和叶柄发病时病斑略肿大,节间缩短,病梢有回枯现象。严重时叶片萎缩干枯,花少而小,严重影响植株生长、开花和观赏。

花蕾受害后被满白粉层,逐渐萎缩干枯。受害轻的花蕾开出的花朵呈畸形。幼芽受害不能适时展开,比正常的芽展开晚且生长迟缓(图4-9)。

发病初期　花蕾受害

白色粉斑

花梗上的白粉层

图 4-9　月季白粉病

2.病原确定

蔷薇单囊壳菌[*Sphaerotheca pannosa*(Wallr.)Lev.],属子囊菌亚门,单丝壳属。

3.发病规律分析

病菌主要以菌丝在寄主植物的病枝、病芽及病落叶上越冬。翌春病菌随病芽萌发产生分生孢子,病菌生长适温为18～25℃。

分生孢子借风力大量传播、侵染,在适宜条件下只需几天的潜育期。一年当中5～6月及9～10月发病严重。温室栽培时可周年发病。

该病在干燥、郁蔽处发生严重,温室栽培较露天栽培发生严重。

月季品种间抗病性有差异,墨红、白牡丹、十姐妹等易感病,而粉红色重瓣种粉团蔷薇则较抗病。

多施氮肥,栽植过密,光照不足,通风不良都加重该病的发生。灌溉方式、时间均影响发病,滴灌和白天浇水能抑制病害的发生。

4.白粉病类的防治

①消灭越冬病菌,秋冬季节结合修剪,剪除病弱枝,并清除枯枝落叶等集中烧毁,减少初侵染来源。

②休眠期喷洒2～3波美度的石硫合剂,消灭病芽中的越冬菌丝或病部的闭囊壳。

③加强栽培管理,改善环境条件。栽植密度、盆花摆放密度不要过密;温室栽培注意通风透光。增施磷、钾肥,氮肥要适量。灌水最好在晴天的上午进行。灌水方式最好采用滴灌和喷灌,不要漫灌。生长季节发现少量病叶、病梢时,及时摘除烧毁,防止扩大侵染。

④化学防治:发病初期喷施15%粉锈宁可湿性粉剂1 500～2 000倍液、25%敌力脱乳油2 500～5 000倍液、40%福星乳油8 000～10 000倍液、45%特克多悬浮液300～800倍液。温

室内可用 10％粉锈宁烟雾剂熏蒸。

⑤生物制剂：近年来生物农药发展较快，BO-10（150～200 倍液）、抗霉菌素 120 对白粉病也有良好的防效。

⑥种植抗病品种：选用抗病品种是防治白粉病的重要措施之一。

◈复习思考题

1. 植物病害症状包括哪些？

2. 园林植物病害的类型有哪些？

3. 论述园林植物病害发生的原因。

4. 论述园林植物常见的病害及防治措施。

任务二　园林植物虫害防治

◈学习目标

1. 熟悉植物虫害的诊断步骤；

2. 熟悉常见园林植物虫害的症状；

3. 掌握常见的虫害防治方法；

4. 能准确进行园林植物虫害诊断；

5. 能结合具体情况进行园林植物虫害防治；

6. 培养观察能力、严谨细致的工作作风和吃苦耐劳精神。

◈任务描述

某大学校园教学楼旁边大叶黄杨绿篱遭受虫害，本次任务是要求你通过诊断，判断虫害类别，制订防治计划，并实施防治。

◈知识准备

一、园林植物虫害基础知识

园林植物虫害从大类上可以分为昆虫（黏虫、蚜虫等）、螨类（叶螨、瘿螨）、软体动物（蜗牛、蛞蝓）等，它们以各自的方式危害园林绿地，造成叶残根枯，影响园林绿地景观。

1. 昆虫

（1）昆虫身体的构造和功能　昆虫的头部是感觉和取食的中心，头上有触角、复眼、单眼等感觉器官和取食口器。触角是昆虫感觉和传递信息的重要器官，具有嗅觉和触觉的功能；复眼是昆虫的主要视觉器官，对于昆虫的取食、觅偶、群集、避敌等起着重要的作用，能看清近距离物体的形象，对颜色也有一定的分辨能力；单眼被认为是一种激动器官，可使飞行、降落、趋利避害等活动迅速实现。单眼只能分辨光线的强弱和方向，不能看清物体的形状。昆虫口器一般分为取食固体食物的咀嚼式口器和取食液体食物的刺吸式口器两大类，对于咀嚼式口器的害虫使用胃毒剂或制成毒饵可取得好的防效，而对于刺吸式害虫应使用内吸剂或触杀剂。

昆虫的胸部是昆虫的运动中心,由前胸、中胸和后胸三个体节组成,各胸节的侧下方着生一对胸足,依次称为前足、中足和后足。

昆虫的腹部是昆虫生殖和内脏活动中心,腹内包藏着内脏和生殖器,腹部末端具有外生殖器。

昆虫的体壁构成昆虫的躯壳,一般较硬,有着生肌肉,保持体形的作用。体壁能保护内脏,防止体内水分蒸发以及微生物和其他有害物质的侵入。此外,体壁上着生的各种感觉器官,又是昆虫与外界取得联系的感觉面。杀虫剂的杀虫效果如何与其能否顺利通过体壁有密切关系。如油乳剂杀虫效果较高是因为药剂的毒效成分溶解在油中,油具有亲脂性,能较好地在虫体体表展开并穿透体壁。

昆虫的内部构造与功能包括消化系统、排泄系统、呼吸系统、循环系统、神经系统和生殖系统。

消化作用与胃毒剂的杀虫作用密切相关,同一种胃毒剂对不同害虫可以产生不同的效果。使用胃毒剂防治害虫,药剂在中肠内的溶解度直接影响杀虫效果。如敌百虫在碱性消化液中能分解成更毒的敌敌畏;杀螟杆菌、青虫菌等细菌产生的伴胞晶体在碱性消化液中易溶解,用来防治中肠液偏碱性的害虫效果好。应用拒食剂防治害虫是拒食剂可破坏害虫的食欲和消化能力,阻止害虫继续取食以至饥饿而死。因此,了解昆虫的消化生理,对选用适当的胃毒剂防治害虫具有重要意义。

利用呼吸系统杀虫的道理在于,当空气中含有有毒物质时,毒物也就随着空气进入虫体,使其中毒致死,这就是熏蒸剂杀虫的基本道理。当温度高或空气中二氧化碳含量较高时,昆虫的气门开放时间长,施用熏蒸剂杀虫效果更好。另外,气门属疏水性,油剂杀虫剂易进入起到杀虫作用。而肥皂、面糊等的杀虫作用是机械地堵塞气门使害虫窒息而死。

使用的有机磷和氨基甲酸酯类杀虫剂均属于神经毒剂。

昆虫生殖系统的构造与害虫防治有密切关系,解剖雌成虫的卵巢观察其发育情况和抱卵量,可以预测害虫的发生期和发生量,为防治提供可靠依据;用化学不育剂可以使雄虫绝育;应用人工合成的性外激素诱集和诱杀害虫,已成为害虫预报和防治的手段之一。

(2)昆虫的主要生物学特征　两性生殖是昆虫繁殖后代最普遍的方式,通过两性交配,雌虫产下受精卵,由受精卵发育为子代。有些昆虫的卵不必经过受精即可繁殖,称为孤雌生殖或单性生殖。这类昆虫一般没有雄虫或雄虫极少,常见于粉虱、介壳虫、蓟马等。有一些昆虫是两性生殖和孤雌生殖交替进行,如蚜虫。此外,昆虫还有卵胎生,即卵在母体成熟后并不产出而是停留在母体内进行胚胎发育,直到孵化后直接产下幼虫。卵胎生能对卵起到一定保护作用,生活史缩短,繁殖加快,带来的危害性也就增大。

昆虫的变态类型有完全变态和不完全变态两种。完全变态是昆虫在个体发育过程中要经过卵、幼虫、蛹和成虫四个阶段。幼虫的形态、生活习性与成虫截然不同,如鳞翅目的昆虫。不完全变态是在个体发育过程中,只经过卵、若虫和成虫三个阶段,其若虫和成虫的形态、生活习性基本相同,翅在体外发育,如蝗虫、叶蝉等。

昆虫自卵或幼体产下到成虫性成熟为止的个体发育周期称为一个世代,简称一代。各种昆虫的世代的长短和一年内完成的世代数不尽相同。有的一年一代或多代,有的则数年一代。昆虫世代的计算通常是以卵作为起点,按先后出现的次序称为第一代、第二代等。凡是上一年产卵,第二年才出现幼虫、蛹和成虫的一代不能叫做第一代,而是前一年的最后一个世代,称为越冬代。越冬代成虫产的卵称为第一代卵,发育为第一代幼虫、第一代蛹和第一代成虫。昆虫以当年越冬虫期开始活动到第二年越冬结束为止的发育过程成为生活年史,简称生活史。一年一代的昆虫世代和生活史的意义相同,一年多代的昆虫,生活年史就包括几个世代。了解昆虫的生活年史是制定防治措施的重要依据。

昆虫的主要习性包括趋性、食性、群集性、迁移性和假死性等。

——趋性　昆虫对外界刺激表现出一定的趋性如趋光性、趋化性和趋温性。利用昆虫对不同物质的趋性可以有效地防治害虫。如利用昆虫的趋光性可用黑光灯诱杀害虫;用糖、醋、酒的混合液,诱集地老虎、黏虫是根据它们的趋化性。

——食性　按昆虫取食食物的种类可将昆虫的食性分为植食性、肉食性、腐食性和杂食性。植食性的昆虫以新鲜植物体或其果实为食。根据食性范围大小又可分为单食性、寡食性和多食性。如三化螟只危害水稻,是单食性害虫;玉米螟可危害 40 科、181 属、200 种以上的植物,为多食性害虫。肉食性指以小动物或昆虫为食,很多是害虫的天敌,如螳螂、瓢虫等。

——群集性　大多数昆虫分散生活,但有些昆虫种类在一定空间大量聚集。群集有暂时性的,如许多蛾类幼虫在 3 龄以前往往群集危害;有的群集期较长,群集后不再分散,如群居性飞蝗。

——迁移性　指昆虫从一地迁入另一地,或在小范围内扩散、转移危害的习性。如黏虫、小地老虎可长距离迁飞达到性成熟和转地危害。了解害虫的迁移特性对指导害虫测报和防治具有重要意义。防治上应注意将具有迁飞习性的害虫消灭在迁飞转移之前。

——假死性　有些昆虫在受到突然的接触或震动时,全身表现一种反射性的抑制状态,身体蜷曲或从植物上坠落地面,一动不动,片刻后才又爬行或起飞。人们可利用假死性来捕杀害虫,如摇树震荡金龟子捕杀,顺麦垄拍打麦穗震落小麦叶蜂于簸箕中,再集中杀死等。

——拟态和保护色　一种动物"模拟"其他生物的姿态,得以保护自己的现象,称为拟态。保护色是指一些昆虫的体色与其周围环境的颜色相似,以不被天敌发现的现象。有些昆虫既有保护色,又有与背景形成鲜明对照的体色,称为警戒色,更有利于保护自己。如蓝目天蛾,其前翅颜色与树皮相似,后翅颜色鲜明并有类似脊椎动物眼睛的斑纹,当遇到其他动物袭击时,前翅突然展开,露出后翅上的眼斑,将袭击者吓跑。

(3)环境因素对昆虫的影响

①气候因素。昆虫是变温动物,体温随环境温度的变化而变化。温度对昆虫的生长发育、成活、繁殖、分布、活动、寿命都有重要影响。一定温度范围内,温度越高,昆虫发育速率越快。反之,不适宜的温度则使昆虫生长变慢,甚至死亡。湿度可加速或减缓昆虫生长发育,影响其繁殖与活动。光照主要影响昆虫的行为。昼夜节律的变化会影响昆虫的活动、生活年史以及迁移等。风影响昆虫的迁移、扩散活动。

②生物因素。昆虫对寄主植物是有选择性的,不同种类的昆虫,其取食范围的大小有所不同,可以是几种、十几种,甚至上百种,但最喜食的植物种类却不多。吃最喜食的植物时,昆虫发育速度快、死亡率低、繁殖力强。但植物在长期的演化过程中,产生了多方面的抗虫特性,如生化、形态和物候抗虫特性。

昆虫的天敌包括病原微生物、食虫昆虫以及食虫的鸟类、蛙类等,可以利用天敌来防治害虫。

③土壤环境。土壤是昆虫的重要生活环境,许多昆虫终生生活在其中,大量地上生活的昆

虫也有个别虫期生存在土壤中,如黏虫、斜纹夜蛾等昆虫的蛹期。土壤的温湿度变化、通风状况、水分、有机质含量、酸碱度、含盐量等都有一定的选择性。

2.螨类

螨类与昆虫的最主要的形态区别是螨类没有明显的头、胸、腹之分,有4对足,没有翅和复眼。螨的身体分为颚体和卵圆形的躯体两部分。螨类进行两性生殖或单性生殖。螨的生活史经历卵、幼螨、若螨和成螨4个阶段。根据螨的生境和食性,可分为捕食性螨、植食性螨、食菌螨类、食腐螨类等。外寄生性螨寄生于昆虫体上,内寄生螨寄生在昆虫体内某些器官上,可用于害虫的生物防治。绝大多数农业害螨的危害特点十分相似,危害时均以其细长的口针刺破植物表皮细胞,吸食汁液,使被害部位失绿、枯死或畸形,但不同植物、不同被害部位常表现出不同的受害状。如小麦等禾本科植物叶片受害后,先失绿并出现黄色斑块,严重时叶尖枯焦或全叶枯黄,甚至死亡;棉花叶片受害后,先出现失绿的红斑,继而出现红叶干枯,叶柄和蕾铃的基部产生离层,严重时叶片和蕾铃大量脱落,状如火烧。

3.蜗牛和蛞蝓

蜗牛和蛞蝓同属软体动物门、腹足纲、柄眼目。它们具有如下主要特征:身体分头、足和内脏团3部分。头部长而发达,有2对可翻转缩入的触角。足部发达,一般有广阔蹠面。通常有外套膜分泌形成的贝壳1枚,但也有的退化(如蛞蝓)。雌雄同体,卵生。蜗牛多生于潮湿、阴暗、多腐殖质的草丛、灌木丛、田埂、石缝中或落叶下,常见的有害种类如同型巴蜗牛、灰巴蜗牛等。蜗牛食性较杂,可食害豆科、十字花科和茄科蔬菜以及棉麻、甘薯、谷类、桑、果树等多种植物。初孵幼贝仅食叶肉,留下表皮。稍大后用齿舌刮食叶茎,造成孔洞缺刻。严重者将苗咬断,也是苗期有害生物之一。蛞蝓俗名鼻涕虫,身体裸露而柔软,贝壳退化成一块薄而透明的石灰质盾板,长在体背前端1/3处的外套膜内。在我国大部分省份均有分布,且食性杂,可危害多种蔬菜、豆类、棉、麻、烟草等植物。受害植物叶片被刮食,并被排泄的粪便污染,导致菌类侵入,引起某些病害。

二、常见的害虫

害虫的类别不同,其防治措施也有所差异。

根据害虫取食方式分:咀嚼式口器(图4-10),如蝗虫、蛾类幼虫等;刺吸式口器(图4-11),如蚜虫、叶蝉等;锉吸式口器(图4-12),如蓟马等。

 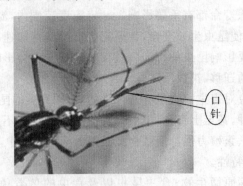 

口针

图 4-10 咀嚼式口器   图 4-11 刺吸式口器   图 4-12 锉吸式口器

　　根据害虫的栖息场所分:地下害虫(蝼蛄、蛴螬、地老虎、金针虫等)和地上害虫(叶蝉等)。

　　根据危害园林绿地的部位分:食叶害虫(黏虫等)、吸汁害虫(蚜虫、蓟马等)、钻蛀害虫(潜叶蝇等)、食根害虫(蛴螬等)。

三、害虫的检查方法

　　(1)检查虫粪　检查地面和枝干等,可以通过的形态、颜色、质地等判断害虫的类别。例如,虫粪为丝状形,可以判断是天牛类害虫。

　　(2)检查排泄物　检查叶、枝、干、地面等,如发现树枝、叶片上有油渍状物质,可判断有刺吸式害虫存在,如蚜虫、螨类等;如发现有白色棉絮状物,可判断为木虱类、介壳虫等害虫,在梧桐上为木虱,在木槿上为木槿粉蚧。

　　(3)拍枝检查　利用某些害虫的假死性或受惊吐丝下垂的特征,在风平浪静的时候,突然摇晃树体或枝干,害虫受惊吐丝下垂,如槐尺蛾等。

　　(4)检查卵　借助放大镜检查叶、枝、干,观察虫卵,确定害虫的种类,如刺蛾类的卵分布在植株叶背。

　　(5)检查被害状　检查有无被咬食、卷叶、缀叶、黄叶、枯叶、网幕、孔洞、死枝、落枝等,确定害虫种类。

　　(6)检查根部　根部检查较麻烦,在苗木繁殖基地的播种区调查地下害虫,通常挖 $1\ m^2$ 深坑检查。常见的害虫有地老虎、蛴螬和蝼蛄。如发现苗木根际被咬坏,多为地老虎;如发现在施入大量为腐熟的厩肥、堆肥土壤中危害苗木的害虫,则多是蛴螬。

四、虫害治理方法

1.综合防治

　　(1)原则　以生态学为基础,以生物防治为重点。

　　(2)途径　把虫害防治贯穿园林绿化全过程,即规划、种植设计、苗木生产、选苗、运苗、栽植、养护、管理各环节。

　　(3)立足点　由危害后的喷药防治向危害前的生态保健预防转化。

　　(4)切入点　由防治幼虫为主向防治成虫为主转化,采取灯诱,性诱,色诱,味诱,潜所诱,辐射,不育,种植驱虫植物。

　　(5)辅助点　由喷洒剧毒农药向喷洒微生物农药、植物源农药、仿生农药转化。

2.具体措施

　　(1)植物检疫　一些虫害分布范围较窄,仅在局部地区造成严重危害。但这些虫害可以随苗木的种子、用作繁殖材料的插条或根、原木以及其他园林产品的远距离运输传播到新区,扩大其危害范围。因此,严格贯彻执行我国的检疫法规,在机场、港口和车站等商品进出口的门户抓好苗木病虫害进、出口检疫,在国内抓好苗木产地检疫和调运检疫,防患于未然,是控制危险性病虫害扩大蔓延的重要措施。

　　(2)园林措施　园林措施是防治病虫鼠害的根本措施,应贯穿在整个生产过程中。主要措施有:选育抗虫品种;按不同立地条件选择不同树种和密度;合理进行栽植设计,避免混植有共同虫害的植物;严禁乱砍滥伐,促进多层次的植被生长;合理修剪,清除虫害残体;用无病虫害的植物材料进行繁殖;加强养护管理,采取中耕、除草、施肥、灌水和修枝等措施促进植物生长;轮作等。

(3)生物防治　利用有益生物防治园林病虫害具有节省能源、防治成本较低、不污染环境、可以持久发挥控制效果等优点。近10年来,生物防治愈来愈受到人们的重视,值得大力提倡。

①微生物制剂。微生物杀虫剂主要有白僵菌、苏云金杆菌、昆虫病毒等。

②天敌昆虫。我国应用较多的寄生性天敌昆虫有赤眼蜂、肿腿蜂、姬小蜂、蚜小蜂和天牛蛀姬蜂等;捕食性天敌昆虫有蒙古光瓢虫、异色瓢虫等。

③益鸟。在杨树人工林中利用挂人工鸟巢的方式招引大山雀、啄木鸟和灰喜鹊等益鸟,可以明显降低食叶害虫和蛀干害虫的密度。据观察,一对啄木鸟可控制 $20\sim30\ hm^2$ 杨树林中的光肩星天牛。猫头鹰对林鼠也有明显的控制作用。

④性外激素的应用。20世纪70年代以来,人工合成性信息素开始用于一些害虫的预测预报和防治。我国应用白杨透翅蛾性信息素、舞毒蛾性信息素制作的诱捕器,捕杀白杨透翅蛾和舞毒蛾均取得了良好效果。

(4)化学防治　目前,化学防治仍是控制病虫害大发生和消灭虫源基地的主要措施。其优点是收效快、控制效果显著;作用范围广,对某些病害有特效;生产、运输、使用、贮藏方便。缺点是导致病害产生抗性;杀死天敌;污染环境,造成药害。

①农药种类。

——按防治对象分:杀虫剂、杀螨剂、杀软体动物剂、杀线虫剂等;

——按作用方式分:胃毒剂、触杀剂、内吸剂、熏蒸剂、忌避剂、不育剂、拒食剂、昆虫生长调节剂、性引诱剂等;

——按原料来源分:矿物源农药、生物源农药和化学合成农药。

②农药的使用方法。喷雾法、毒土法、毒谷法、毒饵法、种子处理法、土壤处理法、涂抹法、熏蒸法、高压注射法和灌注法等。

③农药使用原则。对症选药、正确用药、适时用药、适量用药、交互用药、混合用药、安全用药。

④常见的药剂。

——矿物源杀虫剂:机油乳剂(蚧螨灵)、柴油乳剂;

——生物体杀虫剂:苏云金杆菌、白僵菌、智利小植绥螨;

——生物化学杀虫剂:印楝素、烟碱、苦参碱、阿维菌素;

——有机磷杀虫剂:辛硫磷、毒死蜱、速扑杀;

——拟除虫菊酯类杀虫剂:甲氰菊酯、联苯菊酯、高效氟氯氰菊酯、四溴菊酯、氟硅菊酯、绿色威雷;

——特异性杀虫剂:灭幼脲、定虫隆、氟苯脲、虫酰肼、扑虱灵、抑食肼;

——混合杀虫剂:阿维·苏、阿维·毒、阿维·高氯、阿维·哒;

——其他杀虫剂:吡虫啉、啶虫咪、阿可泰、安全打、氟虫腈、溴虫腈、磷化铝;

——生物杀螨剂:华光霉素、螨速克;

——化学杀螨剂:哒螨酮、苯螨特、吡螨胺;

——杀软体动物剂:四聚乙醛、灭旱螺;

——杀线虫剂:淡紫拟青霉菌、威巴姆。

(5)物理防治

①捕杀法。利用人工或简单的器械捕杀。

②诱杀法。包括灯光诱杀、食物诱杀、潜所诱杀、诱捕器诱杀、色板诱杀(图4-13)。

③阻隔法。人为设置各种障碍,以切断虫害的传播途径。

④汰选法。利用健全种子和被害种子在体形、大小、比重上的差异进行分离,剔除有害种子。有手选、筛选和盐水选等方式。

⑤温度处理:任何生物,包括植物病原体、害虫对温度都有一定的忍耐性,超过极限会使其死亡。常用的有种苗热处理和土壤热处理两种形式。

图4-13　黄板诱杀

◈ 技能训练

大叶黄杨虫害防治

一、技能训练方式

6人为一小组,轮流扮演项目经理、绿化技术员、防治组长、防治组员等不同的角色,按照园林植物虫害防治工作的过程,进行任务分析、任务分工、任务操作,通过担任不同的角色熟悉整个操作流程。在进行任务分工与操作前,首先进行个人自主学习,然后小组讨论确定分工和操作方案,按照方案实施操作。

二、技能训练工具材料

剪枝剪、手锯、喷雾器、防虫网、生物农药、化学农药等。

三、技能训练时间

6学时。

四、技能训练内容

1.根据实际的要求,实地选择一块绿地;

2.大叶黄杨虫害判断;

3.制定综合防治策略;

4.工具准备;

5.物理机械调控;

6.生物调控;

7.化学农药调控。

五、技能训练考核

训练任务考核	任务方案	合理□		不合理□	20	
	操作过程	规范□		不规范□	20	
	产品效果	好□	一般□	差□	20	
技能训练任务工单评估	表格填写情况	详细程度□规范程度□仔细程度□书写情况□填写速度□			10	
	素养提升	组织能力□协调能力□团队协作能力□分析解决问题能力□责任感和职业道德□吃苦耐劳精神□			20	
	工作、学习态度	谦虚□诚恳□刻苦□努力□积极□			10	
教师评价:						
					教师: 时间:	

◈ **典型案例**

大叶黄杨虫害识别与防治

在园林绿化方面,许多城镇、厂矿、学校、机关和风景点的绿篱都移栽了较多的大叶黄杨,大叶黄杨在生长过程中常受到害虫的危害,在害虫的识别与防治方面必须掌握以下几点。

1. 大叶黄杨斑蛾识别

成虫虫体略扁,头、复眼、触角、胸、足及翅脉均为黑色。前翅略透明,基部 1/3 为淡黄色,端部有稀疏的黑毛,后翅色略浅,翅基部有黑色长毛。足基节及腿节着生暗黄色长毛。腹部橘红或橘黄色,上有不规则的黑斑。胸背及腹背两侧有橙黄色长毛(图 4-14)。

初孵幼虫淡黄色,老熟后黑色。胸腹部淡黄绿色。前胸背板中央有一对椭圆形黑斑,呈"八"字形排列,在其两侧各有一圆点。臀板中央有一"凸"字形黑斑,两侧各有一长圆形黑斑。

2. 大叶黄杨斑蛾的发生危害特点

该虫一年发生一代,以卵在枝梢上越冬,翌年 3 月越冬卵开始孵化并进行危害。以卵在丝棉木 1~2 年生枝条上越冬。翌年 4 月中旬丝棉木发芽,卵开始孵化,初孵幼虫群集在芽上危害,将芽吃成网状;2 龄幼虫群集在叶背取食下表皮和叶肉,残留上表皮;3 龄后开始分散危害,将叶片吃成孔洞、缺刻,重者吃光叶片。幼虫期 30~35 天,5 月中下旬幼虫老熟,吐丝下垂入 2~3 cm 表土中结茧化蛹。前蛹期 10~12 天,蛹期 109 天左右。

3. 大叶黄杨斑蛾的防治措施

①结合冬春修剪,剪除虫卵;生长期人工捏杀虫苞、捕捉成虫等;以幼虫越冬的,可在幼虫越冬前在干基束草把诱杀。

图 4-14　大叶黄杨斑蛾

②幼虫期喷洒青虫菌 500 倍液、40.7％毒死蜱乳油 1 000 倍液、50％杀螟松和 50％辛硫磷乳油 1 000 倍液、2.5％的溴氰菊酯乳油 3 000 倍液。

◈复习思考题

1.园林植物虫害的类型有哪些？

2.园林植物虫害的诊断方法有哪些？

3.论述园林植物虫害的习性。

4.论述园林植物常见的虫害及防治措施。

项目五　园林植物各种灾害防治

任务一　园林植物自然灾害伤害防治

◆**学习目标**

　　1.了解园林植物自然灾害伤害的形式；

　　2.掌握园林植物自然灾害伤害的防治方法；

　　3.能结合具体情况进行园林植物自然灾害伤害的预防；

　　4.能对受害植株进行受害原因分析，并采取正确的措施及时救护；

　　5.培养责任感、组织协调能力和吃苦耐劳精神。

◆**任务描述**

　　据气象专家预测，今年冬季是个寒冬，黄冈市会出现低于－10℃的低温，极限低温低于－15℃，桂花树可能出现冻害。本次任务是为校园绿地内的桂花树进行冻害预防处理。

◆**知识准备**

一、低温危害及防治

　　不论是生长期还是休眠期，低温都可能对树木造成伤害。低温既可伤害树木的地上或地下组织与器官，又可改变树木与土壤的正常关系，进而影响树木的生长与生存。

　　1.冻害

　　冻害是树木在休眠期因受0℃以下低温，而使细胞、组织、器官受伤害，甚至死亡的现象。也可以说，冻害是树木在休眠期因受0℃以下的低温，使树木组织内部结冰所引起的伤害。

　　(1)冻害表现

　　①花芽。花芽是抗寒力较弱的器官，花芽冻害多发生在春季回暖时期。腋花芽较顶花芽的抗寒力强。花芽受冻后，内部变褐色，初期从表面上只看到芽鳞松散，不易鉴别，到后期则芽不萌发，干缩枯死。

　　②枝条。枝条的冻害与其成熟度有关。成熟的枝条，在休眠期以形成层最抗寒，皮层次之，而木质部、髓部最不抗寒。所以随受冻程度的加重，髓部、木质部先后变色，严重冻害时韧皮部才受伤，如果形成层变色则枝条失去了恢复能力。但在生长期则以形成层抗寒力最差。

　　幼树过多徒长，枝条生长不充实，易受冻害。特别是成熟不良的先端对严寒较敏感，经常先发生冻害，轻者髓部变色，较重时枝条脱水干缩，严重时枝条可能冻死。多年生枝条发生冻害，常表现树皮局部冻伤，受冻部分最初稍变色下陷，不易发现，如果用刀挑开，可发现皮部已变褐,逐渐干枯死亡,皮部裂开或脱落。但是如果形成层未受冻,则可逐渐恢复。

③枝杈和基角。枝杈或主枝基角部分进入休眠较晚,位置比较隐蔽,输导组织发育不好,通过抗寒锻炼较迟。因此,遇到低温或昼夜温差变化较大时,易引起冻害。枝杈冻害有各种表现:有的受冻后皮层和形成层变褐色,而后干枯凹陷;有的树皮成块状冻坏;有的顺主干垂直冻裂形成劈枝。主枝与树干的基角愈小,枝杈基角冻害也愈严重。这些表现依冻害的程度和树种、品种而有所不同。

④树干。树干皮因冻而开裂的现象,一般称为"冻裂"现象。冻裂常在气温突然降至0℃以下,树干木材内外收缩不均而引起的。冻裂多发生在树干向阳的一面,因为这一方向昼夜温差大。通常落叶树种较常绿树种易发生冻裂,一般孤立木和稀疏的林木比密植的林木冻裂严重,幼壮龄树比老年树冻裂严重。冻裂常造成树干纵裂,给病虫的入侵制造机会,影响树木的健康生长。

⑤根颈。在一年中根颈停止生长最迟,进入休眠期最晚,而开始活动和解除休眠又较早。因此在温度骤然下降的情况下,根颈未能很好地通过抗寒锻炼,同时近地表处温度变化又剧烈,因而容易引起根颈的冻害。根颈受冻后,树皮先变色随后干枯,可发生在局部也可能成环状,根颈冻害对植株危害很大。

⑥根系。根系无休眠期,所以根系较其地上部分耐寒力差。但根系在越冬时活动力明显减弱,故耐寒力较生长期略强。新栽的树或幼树因根系小又浅,易受冻害,而大树则相当抗寒。冻拔会影响树木扎根,导致树木倒伏死亡。冻拔指温度降至0℃以下,土壤结冰与根系连为一体,由于水在结冰时体积会变大,使根系和土壤同时被抬高。化冻后,土壤与根系分离,土壤在重力作用下下沉,而根系则外露,看似被拔出,故称冻拔。树木越小,根系越浅,受害越严重。

(2)冻害预防措施

①选择抗寒性强的树种。选择耐寒树种是避免冻害的最有效措施。在栽植前必须了解树种的抗寒性,要尽可能栽植在当地抗寒性较强的树种。在树种选择上,乡土树种由于长期适应当地气候,具有较强的抗寒性,是园林栽植的主要树种。引进外来树种,要经过引种试验,证明具有较强抗寒性的树种再推广。一些抗寒力一般的树种可以利用与抗寒力强的砧木进行高接,减轻树木的冻害。选择树种时,就同一个树种也应尽量选择抗寒性强的种源和品种。

②加强树体保护。为了降低冻害的危害,可以采取一些措施对树体进行保护。

——搭风障　用草帘、帆布或塑料布等遮盖树木,防寒效果好。此法成本较高,且影响观赏效果。对于珍贵的园林树种可用此法。

——培土增温法　低矮的植物可以全株培土,较高大的可在根颈处培土或者西北面培半月形土埂。防寒土堆内不仅温度较高,而且温差变化较小,土壤湿润,因此能保护树木安全越冬。对于一些容易受冻的树种可采用此法。

——灌水法。就是每年灌"冻水"和浇"春水"来防寒的措施。冻前灌水、特别是对常绿树周围的土壤灌水,保证冬季有足够的水分供应,对防止冻害非常有效。在北方地区大雪后可以将积雪堆在树坑里,这样可以阻止土壤上层冻结而且春季融雪后,土壤能充分吸水,增加土壤的含水量。

——其他树体保护措施。对于新栽植树和不太耐寒的树,可用草绳卷干或用稻草包裹枝干来防寒。为了防止土壤深层冻结和有利于根系吸水，可以采用腐叶土或泥炭藓、锯末等保温材料覆盖根区或树盘。

以上这些措施应该在冬季低温到来之前就做好准备，以免来不及而造成冻害。

③加强养护管理，提高树体抗寒性。经验证明，春季加强肥水管理，合理运用排灌和施肥技术，可以促进新梢生长和叶片增大，提高光合效率，增加营养物质的积累，保证树体健壮。后期控制肥水，适量施用磷钾肥，勤锄深耕，可促使枝条成熟，有利于组织充实，从而能更好地进行抗寒锻炼。经验证明，正确的松土和施肥，不但可以增加根系量，而且促进根系深扎，有助于减少根部冻害。此外，夏季可以适期摘心，促进枝条成熟，冬季适量修剪，减少蒸腾面积，或采用人工落叶等措施均对预防冻害有良好的效果。

④注意地形和栽培位置的选择。不同的地形造就了不同的小气候，可使气温相差3～5℃。一般而言，背风处，温度相对较高，冻害危害较轻。风口处，温度较低，树木受害较重。地势低的地方为寒流汇集地，受害程度重，反之受害轻。在栽植树木时，应根据城市地形特点和各树种的耐寒程度，有针对性地选择栽植位置。

2. 干梢

干梢是指幼龄树木因越冬性不强，受低温、干旱的影响而发生枝条脱水、皱缩、干枯的现象。有些地方称为抽条、灼条、烧条等。受害枝条在冬季低温下即开始失水、皱缩。轻者可随着气温的升高而恢复生长，但会推迟发芽，而且虽然能发枝但易造成树形紊乱，不能更好地扩大树冠。重者可导致整个枝条干枯死亡。发生抽条的树木，影响树木的观赏和防护功能。干梢的发生一般不是在严寒的1月份，而是多发生在气温回升、干燥多风、地温低的2月中下旬至3月中下旬左右。

(1)干梢的发生原因

①干梢的发生与树种有关。南方树种或是一些耐寒性差的树种移植到北方，由于不适应北方冬季寒冷干旱的气候，往往会发生干梢现象。

②干梢的发生与枝条的成熟度有关。枝条组织生长得充实，则抗性强，枝条组织生长得不充实，则易发生干梢。幼树枝条往往会徒长，组织不充实，成熟度低，当低温出现时，枝条受冻后表现自上至下脱水、干缩。

③干梢的发生是水分供应失调所致。初春气温升高，空气干燥度增大，枝条解除休眠早，水分蒸腾量猛增。而地温回升慢，温度低，土温过低导致根系吸水困难，消耗的水分量大于吸收的水分量。就造成树体内水分供应失调，发生较长时间的生理干旱而使枝条逐渐失水，表皮皱缩，严重时甚至干枯死亡。

(2)干梢预防措施

①使枝条成熟充实。主要是通过合理的肥水管理，促进枝条前期生长，防止后期徒长，促使枝条成熟，增强其抗性，就是人们常说的“促前控后”的措施。

②加强秋冬养护管理。为了预防发生抽条，在秋冬季节会采取一些具体的预防措施。如秋季定植的不耐寒树种可采用埋土防寒的方法，即把苗木地上部分向北卧倒，然后培土防寒，这样既可以保湿减少蒸发，又可以防止冻伤。但植株较大者则不易卧倒，可以在树干西北面培一个半月形土埂(高60 cm)，使南面充分接受阳光，提高地温。在树干的周围撒布马粪，也可

增加土温,防止干梢。另外,在秋季对幼树枝干缠纸、缠塑料薄膜或喷胶膜、涂白等,对防止或减轻抽条的发生具有一定的作用。

3. 霜冻

由于气温急剧下降至0℃或0℃以下,空气中的饱和水汽与树体表面接触,凝结成霜,使幼嫩组织或器官受害的现象,叫霜冻。

(1)霜冻危害的表现 树木在休眠期抵抗低温的能力最强,而在解除休眠后短时间的低温都可能造成伤害。在早秋及晚春寒潮入侵时,常使气温骤然下降,形成霜冻。春季初展的芽很嫩,容易遭受霜冻,芽越膨大,受霜冻危害就越严重。气温突然下降至0℃以下,阔叶树的嫩叶片会萎蔫、变黑和死亡,针叶树的叶片会变红和脱落,这些是叶片受到霜冻危害的表现。当幼嫩的新叶被冻死以后,母枝的潜伏芽或不定芽会发出许多新叶,但若重复受冻,最终会因为贮藏的碳水化合物被耗尽而引起整株树木的死亡。植物花期受害,较轻的霜冻可将雌蕊和花托冻死,但花朵可照常开放,稍重的霜冻可将雄蕊冻死,严重的霜冻使花瓣受冻变枯脱落。幼果受霜冻较轻时幼胚变色,以后逐渐脱落,受霜冻较重时,则全果变色很快脱落。霜冻危害一般发生在生长期内。霜冻可分为早霜和晚霜,秋末的霜冻叫早霜,春季的霜冻叫晚霜。

——早霜危害 早霜危害的发生通常是因为当年夏季天气较为凉爽,而秋季天气又比较温暖,树木生长期推迟,树木的小枝和芽不能及时成熟。当霜冻来临时,导致一些木质化程度不高的组织或器官受伤。在正常年份,秋天异常寒潮的袭击也可导致严重的早霜危害,甚至使无数乔灌木死亡。南方树种引种到北方,以及秋季对树木施氮肥过多,尚未进入休眠的树木易遭早霜危害。

——晚霜危害 晚霜危害是指在春季树木萌动以后,气温突然下降,而对树木造成的伤害。气温突然下降至0℃或更低,使刚长出的幼嫩部分受损。在北方,晚霜较早霜具有更大的危害性。因为从萌芽至开花期,抗寒力越来越弱,甚至极短暂的0℃以下温度也会给幼嫩组织带来致死的伤害。所以霜冻来临越晚,则受害越重。北方树木引种到南方,由于气候冷暖多变,春霜尚未结束,树木开始萌动,易遭晚霜危害。

树木在休眠期抵抗霜冻的能力最强,生殖生长阶段最弱,营养生长阶段居中。花比叶易受冻害,叶比茎对低温敏感。一般实生起源的树木比分生繁殖的树木抗霜冻的能力强。

(2)霜冻预防措施

①推迟萌动期,避免晚霜危害。人们利用生长调节剂或其他方法使树木萌动推迟,延长树木休眠期,可以躲避早春寒潮袭击所引起的霜冻。在萌芽前或秋末将乙烯利、青鲜素、萘乙酸钾盐等溶液喷洒在树上,可以抑制萌动。在早春灌返浆水,可以降低地温,推迟萌动。树体在萌芽后至开花前灌水2~3次,一般可延迟开花2~3天。树干涂白可使树木减少对太阳热能的吸收,使温度升高较慢,发芽可延迟2~3天。涂白剂各地配方不一,常用的配方是:水10份、生石灰3份、石硫合剂原液0.5份、食盐0.5份、油脂少许。

②改善树木生长的小气候条件。人工改善林地小气候,减少树体的温度变化,提高大气湿度,促进上下层空气对流,避免冷空气聚集,可以减轻降低霜冻的危害。

——喷水法 根据当地天气预报,在将要发生霜冻的凌晨,利用人工降雨和喷雾设备,向树冠喷水。因为水的温度比气温高,水洒在树冠的地表上可减少表面的辐射散热,水遇冷结冰还会释放热能,喷水能有效阻止温度的大幅度降低,减轻霜冻危害。

——熏烟法。熏烟法是在林地人工放烟,通过烟幕减少地面辐射散热,同时烟粒吸收湿气,使水汽凝结成水滴放出热量,从而提高温度,保护林木免受霜冻危害。熏烟一般在晴朗的下半夜进行,根据当地的天气预报,事先每隔一定距离设置发烟堆(秸秆、谷壳、锯末、树叶等),约在 3 时至 6 时点火放烟。该法的优点是简便、易行、有效。缺点是在风大或极限低温低于一3℃时,效果不明显。同时放烟本身会污染环境,在中心城区不宜用此法。

——加热法 是现代防霜先进而有效的方法。在林中每隔一定距离放置加热器,在霜将要来临时通电加温,使下层空气变暖而上升,上层原来温度比较高的空气下降,在园地周围形成一个暖气层。以园中放置加热器数量多,而每个加热器放出热量小为好。这样既可起到防霜作用,又不会浪费太大。加热法适用于大面积的园林,面积太小,微风即可将暖气吹走。

——遮盖法 在南方对珍贵树种的幼苗为了防霜冻多采用遮盖法。用蒿草、芦苇、布等覆盖树冠,既可保温,起到阻挡外来寒流袭击的作用,又可保留散发的湿气,增加湿度。缺点是需要人力和物力较多,所以只有珍贵的幼树采用此法。

——吹风法。利用大型吹风机增加空气流动,将冷空气吹散,可以起到防霜效果。在林地中隔一定距离放一个旋风机,在霜冻前开动,可起到一定的效果。

二、高温危害

树木在异常高温的影响下,生长速度下降甚至会受到伤害。以仲夏和初秋最为常见,它实际上是在太阳强烈照射下,树木所发生的一种热害。

1.高温危害的表现

(1)叶焦 叶片烧焦变褐的现象。由于叶片在强烈光照下的高温影响,叶脉之间或叶缘出现浅褐或深褐色的星散分布的区域,其边缘很不规则。在多数叶片表现出相似的症状,叶片褪色时,整个树冠表现出一种灼伤的干枯景象。

(2)干皮烧 由于树木受强烈的太阳辐射,局部温度过高发生的皮烧现象。温度过高,引起细胞原生质凝固,破坏新陈代谢,使形成层和树皮组织局部死亡。树木干皮烧与树木的种类、年龄及其位置有关,多发生在树皮光滑的薄皮成年树上,特别是耐阴树种,树皮呈斑状死亡或片状脱落。干皮烧给病菌侵入创造了有利条件,从而影响树木的生长发育。严重时,树叶干枯、凋落,甚至造成植株死亡。

(3)根颈烧 由于太阳的强烈照射,土壤表面温度增高,灼伤幼苗根颈的现象。夏季太阳辐射强烈,过高的地表温度会伤害幼苗或幼树的根颈形成层,即在根颈处造成一个宽几毫米的环带。环带里的输导组织和形成层被灼伤死亡,影响树体发育直至死亡。

2.高温危害的预防措施

(1)选择抗性强、耐高温的树种或品种栽植 园林树木的种类不同,抗高温能力也不相同。一般原产热带的园林树木耐热能力远强于原产于温带和寒带的园林树木。

(2)栽植、移栽前对树木加强抗性锻炼 对原产于寒带、温带的园林树木,在温暖地区引种时要进行抗性锻炼。如逐步疏开树冠和遮庇的树,以便适应新的环境。

(3)保持移栽植株较完整的根系 移栽时尽量保留比较完整的根系,使土壤与根系密接,以便顺利吸水。因为如果根系吸收的水分不能弥补蒸腾的损耗,将会加剧高温危害。

（4）树干涂白 树干涂白可以反射阳光，缓和树皮温度的剧变，对减轻干皮烧有明显的作用。涂白多在秋末冬初进行，也有的地区在夏季进行。涂白剂的配方为：水72％，生石灰22％，石硫合剂和食盐各3％，将其均匀混合即可涂刷（图5-1）。

图5-1 树干涂白

（5）树干保护 树干缚草、涂泥及培土等也可防止高温危害。

（6）加强树冠的科学管理 在整形修剪中，可适当降低主干高度，多留辅养枝，避免枝、干的光秃和裸露。在去头或重剪的情况下，应分2～3年进行，避免一次透光太多，否则应采取相应的防护措施。在需要提高主干高度时，应有计划地保留一些弱小枝条自我遮阴，以后再分批修除。必要时还可给树冠喷水或抗蒸腾剂。

（7）加强综合管理 生长季要特别防止干旱，避免各种原因造成的叶片损伤，防治病虫危害，促进根系生长，改善树体状况，增强抗性，合理施用化肥，特别是增施钾肥，树木缺钾会加速叶片失水。

（8）加强受害树木的管理 对于已经遭受伤害的树木应进行审慎的修剪，去掉受害枯死的枝叶。皮焦区域应进行修整、消毒、涂漆，必要时还应进行桥接或靠接修补。适时灌溉和合理施肥。

三、雷击危害

雷击危害指雷对园林植物造成的机械伤害。全国每年有数百棵园林植物遭受雷击的伤害。树木遭受雷击的数量、类型和程度差异极大。它不但受负荷电压大小的影响，而且与树种及其含水量有关。如树体高大，在空旷地孤立生长的树木，生长在湿润土壤或沿水体附近生长的树木最易遭受雷击。在乔木树种中，有些树木，如水青冈、桦木和七叶树，几乎不遭雷击；而银杏、白蜡、皂荚、榆、槭、栎、松、云杉等较易遭雷击。树木对雷击敏感性差异很大的原因尚不太清楚，但大部分人认为与树木的组织结构及其内含物有关。如水青冈和桦木等，油脂含量高，是电的不良导体；而白蜡、槭树和栎树等，淀粉含量高，是电的良导体，较易遭雷击。

1.雷击危害的表现

（1）树木干枝劈裂 出现闪电时，闪道中因高温使水滴汽化，空气体积迅速膨胀，而发生的强烈爆炸声即为雷。这种爆炸效应会造成树干或主枝折断或劈裂，木质部可能完全破碎或烧毁,树皮可能被烧伤或剥落,对树木造成伤害(图5-2)。

（2）枝叶烧焦　雷电打在园林植物上就像电线短路了,因为木材的电阻比空气小多了,在瞬间释放大量电势能并转化成内能,园林植物的温度瞬间升高几百度,使枝叶烧焦受害。

2. 雷击危害的预防措施

生长在易遭雷击位置的树木和高大珍稀古树及具有特殊价值的树木,应安装避雷器,预防雷击伤害。

图5-2　树木干枝劈裂

树木安装避雷器的原理与其他高大建筑物安装避雷器的原理相同。主要差别在于所使用的材料、类型与安装方法不同。安装在树上的避雷器必须用柔韧的电缆,并应考虑树干与枝条的摇摆和随树木生长的可调性。垂直导体应沿树干用铜钉固定。导线接地端应连接在几个辐射排列的导体上。这些导体水平埋置在地下,并延伸到根区以外,再分别连接在垂直打入地下长约2.4 m的地线杆上。以后每隔几年检查一次避雷系统,并将上端延伸至新梢以上。

四、风害

在多风地区,大风使树木偏冠、偏心或出现风折、风倒和树杈劈裂的现象,称为风害。偏冠给整形修剪带来困难,影响树木生态效益。偏心的树木易遭冻害和高温危害。北方冬季和早春的大风,易使树木枝梢干枯而死亡。

1. 风害的表现

（1）风倒　因大风造成树木严重倾斜后,露根倒地现象。在沿海地区,夏季常遭受台风的袭击,容易造成风倒。

（2）枝断　因大风枝条剧烈摆动而造成枝干木质部、韧皮部劈裂、折断的现象。

2. 风害的预防措施

（1）选择抗风性强的树种　为提高树木抵御自然灾害的能力,在种植设计时应根据不同的地域,因地制宜选择或引进各种抗风力强的树种。尤其要注意在风口、过道等易遭风害的地方选择深根性、抗风力强的树种,株行距适度,采用低干矮冠整形。

（2）合理的整形修剪　合理的整形修剪,可以调整树木的生长发育,保持优美的树姿,做到树形、树冠不偏斜,冠幅体量不过大,叶幕层不过高和避免"V"形杈的形成。

（3）树体的支撑加固　在易受风害的地方,特别是在台风和强热带风暴来临前,在树木的背风面用竹竿、钢管、水泥柱等支撑物进行支撑,用铁丝、绳索扎缚固定。

（4）促进树木根系生长　在养护管理措施上促进根系生长,包括改良土壤,大穴栽植,适当深栽等措施。

（5）设置防风林带　防风林带既能防风,又能防冻,是保护林木免受风害的有效措施。

五、根环束的危害

根环束是指树木的根环绕干基或大侧根生长且逐渐逼近其皮层,像金属丝捆住枝条一样,使树木生长衰弱,最终形成层被环割而导致植株的死亡。

1.根环束危害的表现(束根)

根环束的绞杀作用,限制了环束处附近区域的有机物运输。根颈和大侧根被严重环束时,树体或某些枝条的营养生长减弱,并可导致其"饥饿"而死亡。如果树木的主根被严重环束,中央领导干或某些主枝的顶梢就会枯死。对于这样的植株,即使加强土肥水管理和进行合理的修剪,也会在5~10年或更长一点的时间内,生长进一步衰退。沿街道或铺装地生长的树木一般比空旷地生长的树木遭受根环束危害的可能性大,而且中、老龄树木受害比幼龄树木多。

2.根环束危害的预防措施

①在园林树木栽植前,在整地挖穴中,要尽量扩大破土范围,改善土壤通透性与水肥条件。

②在栽植时对园林树木的根系进行修剪,疏除过密、过长和盘旋生长的根,使根系自然舒展。

③应尽量减少铺装或进行透气性铺装,提供根系疏松的土壤和足够的生长空间。

④对已经受到根环束的严重危害,树势不能恢复的园林树木加强水肥管理和合理修剪,以减缓树势的衰退。

⑤对已经受到根环束的危害但能够恢复生机的园林树木,可以将根环束从干基或大侧根着生处切断,再在处理的伤口处涂抹保护剂后,回填土壤。

六、雪灾

雪害是降雪时因树冠积雪重量超过树枝承载量而造成的雪压、雪倒、雪折危害。

1.雪灾危害的表现

(1)雪压 因积雪压迫而导致树形散乱现象,影响树体美观。

(2)雪倒 因积雪压迫而导致树体严重倾斜倒地的现象(图5-3)。

(3)雪折 树冠积雪重量超过树枝承载量而导致的大枝被压裂或压断的现象。

2.雪灾危害的预防措施

①要通过培育措施促进树木根系的生长,形成发达的根系网,根系牢,树木的承载力就强,头重脚轻的树木易遭雪压。

图5-3 雪倒

②修剪要合理,不要过分追求某种形状而置树木的安全而不顾。事实上,在自然界中树木枝条的分布是符合力学原理的,侧枝的着力点较均匀地分布在树干上,这种自然树形的承载力强。

③栽植时应合理配置,注意乔木与灌木、常绿与落叶之间的合理搭配,使树木之间能相互依托,以增强群体的抗性。

④对易遭雪害的树木进行必要的支撑。

⑤下雪时及时清除树冠积雪。

七、雾凇

雾凇是过冷却雨滴在温度低于0℃的物体上冻结而成的坚硬冰层,多形成于园林植物的迎风面上。

1.雾凇危害的表现

雾凇由于冰层不断地冻结加厚,常压断树枝,对园林植物造成严重的破坏。

(1)冰挂 树木因雾凇导致极冷的水滴同物体接触而形成冰层,或在低于冰点的情况下雨落在物体上形成的。常称作"冰挂"(图5-4)。

(2)冰倒 树木因雾凇导致冰层不断冻结加厚,最终造成树体倾斜倒地的现象。

2.雾凇危害的预防措施

采取人工落冰措施、竹竿打击枝叶上的冰、设立支柱支撑等措施都可减轻雾凇危害。

图5-4 冰挂

◈ 技能训练

桂花冻害预防

一、技能训练方式

6人为一小组,分工协作,按照园林植物低温伤害防治的工作过程,进行任务分析、任务分工、任务操作,通过担任不同的角色熟悉整个操作流程。在进行任务分工与操作前,首先进行个人自主学习,然后小组讨论确定分工和操作方案,按照方案实施操作。

二、技能训练工具材料

挖掘工具、剪刀、皮尺、喷雾器、浇水壶、刮刀、塑料桶、木刷、石灰、过磷酸钙、磷酸二氢钾。

三、技能训练时间

4学时。

四、技能训练内容

1.根据要求,10月中旬,在某校园内北部开阔地带道路绿地选择一棵易受冻害的桂花树一株;

2.准备工具和肥料(人工调配增加有过磷酸钙颗粒肥与草木灰的培养土、磷酸二氢钾液肥),准备涂白剂;

3.树冠修剪、束冠;

4.施磷钾肥(沟施、叶面喷施);

5.树干涂白;

6.树干、主枝缠绳;

7.树干基部培土30~50 cm;

8.主枝设立支撑杆;

9.树盘松土、灌水、覆盖;

10.雪中及时清除树冠及地面覆雪(冬季下雪时做)。

五、技能训练考核

训练任务考核	任务方案	合理□		不合理□	20	
	操作过程	规范□		不规范□	20	
	产品效果	好□	一般□	差□	20	
技能训练任务工单评估	表格填写情况	详细程度□规范程度□仔细程度□书写情况□填写速度□			10	
	素养提升	组织能力□协调能力□团队协作能力□分析解决问题能力□责任感和职业道德□吃苦耐劳精神□			20	
	工作、学习态度	谦虚□诚恳□刻苦□努力□积极□			10	

教师评价：

教师：

时间：

◆典型案例

桂花树冬季冻害预防

低温自然灾害对园林植物的伤害最为常见，也是伤害程度最大的自然灾害，轻则损伤树冠、枝条、主干，影响观赏价值；重则造成植株死亡，带来较大的经济损失。

桂花树是黄冈市学校校园绿化的主要树种之一，其耐寒性相对较差，只能耐最低气温−10℃。据气象专家预测2011年的冬天是个寒冬，黄冈市会出现−15℃以下的极限低温，会造成桂花树的冻害，因此我们需提前做好桂花树冬季冻害预防措施。

1. 加强抗寒栽培，提高树木抗性

①春季加强肥水供应，使树木生长健壮；

②夏季结合扦插繁殖适期摘心，促进枝条成熟；

③早秋施肥少施氮肥，适量施用磷、钾肥，适度深耕；

④花后控水，施一次磷钾肥；

⑤花后适时修剪，疏剪病虫枝、瘦弱枝、交叉重叠枝，减少蒸腾面积；

⑥加强病虫害的防治。

2. 加强树体保护，减少低温伤害

①冻前灌水；

②根颈培土30～50 cm；

③用7%～10%石灰乳涂白后主干主枝缠包草绳1～3层；

④束冠，必要时可覆盖草袋；

⑤用稻草、腐叶土或泥炭藓、锯末等保温材料覆盖根区或树盘；

⑥喷洒蜡制剂或液态塑料。

3.雪灾预防

①花后适当修剪，疏剪副主枝，以减小冠幅；

②主枝设立支撑杆，防止雪载过大压断主枝；

③雪中及时去掉树冠上的雪；

④及时铲除树盘上的积雪。

◈复习思考题

1.园林植物的自然灾害伤害有哪些类型？

2.园林植物低温伤害的防治措施有哪些？

3.高温对园林植物有什么危害？

任务二　园林植物市政工程及其他伤害防治

◈学习目标

1.了解市政工程伤害的形式；

2.掌握市政工程伤害的防治方法；

3.能结合具体情况进行园林植物受害原因分析；

4.能结合具体情况进行园林植物受害防治；

5.培养责任感、组织协调能力和吃苦耐劳精神。

◈任务描述

2008 年黄冈职业技术学院举行校庆，事前校园绿地进行了改扩建，东校门内侧东北角有一株 50 年生的香樟树，被扩建成一小型香樟广场，场地铺设大型广场砖，形成 100 m² 的小型休息广场，树下增设桌椅坐凳供学生休息。现在发现香樟树树势衰弱，需要抢救，恢复香樟树的生长势。

◈知识准备

一、地面铺装对树木生长的危害及预防

1.危害

(1)地面铺装影响土壤水分渗入，导致城市园林树木水分代谢失衡　地面铺装使自然降水很难渗入土壤中，大部分排入下水道，以致自然降水量无法充分供给园林树木，满足其生长需要。地下水位的逐年降低，使根系吸收地下水的量也不足。城市园林树木水分平衡经常处于负值，进而表现生长不良，早期落叶，甚至死亡。

(2)地面铺装影响植物根系的呼吸，影响园林树木的生长　城市土壤由于路面和铺装的封闭阻碍了气体交换。植物根系是靠土壤氧气进行呼吸作用产生能量来维持生理活动的。由于

土壤氧气供应不足,根呼吸作用减弱,对根系生长产生不良影响。这样就破坏了植物地上和地下的平衡,会减缓树木生长。

(3)地面铺装改变了下垫面的性质 地面铺装加大了地表及近地层的温度变幅,使植物的表层根系易遭受高温或低温的伤害。一般园林树木受伤害程度与材料有关,比热小、颜色浅的材料导热率高,园林树木受害较重。相反,比热大、颜色深的材料导热率低,园林植物受害相对较轻。

(4)近树基的地面铺装会导致干基环割 随着树木干径的生长增粗,树基会逐渐逼近铺装,如果铺装材料质地脆而薄,会导致铺装圈的破碎、错位和突起,甚至会破坏路牙和挡墙。如果铺装材料质地厚实,则会导致树干基部或根颈处皮部和形成层的割伤。这样会影响园林植物生长,严重时输导组织会彻底失去输送养分的功能而最终导致园林树木的死亡。

2.预防措施

(1)树种选择 选择较耐土壤密实和对土壤通气要求较低及抗旱性强的树种。较耐土壤密实和对土壤通气要求较低的树种有国槐、绒毛白蜡、栾树等,在地面铺装的条件下较能适应生存。不耐密实和对土壤通气要求较高的树种如云杉、白皮松、油松等则适应能力较低,不适宜在这类树种的地面上进行铺装。

(2)采用透气的步道铺装方式 目前应用较多的透气铺装方式是采用上宽、下窄的倒梯形水泥砖铺设人行道。铺装后砖与砖之间不加勾缝,下面形成纵横交错的三角形孔隙,利于通气。另外,在人行道上采用水泥砖间隔留空铺砌,空当处填砌不加沙的砾石混凝土的方法,也有较好的效果(图5-5)。也可以将砾石、卵石、树皮、木屑等铺设在行道树周围,在上面盖有艺术效果的圆形铁艺保护盖,既对园林植物生长有益,又较美观。

图5-5 中空透气铺装

(3)铺装材料改进成透水性铺装 透水性铺装也可促进土壤与大气的气体交换。透水性铺装具有与外部空气及下部透水垫层相连通的孔隙构造,其上的降水可以通过与下垫层相通的渗水路径渗入下部土壤,对于地下水资源的补充具有重要作用。透水性铺装既兼顾了人类活动对于硬化地面的使用要求,又能减轻城市硬化地面对大自然的破坏程度。

二、侵入体对树木生长的危害及预防

1.危害

土壤侵入体来源于多方面的,有的是战争或地震引起的房屋倒塌,有的因为老城区的变迁,有的是因为市政工程,有的是因为兴修各种工程、建筑或填挖土方等,都可能产生土壤侵入体。有的土壤侵入体对树木有利无害,如少量的砖头、石块、瓦砾、木块等,但数量要适度,这种侵入体太多会致使土壤量少,会影响树木的生长。而有的土壤侵入体对树木生长非常有害,如被埋在土壤里面的大石块、老路面、经人工夯实过的老地基以及建筑垃圾等,所有这些都会对种植在其土壤上面的树木生长不利,有的阻碍树木根系的伸展和生长,有的影响渗水与排水。下雨或灌水太多时会造成土壤积水,影响土壤通气,致使树木生长不良,甚至死亡。有的如石灰、水泥等建筑垃圾本身对树木生长就有伤害作用,轻者使树木生长不良,重者很快使树木死亡。

2.防治措施

将大的石块、建筑垃圾等有害物质清除,并换入好土。将老路面和老地基打穿并清除,才能彻底解决根系生长空间与排水的问题。

三、土壤紧实度对树木生长的危害及预防

1.危害

人为的践踏、车辆的碾压、市政工程和建筑施工时地基的夯实及低洼地长期积水等均是造成土壤紧实度增高的原因。在城市绿地中,由于人流的践踏和车辆的碾压等使土壤紧实度增加的现象是经常发生的,但机械组成不同的土壤压缩性也各异。在一定的外界压力下,粒径越小的颗粒组成的土壤体积变化越大,因而通气孔隙减少也越多。一般砾石受压时几乎无变化,沙性强的土壤变化很小,壤土变化较大,变化最大的是黏土。土壤受压后,通气孔隙度减少,土壤密实板结,园林树木的根系常生长畸形,并因得不到足够的氧气而根系霉烂,长势衰弱,以致死亡。

2.预防措施

(1)做好绿地规划,合理开辟道路 很好地组织人流,使游人不乱穿行,以免践踏绿地。

(2)做好维护工作 在人们易穿行的地段,贴出告示或示意图,引导行人的走向。也可以做栅栏将树木围护起来,以免人流踩压。

(3)耕翻 将压实地段的土壤用机械或人工进行耕翻,将土壤疏松。耕翻的深度,根据压实的原因和程度决定,通常因人为的践踏使土壤紧实度增高的,压得不太坚实,耕翻的深度较浅。夯实和车辆碾压使土壤非常坚实,耕翻得要深。根据耕翻进行的时间又分为春耕、夏耕和秋耕。还可在翻耕时适当加入有机肥,既可增加土壤松软度,还能为土壤微生物提供食物,增大土壤肥力。

(4)整地 低洼地填平改土后才能进行栽植。

四、酸雨对树木的危害及预防

酸雨是空气污染的另一种表现形式,通常将 pH 值小于 5.6 的雨雪或其他方式形成的大气降水(如雾、露、霜等),统称为酸雨。

酸雨的成因是一种复杂的大气化学和大气物理的现象。酸雨中含有多种无机酸和有机酸,绝大部分是硫酸和硝酸。工业生产、民用生活燃烧煤炭排放出来的二氧化硫,燃烧石油以及汽车尾气排放出来的氮氧化物,经过"云内成雨过程",即水汽凝结在硫酸根、硝酸根等凝结核上,发生液相氧化反应,形成硫酸雨滴和硝酸雨滴。又经过"云下冲刷过程",即含酸雨滴在下降过程中不断合并吸附、冲刷其他含酸雨滴和含酸气体,形成较大雨滴,最后降落在地面上,形成了酸雨。

1.酸雨危害

(1)酸雨对园林树木的直接危害 植物对酸雨反应最敏感的器官是叶片,叶片通常会出现失绿、坏死斑、失水萎蔫和过早脱落的症状。其症状与其他大气污染症状相比,伤斑小而分散,很少出现连成片的大块伤斑。多数坏死斑出现在叶上部和叶缘。由于叶部出现失绿、坏死的

症状减少了叶部叶绿素的含量和光合作用的面积,影响了光合作用的效率。受酸雨危害的园林树木生理活性下降,长势较弱,抗病虫害能力减弱,导致树木生长缓慢或死亡。

(2)酸雨导致土壤酸化,间接伤害园林树木　酸雨能使土壤酸化,当酸性雨水降到地面而得不到中和时,就会使土壤酸化。首先,酸雨中过量氢离子的持久输入,使土壤中营养元素(钙、镁、钾、锰等)大量转入土壤溶液并遭淋失,造成土壤贫瘠,致使园林植物生长受害。其次,土壤微生物尤其是固氮菌,只生存在碱性条件下,而酸化的土壤影响和破坏土壤微生物的数量和群落结构,造成枯枝落叶和土壤有机质分解缓慢,养分和碱性阴离子返回到土壤有机质表面过程也变得迟缓,导致生长在这里的植物逐步退化。

2.酸雨危害的预防措施

(1)使用低硫燃料　采用含硫量低的煤和燃油作燃料是减少 SO_2 污染最简单的方法。据有关资料介绍,原煤经过清洗之后,SO_2 排放量可减少 30%～50%,灰分去除约 20%。改烧固硫型煤、低硫油,或以煤气、天然气代替原煤,也是减少硫排放的有效途径。政府部门应控制高硫煤的开采、运输、销售和使用,减少环境污染。

(2)加强技术研究,减少废气排放　改进燃煤技术,改进污染物控制技术,采取烟气脱硫、脱氮技术等重大措施。烟气脱硫、脱氮是一种燃烧后的过程。当煤的含硫量较高时,改变燃烧方法,在燃料中加石灰,从而固化燃煤中的硫化物,燃烧后的废气用一定浓度的石灰水洗涤。其中的 $CaCO_3$ 与 SO_2 反应,生成 $CaSO_3$ 然后由空气氧化为 $CaSO_4$,可作为路基填充物或制造建筑板材或水泥。

(3)调整能源结构　增加无污染或少污染的能源比例,发展太阳能、核能、水能、风能、地热能等不产生酸雨污染的能源。

(4)支持公共交通,减少尾气排放　减少车辆就可以减少汽车尾气排放,降低空气污染,汽车尾气中含有大量的一氧化碳、氮氧化物和碳氢化合物等污染气体。

(5)生物防治　在酸雨的防治过程中,生物防治可作为一种辅助手段。在污染重的地区可栽种一些对 SO_2 有吸收能力的植物,如山楂、洋槐、云杉、桃树、侧柏等。

五、煤气对树木的危害及预防

现在很多城市已经大规模地使用天然气,地下都埋有天然气管道。但由于不合理的管道结构、不良的管道材料、震动导致的管道破裂、管道接头松动等不同原因都会导致管道煤气的泄漏,对园林树木造成伤害。

1.煤气危害

天然气中的成分主要是甲烷,泄漏的甲烷被土壤中的某些细菌氧化变成二氧化碳和水。煤气发生泄露,会使土壤中通气条件进一步恶化,二氧化碳浓度增加,氧的含量下降,影响植物生存。在煤气轻微泄漏的地方,植物受害轻,表现为叶片逐渐发黄或脱落,枝梢逐渐枯死。在煤气大量或突然严重泄漏的地方受害重,一夜之间几乎所有的叶片全部变黄,枝条枯死。如果不及时采取措施解除煤气泄漏,其危害就会扩展到树干,使树皮变松,真菌侵入,危害症状加重。

2.煤气危害的防治

①立即修好渗漏的地方。

②如果发现煤气渗漏对园林树木造成的伤害不太严重,在离渗漏点最近的树木一侧挖沟,

尽快换掉被污染的土壤。也可以用空气压缩机以 700~1 000 kPa 将空气压入 0.6~1.0 m 土层内，持续 1 h 即可收到良好的效果。

③在危害严重的地方，要按 50~60 cm 距离打许多垂直的透气孔，以保持土壤通气。

④给树木灌水有助于冲走有毒物质。

⑤合理修剪、科学施肥对于减轻煤气的伤害都有一定的作用。

六、融雪剂对树木的危害及预防

在北方地区，冬季常常会下雪。在路上的积雪被碾压结冰后会影响交通的安全，所以常常用融雪剂来促进冰雪融化。我们目前普遍使用的融雪剂主要成分仍然是氯盐，包括氯化钠（食盐）、氯化钙、氯化镁等。冰雪融化后的盐水无论是溅到树木干、枝、叶上，还是渗入土壤侵入根系，都会对树木造成伤害。

1. 融雪剂危害

城市园林树木受盐水伤害后，表现为春天萌动晚、发芽迟、叶片变小，叶缘和叶片有枯斑，黑棕色，严重时叶片干枯脱落。秋季落叶早、枯梢，甚至整枝或整株死亡。

盐水会对树木根系的吸水产生影响，盐分能阻碍水分从土壤中向根内渗透和破坏原生质吸附离子的能力，引起原生质脱水，使树木失水、萎蔫。氯化钠的积累还会削弱氨基酸和碳水化合物的代谢作用，阻碍根部对钙、镁、磷等基本养分的吸收，对树木的伤害往往要经过多年才能恢复生长势。盐水会破坏土壤结构，造成土壤板结，通气不良，水分缺少，影响园林树木生长。

2. 融雪剂危害预防

(1)选用耐盐植物　植物的耐盐能力因不同树种、树龄大小、树势强弱、土壤质地和含水率不同而不同，一般来说，落叶树耐盐能力大于针叶树，当土壤中含盐量达 0.3% 时，落叶树引起伤害，而土壤中含盐量达到 0.2% 时，就可引起针叶树伤害。大树的耐盐能力大于幼树，浅根性树种对盐的敏感性大于深根性树种。在土壤盐分种类和含盐量相同情况下，若土壤水分充足，则土壤溶液浓度小，另外土壤的质地疏松，通气性好，则树木根系发达，也能相对减轻盐对树木的危害。

(2)控制融雪剂的用量　由于园林树木吸收盐量中仅一部分随落叶转移，多数贮存于树体内，翌年春天，才会随蒸腾流而被重新输送到叶片。植物这种对盐分贮存的特性更容易使植物受到盐的伤害。因此要严格控制融雪剂的用量。一般 15~25 g/m² 就足够了，喷洒也不能超越行车道的范围。

(3)采取措施让融雪剂尽量不要与植物接触　要及时消除融化雪水，将融化过冰雪的盐连同雪一起运走，远离树木。树池周围筑高出地面的围堰，以免融雪剂溶液流入。融化的盐水通过路牙缝隙渗透到植物的根区土壤而引起伤害，所以将路牙缝隙封严可以阻止植物受害。对树木采用雪季遮挡，对减少车行飞溅融雪剂对树木的伤害有很好的作用，但成本太高。

(4)增施硝态氮、钾、磷等肥料，可以减少对氯化钠的吸收　增加灌水量可以把盐分淋溶到根系以下更深的土层中而减轻对植物的危害。

(5)开发环保的融雪剂　开发无毒的氯盐替代物，使其既能融解冰和雪又不会伤害园林植物。

◆ **技能训练**

校园绿地香樟广场衰弱香樟树的抢救

一、技能训练方式

6人为一小组,分工协作,按照园林植物市政工程伤害防治的工作过程,进行任务分析、任务分工、任务操作,通过担任不同的角色熟悉整个操作流程。在进行任务分工与操作前,首先进行个人自主学习,然后小组讨论确定分工和操作方案,按照方案实施操作。

二、技能训练工具材料

挖掘工具、铺装工具、剪刀、皮尺、浇水壶、刮刀、塑料桶、培养土、嵌草砖、铸铁预制格栅盖板。

三、技能训练时间

4学时。

四、技能训练内容

1.植株选择;

2.工具材料准备;

3.树冠修剪;

4.拆除现有铺装,对土壤进行处理,促发新根,恢复根系生长势;

5.重新进行嵌草砖铺装;

6.树池铺设钢制架空式栅栏防护盖板。

五、技能训练考核

训练任务考核	任务方案	合理□		不合理□		20	
	操作过程	规范□		不规范□		20	
	产品效果	好□	一般□		差□	20	
技能训练任务工单评估	表格填写情况	详细程度□规范程度□仔细程度□书写情况□填写速度□				10	
	素养提升	组织能力□协调能力□团队协作能力□分析解决问题能力□责任感和职业道德□吃苦耐劳精神□				20	
	工作、学习态度	谦虚□诚恳□刻苦□努力□积极□				10	

教师评价:

教师:

时间:

◈ **典型案例**

香樟广场衰弱香樟树的抢救

一株 50 年生的香樟树树冠中小型主枝开始死亡,树冠变小变稀疏,树冠下地砖开始凸起,解开地砖发现根系开始突出地面生长,树势衰弱。

1.原因分析

①地面铺装过大,单块花岗岩地砖面积达 0.5 m²;在树干周围仅留下 2 m² 的树池未铺装。

②休息坐凳就设在开进主干 1.5 m 的地方,学生使用时不注意,践踏严重,树池地面板结。

由于铺装的地砖不透气透水,地面践踏严重,造成土壤严重不透气透水,根系向上突起生长,接近地砖,表层根系形成层易遭受极端温度的伤害,使得根系生长衰弱,引起生长势衰弱。

2.抢救方案

①促发新枝更新树冠。对树冠进行轻度修剪,促发新枝。

②促发新根恢复根系生长势。拆除树冠底下的铺装,对土壤进行疏松处理,在树冠投影边内探明主根的分布情况,主根之间开挖放射型沟,宽 20 cm,深 30~40 cm,填埋人工培植的腐殖土,以利新根发生。然后在树冠投影缘附近开始,向树冠投影内每隔 60~100 cm 的距离开深至表层根系的洞,洞内安装直径 15~20 cm 的侧壁带孔的陶管或塑料管。管口应有带孔的盖板。管内可放木炭、粗沙、锯末、石砾的混合物,有利于通气透水。

③更新铺装形式,有利于透气透水:采用嵌草砖进行铺装,增加透水透气性能。

④树池采用铸铁或钢制架空式栅栏防护网覆盖,避免践踏。根据铸铁预制格栅的大小,在树木根区建立高 5~20 cm 占地面积小而平稳的墙体或基桩,将格栅搁在墙体或基桩上,使格栅架空,使面层下形成 5~20 cm 的通气空间。

⑤加强管理,定期浇水施肥防治病虫害,恢复树木生长势。

◈ **复习思考题**

1.园林植物的市政工程伤害有哪些类型?

2.园林植物地面铺装不当引起伤害的防治措施有哪些?

3.填方不当对园林植物有什么危害?

4.行道树树池防止践踏的措施有哪些?

5.化雪盐对园林植物有何危害?如何预防?

项目六　古树名木养护

任务一　古树名木一般养护

◈学习目标

    1.了解古树名木的概念；

    2.熟悉古树名木的生物学特点；

    3.掌握古树名木一般养护技术操作；

    4.能够结合具体情况进行古树名木的一般养护；

    5.培养观察能力、团队协作精神和吃苦耐劳精神。

◈任务描述

    某学校校园南区有几株见证学校发展历史的大树,分别为樟树 1 株,榆树 2 株、重阳木 2 株,树龄均超过 100 年,请结合实际情况对其进行养护。

◈知识准备

一、古树名木概念

    古树是指树龄在 100 年以上的树木,名木是指国内外稀有的以及具有历史价值和纪念意义及重要科研价值的树木。

    古树名木往往身兼二职,凡树龄在 300 年以上,或者特别珍贵稀有,具有重要历史价值和纪念意义、重要科研价值的古树名木,为一级古树名木(图 6-1);其余为二级古树名木(《城市古树名木保护管理办法》,国家建设部,2000 年)。

图 6-1　山东莒县浮来山银杏(3 000 多年)

二、研究与保护的意义

    (1)古树名木的社会历史价值　记载了一个国家、一个民族的发展历史,是国家、民族与地域文明程度的标志,是世界遗产,具有唯一性,受损不能再造。

    (2)古树名木的文化艺术价值　不少古树曾使历代文人、学士为之倾倒,它们在中国文化史上有独特地位。

    (3)古树名木的园林景观价值　古树名木是历代陵园、名胜古迹的佳景之一。

    (4)古树的自然历史研究价值　古树的生长与所经历的生命周期中的自然条件,特别是气候条件的变化有着极其密切的关系。年轮成为这种变化的历史记载,在树木生态与生物气象研究方面有着很高的研究价值。

(5)古树在研究污染史中的价值　树木的生长与环境污染有着极其密切的关系。环境污染的程度、性质及其发生年代,都可在树体结构与组成上反映出来。

(6)古树在研究树木生理中的特殊意义　树木的生长周期很长,我们无法跟踪,而古树的存在把树木的生长、发育在时间上的顺序展现为空间上的排列,使我们能够通过研究不同发育阶段的树木来发现该树种从生到死的总规律。

(7)古树对于树种规划有很大的参考价值　古树多为乡土树种对当地有很强的适应性。

(8)稀有、名贵的古树对保护种质资源有重要的价值　稀有、名贵的古树的存在保护了种质资源,有科学研究价值。

三、古树名木的生物学特点

①根系发达;

②萌发力强;

③生长缓慢;

④树体结构合理;

⑤木材强度高;

⑥通常起源于种子繁殖。

四、古树名木的分级管理

一级古树名木由省、自治区、直辖市人民政府确认,报国务院建设行政主管部门备案;二级古树名木由城市人民政府确认,直辖市以外的城市报省、自治区建设行政主管部门备案。

各地城建、园林部门和风景名胜区管理机构要对本地区所有古树名木进行挂牌,标明管理编号、树种、学名、科属、树龄、管理级别及管理单位和管理人等。

各地应设立宣传栏,集中宣传教育,就地介绍古树名木的重大意义与现况,发动群众保护古树名木。

生长在城市园林绿化专业养护管理部门管理的绿地、公园等的古树名木,由城市园林绿化专业养护管理部门保护管理;生长在铁路、公路、河道用地范围内的古树名木,由铁路、公路、河道管理部门保护管理;生长在风景名胜区内的古树名木,由风景名胜区管理部门保护管理。散生在各单位管界内及个人庭院中的古树名木,由所在单位和个人保护管理。变更古树名木养护单位或者个人,应当到城市园林绿化行政主管部门办理养护责任转移手续。

对已死亡的古树名木,应当经城市园林绿化行政主管部门确认,查明原因,明确责任并予以注销登记后,方可进行处理。处理结果应及时上报省、自治区建设行政部门或者直辖市园林绿化行政主管部门。

五、古树名木的一般养护与管理

树木往往因病虫害、冻害、霜害、日灼等自然灾害以及其他机械损伤造成伤口。伤口有两类,一类是皮部伤口,包括内皮和外皮;另一类是木质部伤口,包括边材、心材或二者兼有。木质部伤口是在皮部伤口形成之后,在此基础上继续恶化造成的。这些伤口若不及时保护、治疗、修补,经过长期雨水侵蚀和病原菌、细菌及其他寄生物的侵袭,导致树体局部溃烂、腐朽,很易形成空洞,即树洞。树体修补的原则是"防重于治、早治强于晚治"。比如,树木干基很容易被动物啃食或机械损伤造成伤害,可为树木设置围栏,将树干与周围隔离开来,避免不必要的伤害。

1. 树皮保护

在冬季刮掉老树皮,可以减少老皮对树干加粗生长的约束,并可清除树皮缝中越冬的病虫,而对受伤树皮要及时处理。树皮受伤以后,有的能自愈,有的不能自愈。为了使其尽快愈合,防止扩大蔓延,应及时对伤口进行处理。首先应刮净腐朽部分,对伤面不大的枝干,可于生长季移植新鲜树皮,并涂以10%的萘乙酸,然后用塑料薄膜包扎缚紧。对皮部受伤面很大的枝干,可于春季萌芽前进行桥接以沟通输导系统,恢复树势。方法是剪取较粗壮的一年生枝条,将其嵌接入伤面两端切出的接口,或利用伤口下方的徒长枝或萌蘖,将其接于伤面上端;然后用细绳或小钉固定,再用接蜡、稀黏土或塑料薄膜包扎。

2. 树干保护

由于风折使树木枝干折裂,应立即用绳索捆缚加固,然后消毒涂保护剂。北京有的公园用2个半弧圈构成的铁箍加固,为了防止摩擦树皮用棕麻绕垫,用螺栓连接,以便随着干径的增粗而放松。还有一种方法是用带螺纹的铁棒或螺栓旋入树干,起到连接和夹紧的作用。由于雷击使枝干受伤的树木,应将烧伤部位锯除并涂保护剂。

3. 伤口处理

进入冬季,园林工人经常会对园林树木进行修剪,以清除病虫枝、徒长枝,保持树姿优美。在修剪过程中常会在树体上留下伤口,特别是对大枝进行回缩修剪,易造成较大的伤口,或者因扩大枝条开张角度而出现大枝劈裂现象。另外,因大风和其他人力的影响也会造成树木受伤。这些伤口若不及时处理,极易造成枝条干枯,或经雨水浸蚀和病菌侵染寄生引起枝干病害,导致树体衰弱。针对伤口种类有以下几种不同处理技巧:

(1)修剪造成的伤口处理技巧 在修剪中有时候需要疏枝,将枯死枝条锯平或剪除,在其附近选留新枝加以培养,以补充失去部分的树冠空缺。疏枝后树体上的伤口,尤其是直径2 cm以上的大伤口,应先用刀把伤口刮平削光,再用浓度为2%~5%的硫酸铜溶液消毒,然后涂抹保护剂。一般保护剂是用动物油1份、松香0.7份、蜂蜡0.5份配制的,将这几种材料加热熔化拌匀后,涂抹于树体伤口即可。

(2)大枝劈裂伤口的处理技巧 先将落入劈裂伤口内的土和落叶等杂物清除干净,再把伤口两侧树皮刮削至露出形成层,然后用支柱或吊绳将劈裂枝皮恢复原状,之后用塑料薄膜将伤处包严扎紧,以促进愈合。若劈裂枝条较粗,可用木钉钻在劈裂处正中钻一透孔,用螺丝钉拧紧,使劈裂枝与树体牢牢固定。如果劈裂枝附近有较长且位置合适的大枝,也可用"桥接法"把劈裂的枝条连接上,促进愈合,以恢复健壮的树势。若枝条损坏程度不是很严重,可借助木板固定、捆扎,短期内便可愈合,半年至一年后可解绑。被风将树干刮断的大树,可锯成1~1.5 m高的树桩,视树干粗细高接2~4根接穗,或在锯后把锯面切平刨光,消毒涂药保护后,让其自然发生萌蘖枝,逐渐培养成大树。

4. 树洞处理

(1)树洞的形成原因 形成树洞的根源是忽视了树皮的损伤和伤口的恰当处理,皮不破则不会形成树洞。形成树洞的主要原因是机械损伤和某些自然因素(如病虫危害、人与动物的破坏、雷击、冰冻、雪压、日灼、风折、不合理修剪等)造成皮伤和孔隙,导致邻近的边材变干。若伤口大,愈合慢,或不能完全愈合,木腐菌和蛀干害虫就有充足的时间入侵,造成腐朽,形成树洞(图6-2)。

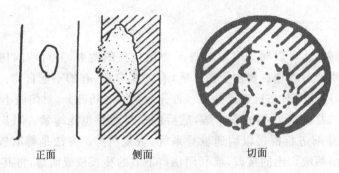

正面　　　　侧面　　　　切面

图6-2　腐朽树洞

(2)树洞处理的目的　通过去掉严重腐朽和虫蛀的木质部,消除有害生物的繁衍场所,重建保护性表面,防止腐朽,为愈伤组织的形成提供牢固平整的表面,刺激伤口的迅速封闭;通过树洞内部的支撑,提高树体的力学强度;改善树木的外貌,提高观赏价值。

(3)树洞处理的原则　尽可能保护伤面附近障壁保护系统,抑制病原微生物的蔓延造成新的腐朽;尽量不破坏树木输导系统和不降低树木的机械强度,必要时树洞加固,提高树木支撑力;通过洞口的科学整形与处理,加速愈伤组织的形成与洞口覆盖。

(4)树洞处理的方法　分树洞的清理、整形、加固、消毒、填充、洞口覆盖几个步骤。

①树洞的清理。树洞清理应保护障壁保护系统,小心地去掉腐朽和虫蛀的木质部。小树洞,应全部清除变色和水渍状木质部,因其所带木腐菌多,且处于最活跃时期;大树洞,变色木质部不一定都腐朽,还可能是障壁保护系统,不应全部去除,洞壁若薄易折断,可采取化学方式灭菌即可;基本封口的树洞,可不进行清理,注入消毒剂、防腐剂。

②树洞的整形。包括内部整形和外部整形(图6-3)。

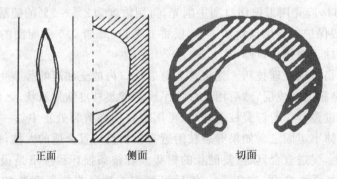

正面　　　　侧面　　　　切面

图6-3　清理、整形后的树洞

——内部整形　其目的是为了消除水袋,防止积水。浅树洞,只需切除洞口下方的外壳,使洞底向外向下倾斜;深树洞,应从树洞底部较薄洞壁的外侧树皮上,由下向内、向上倾斜钻孔直达洞底的最低点,在孔中安装稍突出于树皮的排水管;洞底低于土面的树洞,清理后,填入泥沙浆,高于地表 10～20 cm,向洞外倾斜。

——外部整形 其目的是为了促进洞口的愈合与封闭(覆盖)。要求保持健康的自然轮廓线及光滑而清洁的边缘。洞口形状为边沿轮廓线修整成基本平行于树液流动方向、上下两端逐渐收拢交于一点,形成近椭圆形或梭形开口,并尽可能保留边材,防止形成层干枯。为了防止伤口干燥,应立即用紫胶清漆涂刷,保湿,防止形成层干燥萎缩。

③树洞的加固(图 6-4)。包括螺栓加固和螺丝加固。

图 6-4 树洞加固

——螺栓加固 用锋利的钻头在树洞相对两壁的适当位置钻孔,在孔中插入相应长度和粗度的螺栓,在出口端套上垫圈后,拧紧螺帽,将两边洞壁连结牢固。操作应注意钻孔的位置至少离伤口健康皮层和形成层带 5 cm;垫圈和螺帽必须完全进入埋头孔内,其深度应足以使形成的愈合组织覆盖其表面;所有的钻孔都应消毒并用树木涂料覆盖。

——螺丝加固 用螺丝代替螺栓。选用比螺丝直径小 0.16 cm 的钻头,在适当的位置钻一个穿过相对两侧洞壁的孔。在开钻处向木质部绞大孔洞,深度应刚好使螺杆头低于形成层,将螺杆拧入钻孔。操作应注意,对于长树洞,还应在上下两端健全的木质部上安装螺栓或螺杆加固。

④树洞消毒。消毒通常是对树洞内表面的所有木质部涂抹木馏油或 3% 的硫酸铜溶液。消毒之后,所有外露木质部和预先涂抹过紫胶漆的皮层都要涂漆。

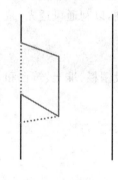

图 6-5 加装导引管

⑤树洞的填充。树洞的填充的目的是为了防止木材的进一步腐朽;加强树洞的机械支撑;防止洞口愈合体生长中的羊角形内卷;改善树木的外观,提高观赏效果。树洞是否需要填充跟树洞大小、树木的年龄、树木的生命力、树木的价值与抗性有关。

大而深或容易进水、积水的树洞以及分叉位置或地面线附近的树洞应进行填充。填充前的树洞处理应注意在凿铣洞壁、清除腐朽木质部时,不能破坏障壁保护系统,也不能使洞壁太薄。为了使填充物更好地固定填料,可在内壁纵向均匀地钉上用木馏油或沥青涂抹过的木条;若用水泥填充,须有排液、排水措施(图 6-5)。

树洞填充的填料(图 6-6)通常要求不易分解,在温度剧烈变化期间不碎,夏天高温不熔化(持久性);能经受树木摇摆和扭曲(柔韧性);可以充满树洞的每一空隙,形成与树洞一致轮廓(可塑性);不吸潮、保持相邻木质部不过湿(防水性)。

常见的填料有水泥砂浆(2 份净砂或 3 份石砾与 1 份水泥,加入足量的水)、沥青混合物(1 份沥青加热熔化,加入 3～4 份干燥的硬材锯末、细刨花或木屑,边加料边搅拌,使成为面糊颗粒状混合物)、聚氨酯塑料、木块、木砖、软木、橡皮砖等。

树洞填充时填料要充分捣实、砌严,不留空隙;填料外表面不高于形成层;填后定期检查。

⑥洞口覆盖。填充完成后,应用金属或新型材料板覆盖洞口。洞口周围切除 1.5 cm 左右宽的树皮带,切削深度应使覆盖物外表面低于或平于形成层,涂抹紫胶漆;切割一块镀锌铁皮或铜皮,背面涂上沥青或焦油后钉在露出的木质部上;覆盖物的表面涂漆防水,还可进行适当的装饰(图 6-7)。

图 6-6　树洞填充　　　　　　　　　　　　图 6-7　树洞仿真封堵

5.灌水、松土、施肥

古树的施肥方法，一般在树冠投影部分开沟（深 0.3～0.7 m、宽 0.7～1 m、长 2 m），沟内施腐殖土加有机肥或化肥。

施肥须谨慎，绝不能造成古树生长过旺，特别是原来树势衰弱的树木，如果在短时间内生长过盛会加重根系的负担，树冠与树干及根系的平衡失调，后果适得其反。

6.整形修剪

整形修剪以少整枝、少短截、轻剪、疏剪为主，基本保持原有树形为原则，以利通风透光，减少病虫害。

7.其他措施

古树名木的养护措施还包括定期进行病虫害检查与防治、设避雷针、设围栏、堆土、筑台和安装标志、设宣传栏等。

◆ 技能训练

古树一般养护

一、技能训练方式

6 人为一小组，分工协作，按照古树一般养护工作过程，进行任务分析、任务分工、任务操作，通过担任不同的角色熟悉整个操作流程。在进行任务分工与操作前，首先进行个人自主学习，然后小组讨论确定分工和操作方案，按照方案实施操作。

二、技能训练工具材料

有机肥、青灰加麻刀、绳子、乳胶、苗木挖掘机、铁锹、十字镐、园林挖树掀、涂料、消毒剂、凿子、小刀、水泥砂浆、螺栓等。

三、技能训练时间

4 学时。

四、技能训练内容

1.选择古树一株；

2.了解古树的现状；

3.制定养护方案；

4.准备工具；

5.进行养护；

6.后期处理。

五、技能训练考核

训练任务考核	任务方案	合理□		不合理□	20
	操作过程	规范□		不规范□	20
	产品效果	好□	一般□	差□	20
技能训练任务工单评估	表格填写情况	详细程度□规范程度□仔细程度□书写情况□填写速度□			10
	素养提升	组织能力□协调能力□团队协作能力□分析解决问题能力□责任感和职业道德□吃苦耐劳精神□			20
	工作、学习态度	谦虚□诚恳□刻苦□努力□积极□			10
教师评价：					
				教师：　　 时间：	

◈**典型案例**

树洞修补

因各种原因造成的伤口长久不愈合,长期外露的木质部受雨水浸渍,逐渐腐烂,形成树洞,严重时树干内部中空,树皮破裂,一般称为"破肚子"。

由于树干的木质部及髓部腐烂,输导组织遭到破坏,因而影响水分和养分的运输及贮存,严重削弱树势,降低了枝干的坚固性和负载能力,缩短了树体寿命。补树洞是为了防止树洞继续扩大和发展。其方法有3种：

1.开放法

树洞不深或树洞过大都可以采用此法,如伤孔不深无填充的必要时,可按前面介绍的伤口治疗方法处理,如果树洞很大,给人以奇特之感,欲留做观赏时可采用此法。

方法是将洞内腐烂木质部彻底清除,刮去洞口边缘的死组织,直至露出新的组织为止,用药剂消毒并涂防护剂。同时改变洞形,以利排水,也可以在树洞最下端插入排水管。以后需经常检查防水层和排水情况,防护剂每隔半年左右重涂一次。

2.封闭法

树洞经处理消毒后,在洞口表面钉上板条,以油灰和麻刀灰封闭(油灰是用生石灰和熟桐油以 1∶0.35 配成),也可以直接用安装玻璃用的油灰(俗称腻子),再涂以白灰乳胶,瓶料粉面,以增加美观,还可以在上面压树皮状纹或钉上一层真树皮。

3.填充法

填充物最好是水泥和小石砾的混合物,如无水泥,也可就地取材。填充材料必须压实,为加强填料与木质部连接。洞内可钉若干电镀铁钉,并在洞口内两侧挖一道深约 4 cm 的凹槽。

填充物从底部开始,每 20～25 cm 为一层用油毡隔开,每层表面都向外略斜,以利排水。填充物边缘应不超出木质部,使形成层能在它上面形成愈伤组织。

外层用石灰乳液、颜色粉涂抹,为了增加美观,富有真实感,在最外面钉一层真的树皮。

◈复习思考题

1.古树名木保护的意义有哪些?

2.古树名木的树洞如何修复?

3.古树名木如何设置避雷针防雷?

4.古树名木进行支撑加固有何要求?

任务二　古树名木更新复壮

◈学习目标

1.了解古树名木衰老的原因;

2.掌握古树名木更新复壮的技术操作;

3.能够结合具体情况进行古树名木的更新复壮;

4.培养观察能力、分析能力、团队协作精神和吃苦耐劳精神。

◈任务描述

某学校校园南区有几株见证学校发展历史的大树,分别为樟树 1 株,榆树 2 株、重阳木 2株,树龄均超过 100 年,其中一株已经衰老,请结合实际情况对其进行更新复壮。

◈知识准备

一、古树复壮的概念

古树复壮是运用科学合理的养护管理技术,使原本衰弱的古树重新恢复正常生长、延续其生命的措施。必须指出的是,古树复壮技术的运用是有前提的,它只对那些虽说老龄、生长衰弱,但仍在其生物寿命极限之内的树木个体有效。

二、古树衰弱的症状

1.地下部分

①长期离心生长使干周根系少,发育根和吸收根群分布外移,分布在投影线附近或更远;

②根部开始向心生长,先端根死亡,投影线外发育根和吸收根回缩内移;有的大根死亡;

③根系分散、冗长,大根死亡数量超过限度,无明显发育根和吸收根群,根系大量死亡。

2.树冠

①树冠下部的外围强,顶部中心弱;

②树冠下枝和外围枝衰弱或枯死,冠中心常萌发新枝;

③树冠整体枝叶稀疏、萎缩,发枝量少而弱;冠下枝多数枯萎。

3.树干

树皮裂缝变小,死节进水,形成不断扩大的木质腐朽、树干中空成洞和干枝纵向劈裂。

4.叶片

阔叶树叶片放叶晚,叶小、叶少、叶薄,在干旱季节或夏末、秋初黄化、变色、焦边和早落,小枝顶端叶片常呈簇生状。

5.病虫害严重

有害生物大量入侵,特别是枝干害虫和干部病害,促进全株迅速死亡。

三、古树衰弱诊断

生态因素和古树自然老化因素是古树衰亡的两大基本原因。古树年老,自然死亡是不可抗拒的自然规律,是不以人的意志为转移的必然结果,我们的责任是尽可能主动采取各种力所能及的益寿措施,延缓其衰老,延长其寿命。因此,古树养护的重点应放在长期复壮(保健)上,应急抢救(治疗)应是第二位的。

古树在其生长发育的长期过程中,不适宜的树木栽培与养护管理使古树生长的生态环境遭受干扰和破坏,由此导致生态系统中各个相连因素间的动态关系发生失调和失衡,从而引入交叉为害和互相促进、转化,久而久之形成树木致命性伤害,直至死亡。

古树衰亡一般要有 3 个作用因素使树木抵抗和免疫力下降,各种有害生物便乘虚而入:

(1)诱导因素 是最先诱导古树开始衰亡的因素,包括养护管理长期不善,气候条件不适宜,土壤水分失调,土壤空气缺乏,氧化还原态异常,下部侧枝稀少,周围杂树(刺槐、核桃)竞争等。诱导因素是对树木起长期作用的因子。

(2)激化因素 是第二阶段起作用的因素,主要有叶部害虫、霜害、雪害、冻害、热害、旱害、烟害、盐害、酸雨、雷击、火烧、风折、毒气泄漏、机械损伤和建筑施工等。对树木的作用是短期的,但比较剧烈和快速,直接损害寄主,使诱发因素的作用更明显地表现出来。

(3)促进因素 是第三阶段起作用的因素,主要有蛀干害虫、溃疡病菌、病毒、根腐菌等。对古树的作用是长期的,使原来生长不良的古树进一步衰弱直至死亡。

这三类因素的作用是综合、重叠和复杂的。诱发因素虽然是首先起作用的因素,由于它的作用是长期的,所以它的影响可以延续到最后。激化因素的作用虽然是短期的,但它可以不止一次地反复加害于古树,为害性更大。古树衰亡可以由许多互换因素引起,可由某种因素影响所致,也可以由第二种或第三种因素所致。

非侵染性弱寄生病原真菌和次期性害虫仅仅是古树衰亡的促进因素,不是基本原因,然而它们常常被误认为是古树衰亡的主要原因。

气候灾变和立地条件的不合适几乎总是古树衰亡的主要诱发因素,但它们的致命作用往往不明显。

在古树衰弱的诊断中,必须由表及里,去伪存真,做到"四看":地上异常看地下,地下重点看土壤,土壤主要看水气,水气首先看须根,查明古树衰老的主导因子,划分古树衰弱的等级,确定复壮的重点。

四、复壮与养护技术措施

古树复壮的科学发展观包括综合治理、可持续控制和有害生物控制的科学观。

——综合治理:IPM(Integrated Pests Management),强调从生态角度出发。

——可持续控制:SPM(Sustainable Pests Management),强调从生态系统角度出发。

——有害生物控制的科学观:预防为主,科学防治,依法治理,促进健康。

——目的:最大限度满足当代和后代在经济、社会、生态方面的需求。

——出发点:任何措施和方法都必须从生态系统的角度出发,追求结构和功能的合理、稳定。

1. 养护基本原则

①调整和稳定生态系统,达到健康和稳定状态;

②增强植物自身的健康和抗性,免遭有害生物为害;

③降低有害生物种群密度。

2. 综合复壮的措施和方法

(1)改善地下环境(土、气、水) 改善古树地下环境促进健康生长,看上治下,是古树复壮的根本措施:

——冠内衰弱型:在树冠投影线与树干之间 1/2 处的环干圆周线上复壮(内弱内复);

——冠外衰弱型:在树冠投影线的外缘复壮,并清除腐烂根(外弱外复);

——整株衰弱型:在树冠投影线上复壮,复壮坑直径总和控制在投影线周长的 1/3 左右,并且要避让和保护好大根(全弱线复)。

地下部分复壮目标是促使根系生长,可以做到的措施是土地管理和嫁接新根。一般地下复壮的措施有以下几种:

①深耕松土。操作时应注意深耕范围应比树冠大,深度要求在 40 cm 以上,要重复两次才能达到这一深度。园林假山上不能进行深耕的,要察看根系走向,用松土结合客土覆土保护根系。

②开挖土壤通气井(孔)。在古树林中,挖深 1 m,四壁用砖砌成 40 cm×40 cm 孔洞,上覆水泥盖,盖上铺浅土植草伪装。

③地面铺透气砖、梯形砖和草皮。在树下、林地人流多的地方

图 6-8　透气砖

铺置透气砖(图 6-8),或上大下小的特制梯形砖,砖与砖之间不勾缝,留有通气道,下面用石灰砂浆衬砌,砂浆用石灰、砂子、锯末配制比例为 1∶1∶0.5。在人流少的地方种上花草或豆科植物等,除改善土壤肥力还可提高景观效益。

④耕锄松土时埋入聚苯乙烯发泡。将废弃的塑料包装撕成乒乓球大小,数量不限,以埋入土中不露出土面为度,聚苯乙烯分子结构稳定,目前没有分解它的微生物,故不会刺激根系。渗入土中后土壤容重减轻,气相比例提高,有利于根系生长。

⑤挖壕沟。一些名山大川上的古树,由于所处地位特殊不易截留水分,常受旱灾,可以在距树上方 10 m 左右处的缓坡地带挖水平壕,深至风化的岩层,平均深为 1.5 m,宽 2~3 m,长 7.5 m,向外沿翻土,筑成截留雨水的土坝,底层填入嫩枝、杂草、树叶等,拌以表土。这种土坝在正常年份可截留雨水,同时待填充物腐烂后,可形成海绵状的土层,更多地蓄积水分,使古树根系长期处于湿润状态,如果遇到大旱之年,则可人工浇水到壕沟内,使古树得到水分。

⑥换土。古树几百年甚至上千年生长在一个地方,土壤里肥分有限,常呈现缺肥症状;再加上人为踩实,通气不良,排水也不好,对根系生长极为不利。因此造成古树地上部分日益萎缩的状态。北京市故宫园林科从 1962 年起开始用换土的办法抢救古树,使老树复壮。

⑦施用生物制剂。可对古树施用农抗 120 和稀土制剂灌根,根系生长量明显增加,树势增强。

(2)加强地上保护　地上部分的复壮,指对古树树干、枝叶等的保护,并促使其生长,这是整体复壮的重要方面,但不能孤立地不考虑根系的复壮。

①抗旱与浇水。古树名木的根系发达,根冠范围较大,根系很深,靠自身发达的根系完全可满足树木生长的要求,无需特殊浇水抗旱。但生长在市区主要干道及烟尘密布,有害气体较多的工厂周围的古树名木,因尘土飞扬,空气中的粉尘密度较大,影响树木的光合作用。在这种情况下,需要定期向树冠喷水,冲洗叶面正反两面的粉尘,利于树木同化作用,制造养分,复壮树势。

②抗台防涝。台风对古树名木危害极大,深圳市中山公园一株 110 年的凤凰木,因台风吹倒致死。台风前后要组织人力检查,发现树身弯斜或断枝要及时处理,暴雨后及时排涝,以免积水,这是防涝保树的主要措施。土壤水分过多,氧气不足,抑制根系呼吸,减退吸收机能,严重缺氧时,根系进行无氧呼吸,容易积累酒精使蛋白质凝固,引起根系死亡。特别是对耐水能力差的树种更应抓紧时间及时排水。松柏类、银杏等古树均忌水渍,若积水超过 2 天,就会发生危险,忌水的树种有:银杏、松柏、蜡梅、广玉兰、白玉兰、桂花、枸杞、五针松、绣球、樱花等,忌干的树种有:罗汉松、香樟等。

③松土施肥。根据树木生物学特性和栽培的要求与条件,其施肥的特点是:首先,古树名木是多年生植物,长期生长在同一地点,从肥料种类来说应以有机肥为主,同时适当施用化学肥料。施肥方式以基肥为主,基肥与追肥兼施。其次,古树名木种类繁多,作用不一,观赏、研究,或经济效用互不相同。因此,就反映在施肥种类、用量和方法等方面的差异。另外,名木古树生长地的环境条件是很悬殊的,有高山,又有平原肥土,还有水边低湿地及建筑周围等,这样更增加了施肥的困难,应根据栽培环境特点采用不同的施肥方式。同时,对树木施肥时必须注意园容的美观,避免发生恶臭有碍游人的活动,应做到施肥后立即覆土。

④修剪、立支撑。古树由于年代久远,主干或有中空,主枝常有死亡,造成树冠失去均衡,树体倾斜,有些枝条感染了病虫害,有些无用枝过多耗费了营养,需进行合理修剪,达到保护古树的目的,对有些古树结合修剪进行疏花果处理,减少营养的不必要浪费;又因树体衰老,枝条容易下垂,因而需要进行支撑。在复壮时,可修去过密枝条,有利于通风,加强同化作用,且能

保持良好树形。对生长势特别衰弱的古树一定要控制树势,减轻重量,台风过后及时检查,修剪断枝。对已弯斜的或有明显危险的树干要立支撑保护,固定绑扎时要放垫料,以免发生缢束,以后酌情松绑。

⑤堵洞、围栏。古树上的树干和骨干枝上,往往因病虫害、冻害、日灼及机械操作等造成伤口,这些伤口如不及时保护、治疗、修补,经过长期雨水浸泡和病菌寄生,易使内部腐烂形成树洞。因此,要及时补好树洞,避免被雨水侵蚀,引发木腐菌等真菌危害,日久形成空洞甚至导致整个树干被害。为了防止游人践踏,使古树根系生长正常并保护树体,可在来往行人较多的古树周围,加设围栏。

⑥防治病虫害。古树名木因长势衰退,极易发生病虫害,病虫的危害直接影响其观赏价值,同时也影响其正常生长发育。因此,要有专人定期检查,做好虫情预测、预报,做到治早、治小,把虫口密度控制在允许范围内。主要虫害有松大蚜、红蜘蛛、吉丁虫、黑象甲、天牛等。主要病害有梨桧锈病、白粉病。

⑦装置避雷针。据调查千年古树大部分都受到过雷击,严重影响树势。有的在雷击后未采取补救措施甚至很快死亡。所以,凡没有装备避雷针的古树名木,要及早装置,以免发生雷击损伤古树名木。如果遭受了雷击,应立即将伤口刮平,涂上保护剂。

◈ **技能训练**

古树名木更新复壮

一、技能训练方式

6人为一小组,分工协作,按照古树名木更新复壮的工作过程,进行任务分析、任务分工、任务操作,通过担任不同的角色熟悉整个操作流程。在进行任务分工与操作前,首先进行个人自主学习,然后小组讨论确定分工和操作方案,按照方案实施操作。

二、技能训练工具材料

有机肥、铁锹、十字镐、园林挖掘机、支架、剪刀等。

三、技能训练时间

4学时。

四、技能训练内容

1.选择符合功能要求的古树一株;

2.了解古树的生长状况;

3.制订救护方案;

4.工具准备;

5.更新复壮处理(注意排水设施的处理);

6.后期处理。

五、技能训练考核

训练任务考核	任务方案	合理 □		不合理 □	20	
	操作过程	规范 □		不规范 □	20	
	产品效果	好 □	一般 □	差 □	20	
技能训练任务工单评估	表格填写情况	详细程度□规范程度□仔细程度□书写情况□ 填写速度□			10	
	素养提升	组织能力□协调能力□团队协作能力□分析解决问题能力□责任感和职业道德□吃苦耐劳精神□			20	
	工作、学习态度	谦虚□诚恳□刻苦□努力□积极□			10	
教师评价：						
					教师： 时间：	

◈ **典型案例**

重阳木的更新复壮

1. 修复材料准备

准备有机肥、铁锹、十字镐、支架、剪刀等。

2. 场地清理

将重阳木周围清理干净。

3. 生长状况调查

了解重阳木生长的状况：树冠稀疏，开始自然向心更新；侧枝开始死亡，小枝大量死亡。

4. 了解重阳木生长势衰退的原因

土壤板结，通气不良，地下水位稍高。

5. 更新复壮处理

①排水沟的改造：深挖，与主排水管联通；修建拦截旁边楼房排水的排水沟，引入主排水管。

②土壤改良：土壤翻晒，施腐叶土，设置环形复壮沟，局部换土。

在树冠投影范围内，对大的主根部分进行换土，挖土深0.5 m，随时将暴露出来的根用浸湿的草袋子盖上，以原来的旧土与沙土、腐叶土、锯末、少量化肥混合均匀之后填埋其上。可同时挖深成排水沟，下层填以大卵石，中层填以碎石和粗砂，上面以细砂和园土填平，以排水顺畅；施用植物生长调节剂等药剂。

③加设围栏、护板、标志牌。

④安装避雷针。

⑤整形修剪,促发新枝。

6.后期处理

①施肥、灌水、松土。

②病虫害防治(可采用农药浇灌法、埋施法及打针法)。

③夏季树体喷水降温保湿。

◆复习思考题

1.古树衰弱症状有哪些?

2.分析古树衰老过程是怎样的?

3.古树更新复壮的措施有哪些?

附录1 任务工单样表

项目名		日 期	
任务名		班 级	
指导教师		组 别	
任务地点		姓 名	
完成时间 （小时）			
所需工具材料			
任务描述			

1.分析任务所需要的知识点和技能点

　知识点：

　技能点：

2.通过学习对各知识点和技能点的总结

　知识点：

　技能点：

3.制订方案

　　工作分配（具体到人）：

　　时间安排（具体到每个步骤）：

　　工具材料：

4.方案实施情况总结

5.评价

训练任务考核	任务方案	合理□		不合理□	20	
	操作过程	规范□		不规范□	20	
	产品效果	好□	一般□	差□	20	
技能训练任务工单评估	表格填写情况	详细程度□规范程度□仔细程度□书写情况□填写速度□			10	
	素养提升	组织能力□协调能力□团队协作能力□分析解决问题能力□责任感和职业道德□吃苦耐劳精神□			20	
	工作、学习态度	谦虚□诚恳□刻苦□努力□积极□			10	
教师评价：						

教师：

时间：

自评：

签名：

互评：

签名：

教师点评：

签名：

附录2　园林植物养护工具介绍

附录 2-1　手工工具的使用与维护

园林绿地作业项目繁多,作业内容、作业对象及作业条件差异很大,因而需要的工具、机具种类也较多。在园林绿地养护作业中,除使用各种机械设备外,还使用大量各种功能的手工工具,如修枝剪、嫁接刀等。该类工具成本低,适应范围广,使用维护方便,没有特殊的技能要求,一般不需要专门的系统培训,因而应用非常普遍。

一、手工工具的种类

园林手工工具种类很多,其分类方法通常有以下两种。

(一)根据适用范围划分

(1)通用型　是指大多数作业都可以使用的工具。

(2)专用型　是指某种特定作业所专门使用的工具。

(3)家用型　是指在庭院、花园等小范围绿地且较固定使用的小巧工具。

(二)根据使用功能划分

可分为剪、锯、刀、锹、铲、锄、镐、耙、镰、叉、刷、斧等(图附 2-1)。一般包括以下工具:

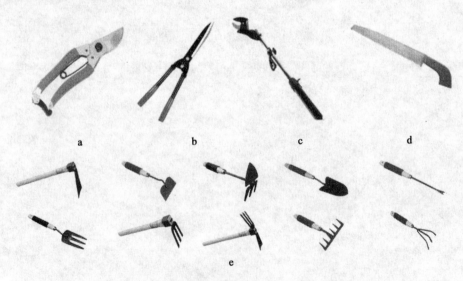

图附 2-1　园林绿地常见养护手工工具
a.修枝剪　b.绿篱剪(平板剪)　c.高枝剪　d.手锯　e.小套花具(铲、耙、锄等)

（1）剪　包括草剪、花剪、稀果剪、疏枝剪、树篱剪、高枝剪等。

（2）锯　包括弯把锯、鱼头锯、罗汉锯、弓线锯、手板锯、高枝锯等。

（3）锹　包括圆头锹、平方锹、尖头锹、单脊锹、闭脊锹等。

（4）铲　包括园艺苗圃铲、排水铲、沟槽铲、月牙铲、雪铲等。

（5）锄　包括园艺锄、松土锄、杂草锄、栽培锄等。

（6）镐　包括开山镐、挖根镐、尖头镐等。

（7）耙　包括硬齿耙（弯齿耙、平齿耙）；软齿耙（落叶耙、草耙）；滚齿耙（松土耙、边耙等）。

（8）镰　包括草镰、山镰等。

（9）叉　包括勾叉、平叉、肥料叉等。

（10）刷　包括板刷、滚刷等。

（11）斧　包括开山斧、劈木斧等。

二、手工工具的选择

手工工具的选择首先要看使用者，使用者有专业群体和个人。园林养护单位或机关、学校、团体内的专业绿化人员，一般应选择坚固、耐用、功能比较全面的通用工具；而家庭、业余园艺爱好者，工作量不大，并考虑到作为环境的点缀，应选用美观、小巧、强度一般的家用型工具。

根据作业内容选择专用型工具。如绿篱修剪，可选用不同规格的绿篱剪（平板剪），修剪效率高，修剪效果好；如要完成较高部位的修剪，一般选择高枝剪、高枝锯（图附 2-2），既可免去登高作业的危险，又可较方便地观察整个树冠，从而更好地把握各部位的修剪程度。

图附 2-2　高枝锯

三、手工工具的保养、维护

手工工具规范的保养与维护，可以保持工具良好的使用性能，延长其使用寿命。手工工具的工作部件多为金属材料制成，而金属材料容易生锈，严重时可能会失去使用价值。所以，手工工具的保养主要是防锈，用完后应及时擦洗干净，并涂上防锈油加以保护。存放环境应干燥、清洁。各种工具应归类存放，以便清点和存取。非专人使用的工具应建立工具使用卡，完善使用登记制度，并及时维修已损坏的工具，保证工具的完好率，提高工具的使用效率。

附录 2-2　绿地修剪机具

园林绿地常见的修剪机具主要有：绿篱修剪机、剪枝机、割灌机等。

一、绿篱修剪机

(一)往复式刀齿式电动绿篱修剪机

往复刀齿式电动绿篱修剪机的动力,是用安装在手把内的电动机(220 V、120 W),通过直齿双向往复刀杆,带动绿篱修剪机的动刀齿沿着固定刀齿上的导轨往复运动,进行剪切作业的。剪切直径在 0.1~6 mm,剪切宽度在 250 mm,每分钟往复运动 800 次,净重 1.9 kg。该机结构由固定刀齿、动刀齿、电动机、把手等组成。由于机体轻巧便于携带,手持工作时振动小,剪切质量好,效率高等优点,这种往复刀齿式电动绿篱修剪机被广泛使用在绿篱修剪和观赏乔灌木修剪作业中。

以日本丸山 HT230D-R 型绿篱修剪机(图附 2-3)为例,这种绿篱修剪机的切割刀片是往复直线运动,其结构由动力部分、传动部分、切割部分及操纵装置组成。日本丸山 HT230D-R型绿篱修剪机的动力部分为单缸二冲程风冷式发动机,转速在 2 700~3 300 r/min 发动机处于怠速运行状态,此时离合器小于接合速度,切割刀片不运行,当高于 2 700~3 300 r/min 时离合器开始接合,切割刀片进入运行状态,最高转速 9 300 r/min,刀片长度为 600 mm,后部手柄可旋转,发动机排量为 22.5 cm³,油箱容积 0.5 L,点火方式为无触点电磁点火。传动部分为箱体结构,齿轮减速传动,被动齿轮(大齿轮)相连接的 180°对置双偏心滑块机构将主轴的运动传送给切割刀片,切割刀片为双面切割刀,动刀片由 2 片滑切型刀片组成,并支撑在机体壳的托刀板上。托刀板可增强切割器刚度,并有引导切割刀片运动的功能。操纵装置的油门固定在手把上,改变油门大小可控制汽油机转速,当汽油机转速超过 2 700~3 300 r/min 时,离心式离合器接合,通过减速器传动装置,改变切割工作装置的往复次数,最大切削直径为5 mm,尽管可以切割更大直径的枝条,但是这样做会加快机器的磨损。

图附 2-3　日本丸山绿篱修剪机(HT230-R 型)

(二)旋刀式绿篱修剪机

ZDY-1 型回转式电动绿篱修剪机(图附 2-4)结构是由 12 V 蓄电池提供动力,驱动输出功率为 40 W 的微型电动机带动旋转刀片旋转,工作时电动机驱动旋转刀片旋转切割绿篱。回转式电动绿篱修剪机的操纵部分,是装有电源插座的手柄和安装有开关的连接杆。当进行绿篱修剪作业时,先把蓄电池放在工作场地,接通绿篱修剪机电源,操作工人手持绿篱修剪机,开关打开后,电动机便带动直径180 mm回转刀齿相对固定刀齿旋转,这样便连续运转剪切作业。刀片切割最大直径为10 mm的嫩枝,该机不包括蓄电池的整机重量为2 kg,旋刀片转速空运转时为4 000 r/min,作业时转速为3 100 r/min。

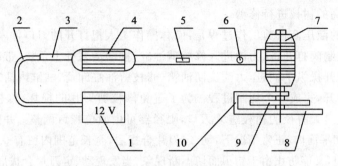

图附2-4　ZDY-1型回转式电动绿篱修剪机结构
1.蓄电池　2.电线　3.电源插头　4.手柄　5.开关　6.调节
7.微型电机　8.定刀架　9.旋刀　10.定刀片

(三)高枝绿篱修剪机

为适应高大园林乔灌木及绿篱的修剪,人们研制了高枝绿篱修剪机。国内常见的型号如EH—11型高枝绿篱修剪机,杆长2.3 m,切割刀长500 mm,切割装置重1.4 kg,整机重量5 kg。该机是在高杆手持割灌机工作装置拆卸后,把往复式双刀绿篱切割器安装在杆端,进行修剪作业的一种高枝绿篱修剪机。

国外产品如日本丸山、小松研制的高枝修剪机,主机为侧挂式,操纵杆长1.21～2.16 m,安装有往复式刀片,修剪最大枝条直径可达35 mm,通过操纵杆连接传递动力,从而实现高枝绿篱修剪。

此外,许多国外园林拖拉机上配备了发电机、泵等部件用于诸如绿篱修剪这样一些作业。当需要时,拖拉机带动发电机发电,发电机发出的电供电动机,通过软轴传至回转式或往复式切割器,实现高大乔木、灌木的树冠以及绿篱修剪作业,这种组合的机具可充分发挥拖拉机一机多用的目的,且工作效率比专用的修枝剪等机具高。

利用软轴传动的修剪机的优越性在于:适应性强,工作部件(圆锯或切割刀片)可上下、左右自由移动,容易实现高枝绿篱修剪作业。其缺点是:结构复杂,成本较高,修剪大树枝容易造成反弹,因此,在使用操作时必须注意安全。

二、高枝修剪机

高枝修剪机,根据动力不同,分为液压、气动、电动、车载等形式;根据结构不同,分为单剪片和双剪片两种形式;根据刀片刃口分类,有直刃形、锯齿形、链式锯等。

(一)液压高枝剪

液压高枝剪(图附2-5)一般由发动机、液压装置、油管、管杆、操纵手柄、液压修枝剪等组成。液压高枝剪工作时,液压油泵由发动机驱动,在液压油管路中装有溢流阀,用来调整系统压力。液压装置的压(进)油和回油管,接到操纵手柄的换向阀上,管杆连接在操纵手柄的压

（进）油孔口中，高压油通过管杆传输到修枝剪的驱动油缸内。高枝剪作业时，进入油缸中的液压油推动活塞前进，使修枝剪动刀片绕轴转动剪断树枝。此时，操纵手柄的换向阀使管杆内的液压油与回油管连通，管杆内液压油卸压，修枝剪驱动油缸内的活塞，在回位弹簧的作用下回复到原位，由此完成1次切割。由于液压油传输是在管杆内进行的，因此，装上修枝剪的长管杆可以到达比较高的树枝进行修剪。

带有限径器的液压高枝剪工作过程是：园林操作工人把打开的刀口伸入到树枝后，加大汽油机转速，操纵控制阀打开，压力油进入修枝剪油缸，推动活塞杆上顶块，带动动刀片与定刀片合拢剪断树枝，松开操纵手柄，压力油流回油箱，修枝剪油缸卸荷，油缸内活塞在弹簧的作用下复位，刀口再次打开，完成一个切割过程。为了避免修枝剪刀片的损坏，修枝剪结构上设计有限径器，用来防止过大直径的树枝进入刀口，限径器可由回位螺钉调整。并且，动、定刀片也应该调整到同一剪切平面内，正常情况下，动、定刀片合拢后，全长范围内留有 0.5～1 mm 间隙，既能保护刀片不碰刃，又能防止由于错刃而切不断现象，当发现动、定刀片合拢后不符合要求时，可用调整螺钉或调整垫片进行刀口平面的调整。带有限径器的液压高枝剪机构如图附 2-6 所示。

气压高枝剪工作过程与液压修枝剪基本相似，仅仅把液压变为气压工作，故本节不再赘述。

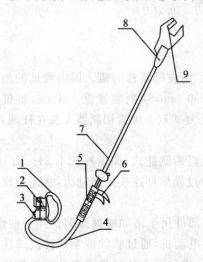

图附 2-5 液压高枝剪结构示意图
1.背带 2.发动机 3.液压装置 4.油管 5.把手
6.操纵手柄 7.管杆 8.油缸 9.液压修枝剪

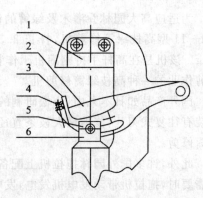

图附 2-6 带有限径器的液压高枝剪机构
1.定刀片 2.动刀片 3.限径器 4.调整
螺钉 5.回位螺钉 6.顶块

（二）车载式高枝修剪机

高大树木在园林风景中是不可缺少的景观，当乔木、灌木生长到一定高度、树冠生长到一定大小时，可能妨碍建筑、电线、公路交通等设施，适当修整树冠并降低树木高度，可以预防病虫害发生，促进树木新枝、嫩叶快速生长，减少火灾发生，因此，合理整枝是园林绿化管理必不可少的工作。而园林中的高大树木修剪，小型机具有时不能满足需要，如果依靠人工架梯作业，既危险又效率低。使用车载高枝修剪机，可以方便地到达所希望的树枝高度去修剪，不需爬树、登梯，无摔伤危险。把高空作业车上伸缩臂端部的作业斗卸去，装上摆动机构、抓具和剪切机构，构成了车载高枝修剪机（图附 2-7）。这些机构均由车载液压装置和电器控制。我国研制的车载式高枝修剪机结构，剪切刀具是抓夹式平面双刃圆盘剪，由 2 个双作用单杆油缸直接驱动,能够抓夹树枝的直径为 30~200 mm,被剪树枝直径小于 200 mm,最大剪切力为 75 kN,该机设置有微调机构,是为了使刀具适应不同角度的树枝修剪,摆动机构由 1 套杠杆机构和 1 个双作用单杆油缸控制来实现 0°~45°的摆动。这种车载高枝修剪机的液压折臂在需要的时候,可以放到任何高度,甚至到地面上,可以用来切割修剪树木根茎或地面灌木。

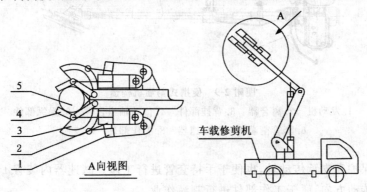

图附 2-7　车载高枝修剪机结构
1.剪切油缸　2.抓具油缸　3.剪切机构
4.抓具　5.待剪树枝

三、割灌机

割灌机有多种类型,可用于林间道旁的不规整、不平坦的地面及野生草丛、灌木和人工草坪的修剪作业。其中便携式割灌机(图附 2-8)可以背挂在肩上或背上,手持操纵进行作业。除用于割灌外,还可用于果树的修枝、绿篱的修剪以及草坪修剪等。割灌机修剪的草坪不太平整,作业后场地显得有些凌乱,但它具有重量轻、机动性好、适应性强等优点,用途较广。

图附 2-8　便携式割灌机

便携式割灌机一般都与小动力配套使用,按照传动部件的不同可分为软轴传动及硬轴传动两种。图附 2-9 所示为一种硬轴传动双肩背挂便携式割灌机构造,它由发动机、传动部件、离合器、工作部件、操纵部件及背挂部件组成。发动机为风冷汽油机,提供动力。离合器的作用是连接或切断发动机与传动轴之间的动力并起超载保护的作用。当发动机转速达到离合器接合转速时(3 000 r/min 左右),离合器自动接合,通过套管里的传动轴将动力传递至减速箱减速,最后将动力传递给工作部件,使切割刀具旋转进行切割作业。当工作部件遇到障碍物、受到很大阻力时,发动机转速降低,离合器分离,切断动力,工作部件停止转动。这时应减小油门,解除发动机的负荷。

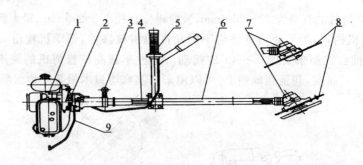

图附 2-9 便携式割灌机构造

1.发动机 2.离合器 3.背挂部件 4.传动轴组合件 5.操纵部件
6.套管割灌机 7.减速器 8.工作部件 9.支脚

套管用于保护和支承传动轴,也便于手持套管进行工作。减速器内装有 1 对圆锥齿轮,用于减速并改变传动方向,便于工作部件进行割灌作业。

(一)工作部件

割灌机的主要工作部件是各种类型的旋转式切割头。要根据不同作业内容正确选择。修剪小草、嫩草可用尼龙绳切割器,切割杂草、嫩枝条可用双刃、三刃及八齿刀片,切割灌木、小乔木时宜用圆锯片。切割头常用的安装方法如下:

1.金属刀片的安装方法

①将刀片托夹具套在齿轮轴上,使用 L 形工具旋转固定。

②把割草刀片有文字的一面放在齿轮箱侧的刀片托上,把刀片孔正确地装在刀片托夹具的凸部上。

③刀片固定夹具凹面向割草刃侧,装在齿轮轴上。

④把附属螺栓罩放在刀片固定夹具上,在割刀片安装螺栓上放上弹簧垫和平垫圈,用力拧紧。

2.尼龙绳切割头的安装方法

①将刀片托夹具和刀片压夹具正确地安装在齿轮轴上。

②将安装螺栓拧入齿轮轴内,确保拧紧。

③将刀片托夹具用 L 形圆棒固定,并且将尼龙割刀主体拧在螺栓上用力拧紧。

(二)使用注意事项

①新的割灌机应按说明书的规定进行磨合后才可正式使用。

②发动机所用混合燃油应按一定比例并经搅拌均匀、过滤后方可加入油箱。

③发动机启动后应先低速运转几分钟,待机器达到正常温度后才能进行作业。

④割杂草、小灌木时,可双手左右摆动连续切割;切割胸径 3~8 cm 的乔、灌木时,只能由一方单向切割,1 次伐倒;切割胸径 8 cm 以上乔、灌木时,应根据倒下的方向,先割下锯口,然后伐倒。

⑤卡锯时,应关小油门,抽出锯片,再继续工作,严禁离合器长时间打滑。

附录 2-3 灌溉机械的使用与维护

灌溉是保证园林植物正常生长发育的措施之一。传统的灌溉方式如地面漫灌、洒水车喷水等费工、费水,弊端较多。近年来,随着科技的不断发展,喷灌等先进的节水灌溉技术在绿地养护中得以迅速应用。

节水灌溉机械化技术是指依靠园林工程技术,按园林绿地植物生长发育需水生理进行的适时、适量灌溉技术。旨在提高园林绿地植物用水的有效利用率,改善生态环境,从而获得高效的园林绿地养护成效。

下面就灌溉机械的常见类型与使用方法简介如下:

一、水泵

园林排灌机械中最主要的是水泵,每一种灌溉所需机械设备都离不开水泵,它把动力机械的机械能转变为所抽送的水的水力能,将水扬至高处或远处。园林灌溉用的水泵机组包括水泵、动力机(内燃机、电动机或拖拉机等)、输水管路及管路附件等。

(一)水泵的类型

园林绿地养护中所用的水泵有离心泵、轴流泵、混流泵和潜水泵4种类型(图附2-10)。

a　　　　　　　　　b　　　　　　　　　c

图附 2-10　各类型水泵
a.离心泵　b. 轴流泵　c.潜水泵

1. 离心泵

是利用叶轮旋转的离心力扬水的水泵。其流量小,扬程高,类型规格多,是园林作业中,尤其是喷、滴灌系统里应用广泛的主要泵型。离心泵按叶轮的数量分为单级泵和多级泵;按吸水的方式分为单吸泵和双吸;按轴的安装形式分为立式泵和卧式泵。园林作业中应用的离心泵类型有如下几种:

①单级单吸离心泵(如 IB、IS 泵)单个叶轮,单侧吸水,悬臂安装的卧式离心泵。

②单级双吸离心泵(如 S 型泵)单个叶轮双侧吸水的卧式离心泵。

③喷灌离心泵和喷灌自吸离心泵(如 BP 和 BPZ 型泵)专用于喷灌系统的离心泵。

④井泵　有浅井泵(如 J 型泵)和深井泵(如 JD 型泵)。浅井泵是单级单吸立式短轴离心泵;深井泵是多级单吸立式长轴离心泵。

2. 轴流泵

是利用叶轮旋转时叶片对水的轴向推力引水的水泵。其流量大,扬程低,适用于低扬程的平原和坪区。轴流泵按叶片的安装形式分为固定叶片式、半调节式和全调节叶片式;按泵轴的安装形式分为立式泵(ZL 型)、卧式泵(ZW 型)和斜式泵(ZX 型)。其中立式泵应用较多。

3.混流泵

既利用叶轮的离心力又利用叶轮的轴向推力扬水。其流量和扬程介于离心泵和轴流泵之间,适用于平原和丘陵地区。混流泵按其外形和结构分为蜗壳式混流泵,其结构外形类似 B型离心泵;导叶式混流泵,其结构外形类似轴流泵。

4.潜水泵

是由立式电动机与离心泵(或轴流泵、混流泵)组成一体的提水机械。整个机组潜入水中,有作业面(浅水)潜水泵和深井潜水泵。具有体积小、重量轻、移动和安装方便等特点。因水泵和电机潜入水中,没有吸水管和底阀等部件,故水力损失少,启动前不用灌水,操作简便。

(二)水泵的安装

水泵吸水时其叶轮进口处形成真空。理论上当真空达到最大值(绝对压力等于零)时,水泵吸上高度应为 10 m。但实际上由于水泵制造工艺和吸水管路内的水流阻力以及泵内的水力损失等的影响,都不可能达到这一安装高度。一般离心泵最大允许吸上真空高度 $Hs=6\sim8$ m。若超过这一真空值,将导致水泵汽蚀现象的产生。所谓汽蚀现象,就是水泵叶轮进口处的真空度达到某一值时,即等于或低于在同一温度下水的汽化压力时,水便汽化,形成许多气泡,它随水进入高压区,气泡受压破灭,周围的水以极高的速度和极大的频率向气泡中心冲击,产生很大的局部冲击力,打击、腐蚀叶片表面,使金属表面疲劳剥落,形成蜂窝状的缺陷。水泵运行出现汽蚀现象时,机组产生噪声与振动,水泵性能遭到破坏,严重时甚至扬水中断而不能工作。

(三)水泵的使用

①水泵要尽可能安装在靠近水源的地方。管路铺设应短且直,尽量少用弯头以减少管路阻力。对进水管要求具有良好的密封性能,不能漏气漏水。

②工作前关闭离心泵出水管上的闸阀,以减轻启动负荷。有吸程的水泵要对进水管和泵壳充水或抽真空,以排净空气。具有可调式叶片的轴流泵,要根据扬程变化情况,调好叶片角度。轴流泵、深井泵的橡胶轴承需注水润滑。

③运转中要调好填料函的松紧度,检查轴承的温升和润滑情况。经常观察真空表和压力表,并注意机组声响和振动,发现问题及时处理。

④工作后检查各部件有无松脱,基础、支座有无歪斜、下沉等情况。离心泵和混流泵在冬季使用完后,应放净水管和泵壳内的积水,以免积水结冻,胀裂泵壳和水管。

二、喷灌系统

喷灌即喷洒灌溉,是将具有一定压力的水通过专用机具设备由喷头喷射到空中,散成细小水滴,像下雨一样均匀地洒落在园林绿地,供给园林植物水分的一种先进的节水灌溉方法。

(一)喷灌系统的组成

喷灌系统由水源、水泵动力机组、管道系统和喷头等组成。有的还配有行走、量测和控制等辅助设备。现代先进的喷灌系统还可以设置自动控制系统,以实现作业的自动化。

1.水源

城市绿地一般采用自来水为喷灌水源,近郊或农村选用未被污染的河水或塘水为水源,有条件的也可用井水或自建水塔。

2.水泵与动力机

水泵是对水加压的设备,水泵的压力和流量取决于喷灌系统对喷洒压力和水量的要求。园林绿地一般有城市电网供电,可选用电动机为动力。无电源处可选用汽油机、柴油机作动力。

3.管道系统

输送压力水至喷洒装置。管道系统应能够承受系统的压力和通过需要的流量。管路系统除管道外,还包括一定数量的弯头、三通、旁通、闸阀、逆止阀、接头、堵头等附件。

4.喷头

把具有压力的集中水流分散成细小水滴,并均匀地喷洒到地面或植物上的一种喷灌专用设备。

5.控制系统

在自动化喷灌系统中,按预先编制的控制程序和植物需水量要求的参数,自动控制水泵启、闭和自动按一定的轮灌顺序进行喷灌所设置的一套控制装置。

(二)喷灌系统的类型

喷灌系统按管道可移动的程度,分为固定式、半固定式和移动式3类。

1.固定式喷灌系统(图附 2-11)

固定式喷灌系统除喷头外,其他设备均作固定安装。水泵动力机组安装在固定泵房内,干管和支管埋入地下,竖管安装在支管上并高出地面,喷头固定或轮流安装在支管上作定点喷洒。该系统操作简便,生产效率高,可实现自控,便于结合施肥和喷药,占地少。但设备投资大,适用于经常喷灌的苗圃、草坪和需要经常灌溉的草花区。

图附 2-11　固定式喷灌系统

2.移动式喷灌系统

组成该系统的全部设备均可移动,仅需在田间设置水源。喷灌设备能在不同地点轮流使用,这种机组结构简单,设备利用率高,单位面积投资少,机动性好。缺点是移动费力、路渠占地多。按喷头的数目分为如下两种形式:

(1)单喷头移动喷灌系统　由水泵动力机组、1根输水软管和1个喷头组成的移动式机组,在田间按一定间距布设水源(塘、井或明渠)。机组依靠水源移动作定点单喷头喷洒。按机组移动方式分为手抬式、推车式(图附 2-12)、拖拉机牵引式和悬挂式等。

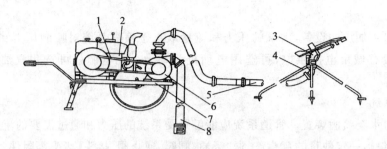

图附 2-12　推车式喷灌机组
1.传动装置　2.柴油机　3.喷头　4.支架　5.压水管
6.离心泵　7.机架　8.吸水管

（2）多喷头管道式移动喷灌系统　由水泵动力机组、1 根或多根管道和装在管道上的多个喷头组成的移动式机组。需在田间设置水源（水渠或水塘）。机组移动并做定点多喷头喷洒。与单喷头系统相比，其突出优点是：可采用低压小喷头、耗能低、雾化好、受风影响小和喷灌质量高。

3.半固定式喷灌系统

该系统综合了固定式和移动式喷灌系统的优点，克服了两者的部分缺点，将水泵动力机组和干管固定安装，只移动装有若干喷头的支管，干管上每隔一定距离设有给水栓给支管供水。支管和喷头反复使用，减少了管材与喷头的用量，节省了投资，但要在喷灌后的泥泞中移动支管，劳动强度仍较大，为此可采取以下措施：一是选用轻便管材和附件；二是每个系统多配备几组支管，等地面稍干后依次移动；三是使支管能自走。支管能自走的半固定式喷灌系统有时钟式喷灌机、平移式喷灌机、软管式喷灌机和绞盘式喷灌机多种形式，它们一般在大面积喷灌中得到应用。

（三）喷灌系统类型的选择

喷灌系统的选型应根据地形、植物、经济和设备条件等具体情况，考虑各种形式喷灌系统的特点，综合分析比较，以做出最佳选择。一般可按如下原则选型：

①在喷灌次数频繁、地形坡度陡，以及劳动力成本高的绿地地区，可采用固定式喷灌系统。

②在地形平坦、灌溉次数少的绿地地区宜采用移动式或半固定式喷灌系统，以提高设备利用率。

③在有 10 m 以上自然水源的地方应尽量选用自压喷灌系统，可降低动力设备的投资和运行成本。

（四）喷头

喷头又称洒水器，是喷灌系统的主要组成部分。它将具有一定压力的水流喷射到空中，散成细小的水滴并均匀地散布在所控制的灌溉面积上。喷头的性能直接影响喷灌的质量。喷头的种类很多，按其工作压力和控制范围的大小可分为低压（近射程）喷头、中压（中射程）喷头和高压（高射程）喷头，目前用得最多的是中射程喷头，其工作压力在 300～500 kPa，射程在 20～40 m。按结构和喷洒工作特性分为固定散水式喷头、旋转射流式喷头。

1.固定散水式喷头

又称漫射式喷头。其特点是在喷灌过程中，所有部件相对于竖管是固定不动的，水流在全圆周或部分圆周(扇形)同时散开,其结构简单,没有旋转部分;水流分散,水滴细,射程短(5～10 m),喷灌强度(15～20 mm/h),多数喷头的水量分布不均匀,近处喷灌强度比平均喷灌强度大,因此其使用范围受到一定的限制。但其结构简单,没有旋转部件,所以工作可靠,而且要求的工作压力低,常用于公园、草地、苗圃和温室等处;另外还适用于时针式和平移式等喷灌系统上,以节约能源。固定散水式喷头按结构形式分为折射式、缝隙式、离心式和孔管式。

2.旋转射流式喷头

是目前国内外使用最为普遍的一种喷头形式。主要由喷嘴、喷管、粉碎机构、转动机构、扇形机构、弯头、空心轴及轴套等部分组成。它是使压力水流通过喷管及喷嘴形成1股(或2～3股)集水水舌射出,水舌在空气阻力及粉碎机构作用下形成细小的水滴,又因为转动机构使喷管和喷嘴围绕竖轴缓慢旋转,这样水滴就会均匀地喷洒在喷头的四周,形成1个半径等于喷头射程的圆形或扇形的湿润面积。转动机构和扇形机构是旋转式喷头的重要组成部分,因此常根据转动机构的特点将其分成摇臂式、叶轮式和反作用式3种。

(五)喷灌系统的使用

1.喷头的选择

根据灌溉面积大小、土质、地形、植物种类、不同生长期的需水量等因素合理选择。播种和幼嫩植物选用细小水滴的低压喷头;一般植物可选用水滴较粗的中、高压喷头。黏性土和山坡地,选用喷灌强度低的喷头;沙质地和平坦地,选用喷灌强度高的喷头。此外,根据喷洒方式的要求不同,可选用扇形或圆形喷洒的喷头。

2.喷头的布设

喷灌系统多采用定点喷灌,可以是全圆喷洒,也可以扇形喷洒。喷头配置的原则是:保证喷洒不留空白,并有较好的均匀度。常用的配置方式有正方形、正三角形、矩形和等腰三角形4种。

3.管网布置

布设管网,应综合考虑水源、地形地势、主要风向、植物布局和灌溉方式等因素,进行技术经济比较后,才能得出最优方案。布置的管网应使管道总用量最少。一般干管直径75～100 mm,支管直径38～75 mm,支管应与干管垂直或按等高线方向安装。在支管上各喷头的工作压力应接近一致。竖管垂直安装在支管上,一般高出地面1.2 m左右为宜。管道在纵横方向布置时应力求平顺,尽量减少转弯、折点或逆坡布置。在平坦地区的支管应尽量与植物种植和作业方向一致,以减少竖管对机耕的影响。为便于半固定管道式和移动管道式喷灌系统的喷洒支管在田间移动,一般应设置2套支管轮流使用,避免刚喷完后就在泥泞的土地上拆移支管。移动管道式喷灌系统的干管应尽量安放在地块的边界上避免移动时损伤植物。另外,应根据轮灌要求设置适当的控制设备,一般1条支管装置1套闸阀;在管道起伏的高处应设置排气装置,低处设置泄水装置。

4.管材的选择

应根据管网要承受的水压力、外力等因素,结合各种管材的优缺点、性能规格和适用条件来选择,还应考虑单价、使用寿命和市场供应等情况。目前工程中使用较多的管材种类有:石棉水泥管 、PVC管、PE管、铸铁管和水煤气钢管等。

管材选择与管径确定通常应遵循如下技术要求:应能承受设计所要求的工作压力;应有足

够大的内径,内壁尽量光滑,以减少压力损失;便于运输,易于安装和施工;移动管道应轻便、耐撞击、耐磨和能经受风吹日晒。确定管径时,可凭经验或简单估算确定。

三、自动化灌溉系统

灌溉系统实现自动控制可以精确地控制灌水周期,适时适量供水;提高水的利用率,减轻劳动强度和运行费用;可以方便灵活地调整灌水计划和灌水制度。因此,随着经济的发展和水资源的日趋匮乏,灌溉系统的自动控制已成必然趋势。

自动化控制系统有全自动化和半自动化2种。全自动化灌溉系统运行时,不需要人直接参与控制,而是通过预先编制好的程序和根据植物需水参数自动启、闭水泵和阀门,按要求进行轮灌。自动控制部分设备包括:中央控制器、自动阀门、传感器等。半自动化灌溉系统不是按照植物和土壤水分状况及气象状况来控制水,而是根据设计的灌水周期、灌水定额、灌水量和灌水时间等要求,预先编制好程序输入控制器,在田间不设传感器。

各种灌溉技术都有其各自的特点、适应性和局限性,生产中应因地制宜地选择使用。

附录 2-4　植保机具的使用与维护

园林绿地中园林树木、草坪、花卉病虫草害的防治方法很多,但目前仍以化学防治最为迅速有效。因此,借助于施药机械进行化学防治仍是目前园林绿地病虫草害防治的重要手段。专门用于病虫草害防治的机械称为植物保护机具,简称植保机具。这类机械的用途包括:喷洒杀菌剂或杀虫剂防治植物病虫害;喷洒除草剂,消灭杂草;喷洒药剂对土壤消毒、灭菌等。目前,国内外植物保护机械化总的趋势是向着高效、经济、安全方向发展。在提高劳动生产率方面,如加大喷雾机的工作幅宽、提高作业速度、发展一机多用、联合作业机组,同时还广泛采用液压操纵、电子自动控制,以降低操作者劳动强度;在提高经济性方面,提倡科学施药,适时适量地将农药均匀地喷洒在植物上,并以最少的药量达到最好的防治效果。要求施药精确,机具上广泛采用施药量自动控制和随动控制装置,使用药液回收装置及间断喷雾装置,同时还积极进行静电喷雾应用技术的研究等。此外,更注意安全保护,减少污染,随着绿地养护向着深度和广度发展,开辟了植物保护综合防治手段的新领域,生物防治和物理防治器械和设备将有较多的应用,如超声技术、微波技术、激光技术、电光源在植保中的应用及生物防治设备的开发等,常见的植保机具有手动喷雾器、机动喷雾机、喷药车等。

一、手动喷雾器

手动喷雾器是用人力来喷洒药液的一种机械。它结构简单、使用操作方便、适应性广,在园林植物病虫害防治中应用广泛。目前,生产中常见的主要有背负式喷雾器和踏板式喷雾器。

(一)背负式喷雾器

1.结构

图附 2-13 为一种常用的手动背负式喷雾器,它属于液体压力式喷雾器,主要由活塞泵、空气室、药液箱、喷杆、开关、喷头和单向阀等组成。工作时,操作人员将喷雾器背在身后,通过手压杆带动活塞在缸筒内上、下往复运动,药液经过进水单向阀进入空气室,再经出水单向阀、输液管、开关、喷杆由喷头喷出。

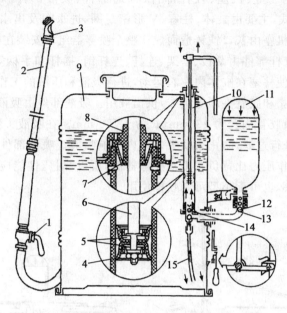

图附 2-13　手动背负式喷雾机结构

1.开关　2.喷杆　3.喷头　4.固定螺母　5.皮碗　6.活塞杆　7.毡圈　8.泵盖　9.药液箱
10.缸筒　11.空气室　12.出水单向阀　13.出水阀座　14.进水单向阀　15.吸水管

2.使用与保养

①根据需要选用合适的喷杆和喷头。特别是 NS-15 型、WS-20 型背负式手动喷雾器具有多种喷射部件。

②工农-16 型等喷雾器上的新牛皮碗在安装前应浸入机油或动物油(忌用植物油),浸泡24 h。向泵筒中安装塞杆组件时,应注意将牛皮碗的一边斜放在泵筒内,然后使之旋转,将塞杆竖直,用另一只手帮助将皮碗边沿压入泵筒内,就可顺利装入,切忌硬行塞入。

③背负作业时,应每分钟掀动摇杆15～22 次。操作喷雾器时不可过分弯腰,以防药液从桶盖处溢出溅到身上。

④加注药液,不许超过桶壁上所示水位线。空气室中的药液超过安全水位线时,应立即停止打气,以免空气室爆炸。

⑤喷雾器每天使用结束后,应倒出桶内残余药液,加入少量清水继续喷洒干净,并用清水清洗各部分,然后打开开关,置于室内通风干燥处存放。铁制桶身的喷雾器,用清水清洗完后,应擦干桶内积水,然后打开开关,倒挂于室内干燥阴凉处存放。所有皮质垫圈,贮存时应浸足机油,以免干缩硬化。

⑥若短期内不使用喷雾器,应将主要零部件清洗干净,擦干装好,置于阴凉干燥处存放。若长期不用,则要将各个金属零部件涂上黄油,防止生锈。

(二)踏板式喷雾器

1.结构

主要由液压泵、空气室、机座、杠杆部件、三通部件、吸液部件和喷洒部件组成(图附2-14)。液压泵为柱塞式,主要由缸体、柱塞、V形密封圈、进水阀及出水阀等组成。空气室用铸铁制成,呈壶形状。机座由灰口铁铸造而成。整个喷雾器组均安装在机座上,它能够承受机器各部分产生的力。杠杆部件由踏板、框架、连杆、连杆销、摇杆和手柄等组成,其作用是传递动力,带动框架、连杆,使柱塞在缸体内左右运动,进行吸液和压液的工作。三通部件由出水三通、垫圈、斜口、胶管螺帽和胶管夹环等组成,供出液用。吸液部件由吸液盖、进液管夹环、吸液头体等组成。一般吸液胶管内径为13 mm,长为1 750 mm。在吸液头体内装有吸液头滤网,它的作用是在吸液时进行过滤,防止杂质吸入泵内影响喷雾。喷洒部件与一般喷雾器的喷洒部件基本相同,但因工作压力比背负式手动喷雾器高,所以,耐压性能应较高些。喷雾胶管一般配有单喷头和双喷头,也可配小型可调喷枪使用。

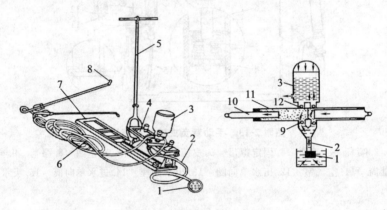

图附2-14　踏板式喷雾器结构
1.过滤器　2.吸管　3.空气室　4.双缸往复式柱塞泵　5.摇杆　6.出水管
7.踏板　8.喷头　9.进液阀门　10.柱塞　11.缸筒　12.出液阀门

踏板式喷雾器是一种喷射压力高、射程远的手动喷雾器。操作者以脚踏机座,用手推摇杆前后摆动,带动柱塞泵往复运动,将药液吸入泵体,并压入空气室,形成0.8~1.0 MPa的压力,即可进行正常喷雾。踏板式喷雾器目前在绿地养护中应用广泛。

2.使用与保养

①药液在使用之前必须先经过过滤,以免杂质堵塞喷孔而影响喷雾质量。

②该喷雾器没有装压力表和安全装置,使用时凭感觉估计压力大小,以能正常喷雾为宜。吸水座必须淹入药液内以免产生气隔。

③当中途停止喷药时,必须立即关闭开关,停止推动摇杆。

④不允许两人同时推摇杆,以免超载工作而使胶管破裂和损坏机具。

⑤各注油孔和活动部分应经常注润滑油,油杯内必须注满黄油,每天将油盖拧紧1~2圈。

⑥每天使用完毕,将吸液头拿出药液容器,继续摇动摇杆,排出机内的剩余药液。将空气室内的药液排除干净,再用清水或碱水清洗干净。清洗后拆下出液胶管和喷枪。把出液胶管悬挂在阴凉干燥的地方,将喷枪的直通开关打开,放尽喷杆内的残液。

⑦在使用硫酸铜及石灰硫磺合剂等高度腐蚀性的药液时,使用完毕必须立即用清水或热碱水洗净后擦干,决不能使药液留存在机具内。

⑧使用完毕,在保存前用热碱水冲洗机具内外;封闭进液接头和出液接头;在活动部分涂润滑油脂,并用纸包封,以便防尘和防腐蚀。

⑨每年秋季用完后,应拆洗、清理、检查和换密封圈、橡胶垫、螺钉、螺母等,封好存放。

二、担架式机动喷雾机

(一)类型

担架式机动喷雾机,是由发动机带动液泵产生高压,用喷枪进行宽幅远射程喷雾的植保机械。常见机型有金蜂-40型担架式机动喷雾机和工农-36型担架式机动喷雾机。

1.金蜂-40型担架式机动喷雾机(图附2-15)

该喷雾机由动力和喷雾两部分构成。动力采用小型发动机,如165F柴油机等;喷雾部分由ZMB240型隔膜泵混药器、喷射部件等组成。金蜂-40型机动喷雾机流量大、压力高、射程远,属中等雾滴型喷洒,耐磨蚀性好,能经受脱水状态运行。在水源丰富地区可以就地吸水、自动混药,因此它适应性强,用途广泛,可应用于园林的病虫害防治和喷洒除草剂,还可用于高山提水、废水处理以及喷洒粪液等,该机型结构简单紧凑、操作维修方便、耐磨损、耐腐蚀、寿命长。是我国目前较理想的植保机具。

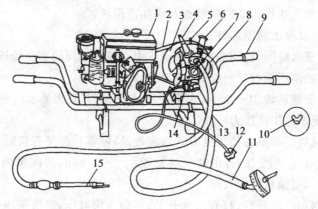

图附2-15　金蜂-40型担架式机动喷雾机

1.165F柴油机　2.三角皮带　3.皮带轮　4.压力表　5.空气室　6.调压阀　7.隔膜泵　8.回水管组件
9.机架　10.三通　11.过滤器　12.吸药过滤器　13.出水管　14.吸药开关　15.喷枪

2.工农-36型机动喷雾机(图附2-16)

主要由三缸活塞式液泵、混药器、吸水滤网、喷射部件、机架、柴油机(或汽油机)等组成。三缸活塞泵包括液泵主体、进液管、出水阀、空气室、调压阀、压力表和截止阀。液泵主体由泵筒、活塞、连杆、曲轴和曲轴箱组成,当动力通过三角皮带使曲轴做旋转运动时,连杆即带动活塞在泵筒内做往复运动,进行吸液和压液。出水阀靠弹力与阀座紧贴,当活塞压液时,出水阀即被顶开。空气室对液泵起稳定压力作用,以保证均匀、持续的喷雾。调压阀用来控制喷雾机的喷射压力。当空气室内的液体压力超过弹簧对阀门的压力时,液体使阀门开大,回流量增加,空气室内的压力即下降到调压阀所调节的压力,此时回流量相应减少。使用过程中,如发

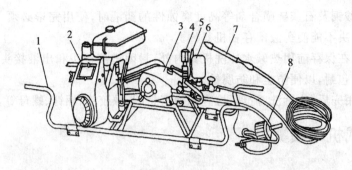

图附 2-16 工农-36 型机动喷雾机

1.机架 2.发动机 3.泵体 4.调压阀 5.压力指示器 6.空气室 7.喷洒部件 8.吸水滤网

生压力不稳或持续上升,可按顺时针方向扳足卸压柄进行卸压,以避免损坏机件或发生其他事故。压力指示器显示液体压力大小,通常安装在调压阀的接头上,和调压阀连在一起。弹簧伸缩推动标杆上下,由指示帽的刻线指示液泵的压力。截止阀连接在气室座上。当需要排液时,打开截止阀,可协助调压阀调整液泵的工作压力。

(二)担架式喷雾机的使用与保养

①按说明书规定的牌号向曲轴箱内加入润滑油至规定的油位。以后每次使用前及使用中都要检查,并按规定对汽油机或柴油机检查及添加润滑油。

②正确选用喷洒及吸水滤网部件。

③启动前,检查吸水滤网,滤网必须沉没于水中。将调压阀的调压轮按反时针方向调节到较低压力的位置,再把调压柄按顺时针方向扳足至卸压位置。

④启动发动机,低速运转 10~15 min,若见有水喷出,并且无异常声响,调节调压手柄,使压力指示器指示到要求的工作压力。

⑤用清水进行试喷。观察各接头处有无渗漏现象,喷雾状况是否良好。

⑥作业完后,应在使用压力下,用清水继续喷洒 2~5 min,清洗泵内和管路内的残留药液,防止药液残留内部腐蚀机件。

⑦卸下吸水滤网和喷雾胶管,打开出水开关;将调压阀减压,旋松调压手轮,使调压弹簧处于自由松弛状态。排除泵内存水,并擦洗机组外表污物。

⑧定期更换曲轴箱内机油。遇有因膜片(隔膜泵)或油封等损坏,曲轴箱进入水或药液,应及时更换零件修复好机具并提前更换机油。清洗时应用柴油将曲轴箱清洗干净后,再换入新的机油。

⑨机具长期贮存时,应严格排除泵内的积水,防止天寒时冻坏机件。应卸下三角皮带、喷枪、喷雾胶管、喷杆、混药器、吸水滤网等,清洗干净并晾干。能悬挂的最好悬挂起来存放。

三、其他喷雾机具

(一)背负式电动喷雾器

在药液箱内装有电动液泵,可大大减轻劳动强度。如图附 2-17 所示为山东卫士植保公司生产的 WS-18D 型电动喷雾器。该喷雾器采用自动喷洒系统和药箱一体化设计,装有电动的高压隔膜泵，蓄电池为 12 V、7 A,电池容量大,电能转换效率高,工作时间长。1 次充足电后,可连续工作(4±0.5) h,间歇工作 5 h。具有阀芯式掀压开关,不易渗漏,操作灵活简便,打开电源开关后,打开药液开关,开始工作;关闭药液开关,电泵自动断电停止工作;再开药液开关,电泵自动连电开始工作。噪声小,安全性能好,具有模仿人体后背形状曲线的药液箱,并备有背带垫和腰带,背负操作舒适。

图附 2-17　背负式电动喷雾器

(二)手持电动离心式喷雾器

采用微型电机,驱动离心式喷头进行离心喷雾的一种手持式喷雾器。常见的如 3WD-60 型手持电动离心喷雾器,在空心的塑料手柄中装有 8 节 1 号干电池,喷头的旋转动力为 7~8 W 的微型电机,转速为 7 000~8 000 r/min。工作时,药液瓶中的药液在自重下经过离心式喷头的中心喷嘴,流入双齿盘(雾化盘)的夹缝中,双齿盘在微电机驱动下高速旋转,在离心力作用下将药液甩出。

四、弥雾喷粉机

弥雾喷粉机是多用途的喷洒机械。它的特点是用一台机器更换少量部件即可进行弥雾、超低量喷雾、喷粉、喷洒颗粒、喷烟等作业。背负式弥雾喷粉机由于具有操纵轻便、灵活、生产效率高等特点,广泛用于较大面积的草坪养护、苗圃和林业生产中。

(一)背负式弥雾喷粉机的结构

背负机主要由机架、离心风机、汽油机、油箱、药箱和喷洒装置等部件组成,如图附 2-18 所示。

(二)背负式弥雾喷粉机的使用与保养

①使用前,应首先检查机器各零部件是否齐全、安装是否可靠。对于新机或刚刚启封的机具,应将缸体内的机油排除干净,并检查压缩比和火花塞跳火是否正常。

②喷雾作业时,全机应处于喷雾作业状态。加药液之前,用清水试喷 1 次,检查各处有无渗漏。加液不要过满,以免从过滤器出气口处溢进风机壳里。喷粉作业时,全机应处于喷粉状态。关好粉门后加粉,粉剂应干燥,不得含有杂草、杂物和结块,加粉后旋紧药盖。启动发动机,使处于怠速运转。背起机具后,调整油门开关,使汽油机稳定在额定转速左右,开启药液手把开关即可开始作业。

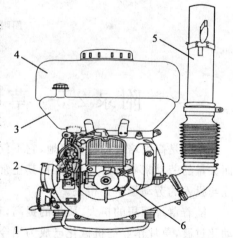

图附 2-18　背负式喷雾喷粉机
1.机架　2.汽油机　3.汽油箱
4.药液箱　5.喷管　6.风机

③无论进行喷雾还是喷粉,应顺风作业。停止作业时,应先关闭粉门或粉液开关,然后再关闭汽油机。汽油机必须使用混合燃油,汽油与机油的比例为 15:1,为了安全防火,加油时必须停机。

④使用完毕后，清理药箱内残存的药液或粉剂，洗刷药箱，检查各连接处是否有漏水、漏油现象，并及时排除。清除机器表面油污和灰尘，检查各连接螺栓紧固情况，保养后应将机器放在干燥通风处，切勿靠近火源。

⑤长期存放时将机器全部拆开，仔细清洗各零部件上的油污和灰尘，清洗药箱、风机和输油管。将风机壳清洗干净，晾干后涂一层防锈黄油予以保护。

⑥各种塑料件应避免长期曝晒，不能磕碰、挤压，所有零部件用塑料罩盖好，置于通风干燥处。

五、喷药车

又称洒药车、药物喷洒车、农药喷洒车，主要用于喷洒农药，还具有运水、排水、应急消防等功能。动力有机载柴油机、拖拉机 PTO 动力输出轴或液压输出动力。喷洒方式有喷杆喷洒、轴流风机辅助远程喷洒、喷枪喷洒等。控制方式有手动、半自动及智能化电脑控制喷洒等，可做到根据标靶形状喷洒，目标自动识别喷洒，节约药量达 30% 以上。药箱容积从 189 L（50 加仑）至 5 670 L（1 500 加仑）可选（图附 2-19）。

图附 2-19　喷药车类型

附录 2-5　草坪机具的使用与维护

草坪是高度培育的特殊草地，它不仅需要大量的工作量来建植，而且，建坪之后还需经常而大量的劳动来养护管理，以维持其正常的生产性能。因此，草坪质量的高低，功能的大小，往往与投入的劳动量呈正相关。

随着草坪面积的扩大、质量的提高，草坪业逐渐由单一的人工作业向半机械化、机械化、自动化过渡，草坪作业的机械化已成为当今草坪工作者十分关注的问题。

草坪业在我国是近几年兴起的年轻产业，草坪建植和管理，耕耘整地，播种，草坪草的修剪、杀虫、杀菌等药剂的喷施，以及草坪的更新作业都日益离不开机械的作用。高尔夫球场、足球场、草坪网球场、棒球场以及橄榄球场等管理要求程度较高的草坪地，各种各样的机械器具，使用更是必不可少的。

草坪机具是指在草坪作业中使用的机械和设备，按其生产用途可分为草坪建植机械和草坪养护机械。草坪建植机械主要包括播种、施肥机械以及铲草坪机等；草坪养护机械包括剪草机、割灌机、打孔机、梳草机、开沟机、修边机等。

一、播种、施肥机械

(一)播种机

草坪播种是将草坪的种子直接播种在坪床上的一种建坪方法。主要采用2种方法,一种是撒播,另一种是喷播。前者使用的是撒播机,后者使用的是喷播机。

1.草坪撒播机

草坪撒播机是一种靠转盘的离心力将种子抛撒播种的机械,有的撒播机还可用于草坪施肥作业。撒播机的排种器为离心式排种器,其结构如图附2-20所示,为一个高速旋转的圆盘,圆盘上部有4条齿板,种子箱内的种子,通过排种口落到圆盘上的齿板之间,此时圆盘在驱动机构作用下高速旋转,种子在离心力的作用下不断沿径向由内向外滑动,当种子脱离圆盘后,继续沿径向运动,在空中散开,均匀撒落到地面上。

草坪撒播机有拖拉机牵引式、悬挂式、便携式、步行操纵自走式(手扶自走式)等多种结构形式。

(1)便携式(手提式)播种机　该机由贮种袋、机座手摇转动装置、旋转飞轮等部分组成(图附2-21)。使用时一人即可操作,播种者只需将背带套在肩上,摇动摇把,贮种袋下的旋转飞轮便会把种子旋播出去。下种口的大小可以调节,即根据种子的大小、播种量的多少调节下种速度。该机体积小,重量轻,结构简单,灵活耐用,不受地形、环境和气候的影响。适用于中等面积和复杂地形条件下的草坪播种。

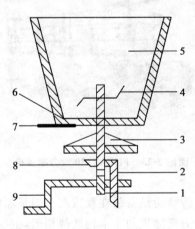

图附2-20　手摇撒播机结构图
1.机架　2.垂直锥齿轮　3.撒播盘　4.搅拌轮
5.种子箱　6.下种孔　7.种量调节板
8.水平锥齿轮　9.摇把

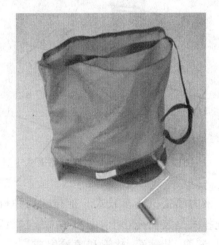

图附2-21　便携式播种机

(2)手推式撒播机　手推式撒播机的种子箱位于机架之上,机架由手柄和托架组成,地轮位于机架之下支撑机架并传递动力。地轮轴中央有1对锥齿轮,完成种子的撒播。其播种量通过种量调节板调节。

(3)手扶自行式撒播机　手扶自行式撒播机由行走和播种两部分组成,行走部分由一小汽油机驱动,小型汽油机的动力通过链传动减速后传给行走轮,行走轮的转动通过装在轮轴上的一对圆锥齿轮传给星形转盘,用于播种。

(4)牵引式撒播机 由拖拉机牵引作业,它由料斗、排种量调节装置、撒播转盘、转盘驱动装置、行走轮、牵引架等组成。拖拉机在行驶时,带动撒播机的行走轮在地面滚动,行走轮的转动通过装在轮轴上的一对圆锥齿轮增速并改变转动方向后,驱动撒播转盘在水平面内旋转,落在转盘上的种子即靠离心力撒播出去。装种子的料斗安装在转盘的上方,料斗下部设排种量调节装置和排种孔,种子通过调节孔下落到转盘上。

2.草坪喷播机

草坪喷播机是利用气流或液力进行草籽播种的机械。目前使用比较广泛的是液力喷播机(图附2-22、图附2-23)。它是以水为载体,将草籽、纤维覆盖物、黏合剂、保水剂及营养素经过喷播机混合、搅拌后按一定比例均匀地喷播到所需种植草坪的地方,经过一段时间的人工养护,形成初级生态植被。草坪喷播具有以下优点:特别适合在山地、坡地进行施工。喷播形成的自然膜和覆盖在地表的无纺布可有效地起到抗风保湿、抗雨水冲刷的作用;任意选择适合生长的草种品种。草种品种可以根据气候、土壤、用途及草坪的特性任意选择,也可以将多个品种进行混合播种,利用它们的不同特性起到互补的作用,从而达到最佳效果播种均匀,省时高效,适合高尔夫球场、足球场等大面积施工,观赏效果好。喷播所用的植物材料本身就呈绿色,再加上地表覆盖的无纺布也是绿色,所以喷播后没有裸露的土地,视觉效果好,10 天左右可揭去无纺布,20 天后经过修剪即可初步成坪。

图附 2-22 FINN T90 液力喷播机   图附 2-23 FINN T120 液力喷播机

液力喷播机有车载式和拖挂式两种机型,车载式是将喷播设备装在载重汽车的车厢板上;而拖挂式是装在拖车上,由汽车或拖拉机牵引行驶。液力喷播机的基本构造都相似,主要由发动机、浆泵、装载箱、软管和喷枪组成。

(1)发动机 大多数喷播机都具有独立的发动机,主要用于驱动浆泵和搅拌装置,一般为四行程汽油机,功率一般在几千瓦至几十千瓦。

(2)浆泵 浆泵是使混合浆液产生一定的压力,通过软管、喷枪喷射出去,常用耐腐蚀离心泵,工作压力为 0.6~1.0 MPa。

(3)装载箱 主要用于贮存浆液,由尼龙或不锈钢制成,具有防腐、防锈功能,其容量是产品的重要指标。装载箱内设有搅拌机械和液力循环搅拌管道,其目的是将水、种子、纤维覆盖物、黏合剂、染色剂、化肥等在罐内搅拌,形成均匀的浆液。发动机通过搅拌装置以机械传动或液压传动来驱动带有翼片的驱动轴,使搅拌装置可正反转搅拌;液力循环通过系统本身内的一根支管,通过浆泵将一部分浆液向混合罐内喷射,使混合罐内的浆液循环搅动进行混合。喷射系统中设有安全阀,在喷枪停止喷射时,浆液从安全阀回到装载箱。

(4)喷枪 喷枪是浆液的喷洒部件。有长嘴、短嘴和鸭嘴多种形式,可根据不同的作业对象和地貌特征来选用。

3.草坪补播机

已建成的草坪,由于一些人为或自然的原因,经常在某些部位会发生无草皮或草株过稀的现象,这就要求进行补种或补播。补播可以使用普通的草坪播种机,但由于播前要进行相应的整地,需动用多台机械,且由于面积通常都比较小,因此经济上不一定合算。在这种情况下,一些集整地、播种于一身的专用草坪补播机问世了。草坪补播机有拖拉机悬挂式、步行操纵自走式等形式。步行操纵自走式补播机,由1台汽油机驱动,前部设有旋转圆盘耙,能开出窄缝式的播种沟;中部有导种管,将由种子箱经排种器排出的种子导入播种沟,后部还装有覆土圆盘,对播下的种子进行覆土。

(二)施肥机

为了促进草坪生长,必须适时对草坪进行施肥。而施入的肥料必须均匀地撒到草坪表面,才能使草坪草生长整齐一致,采用施肥机械施肥,能高效、均一地把化肥施入草坪,大大优于人工撒施。

由于草坪的草种是小颗粒状,草坪施肥一般也是喷撒颗粒状或粉状肥料。因此,草坪播种和施肥机械可以相互借用。其使用方法也基本类似。一般颗粒肥料可使用点播机或撒播机。

施肥机的种类很多,按照施肥方式不同,可分为便携式、手推式、拖拉机悬挂式和牵引式等。按照施肥机的工作原理不同,草坪施肥机有离心圆盘式撒肥机、气力式撒肥机、摆管式撒肥机等。较小面积的草坪施肥可选用便携式或手推式施肥机,大面积草坪应考虑采用拖拉机驱动施肥机。拖拉机驱动的播种施肥机械的具体操作与整地机械基本相同。手推式是用人力代替拖拉机的动力,主要用于小型地块的播种施肥作业。操作过程中,关键是按使用说明书以及草坪播种施肥的要求,通过播种施肥机械本身的调节装置调节所需的播种量和施肥量。为确保均匀施肥,可把规定数量的肥料分成2份:1份按南北方向撒施,1份按东西方向撒施,在施肥前,先将肥料装到撒肥机上行走20 m以检验撒肥机是否按规定数量施肥。

1.手推式施肥机

手推式施肥机主要用于小面积或小片草坪地的施肥作业,由安装在轮子上的料斗、排料装置、轮子和手推把组成。常用的为传送带式施肥机,由料斗、橡胶传送带、刷子等组成。传送带位于料斗的底部,在传送带运动方向一侧,传送带与料斗之间有一较大间隙,该间隙的大小通过料斗调节螺栓调节,以控制施肥量。作业时,颗粒状或粉状固体肥料通过这一间隙由传送带传出料斗,再由刷子将传送带端头的肥料刷向草坪,传送带和刷子都由推行的地轮驱动,机器前进的方向与传送带运动方向相反。

2.拖拉机驱动施肥机

这类机器主要为拖拉机悬挂式或牵引式,主要适用于大中型草坪的施肥作业。

(1)转盘式施肥机 由料斗、转盘、搅拌器、传动装置等组成(图附2-24),转盘式施肥机的肥料装载斗是1个倒锥形,下部有调节侧板,用以调节料斗下部边缘与转盘之间的间隙,即施肥量。转盘安装在料斗的底部,转盘上有沿径向布置的挡板,转盘由拖拉机动力输出轴通过传动机构驱动旋转。在料斗中还安装有搅拌器,它与转盘一起转动,以保证料斗中的肥料能源源不断地向转盘供料。作业时,转盘高速旋转,搅拌器也高速旋转,肥料从料斗与转盘的间隙落入转盘,在旋转离心力的作用下,肥料从转盘甩出撒向草坪。转盘式施肥机有多种规格,其施肥效率主要受施肥机的规格和肥料种类的影响。如一台料斗容量为 300 kg 的施肥机,当施粉状肥时,其施肥的宽度是 5 m,施颗粒状肥时,施肥宽度为 12 m;另一台料斗容量为 600 kg 的施肥机,当施粉状肥时,其施肥的宽度是 10 m,施颗粒状肥时,施肥宽度为 16 m。

(2)摆动喷管式施肥机 由料斗、摆动喷管、施肥量调节盘、搅拌装置和传动机构等组成(图附 2-25)。料斗为倒锥形,在料斗的底部有出料孔,可使肥料进入到摆动的喷管中,施肥量调节圆盘安装在出料孔上。通过转动调节圆盘,可使圆盘上的长三角孔与料斗出料孔的重合面积发生变化,从而可调节进入摆动喷管的肥料量;两者重合面积越大,施肥量也越大,反之则小,甚至完全关闭,调节圆盘的转动由调节杆控制。为保证料斗能顺利出料,在料斗中安装有搅拌装置,而摆动喷管与一偏心装置相连接;在作业时,拖拉机的动力输出轴驱动搅拌装置和偏心装置,使摆动喷管不断摆动,把由料斗通过调节圆盘进入喷管的肥料喷撒在草坪上。

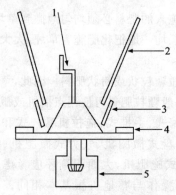

图附 2-24 转盘式施肥机工作原理
1.搅拌器 2.料斗 3.料斗调节侧板
4.转盘 5.锥齿轮

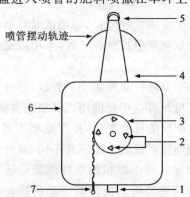

图附 2-25 摆动喷管式施肥机工作原理
1.上悬挂点 2.长三角形孔 3.调节盘
4.摆管 5.喷口 6.料斗 7.调节杆

3.施肥机的使用与保养

施肥机施肥量的正确调节是使用的关键环节,在使用时首先应通过调节施肥机本身的施肥量调节装置调节所需的施肥量;其次注意调节撒肥装置距离地面的高度,同时还应注意施肥机的前进速度应与撒肥装置撒肥的速度相适应,撒到草坪地面上的肥料既不宜太密也不宜过稀。

由于草坪所施的肥料大多数为酸性或碱性,很容易造成部件受潮而被腐蚀。虽然有些机械的零部件采用了耐酸碱的材料,但如果不注意保养仍会产生排料不顺利,机件运转不良甚至卡死的现象。在使用时,应注意以下几方面问题:

①每次施肥作业后,应将残留在机器内的肥料清理干净,如果第 2 天仍要施肥作业,也不要将肥料留在料斗中,更不能将施肥机留在露天过夜。

②在 1 个施肥周期结束后,应将撒肥作业的工作部件拆下来进行清理,并注意清洗不能拆卸件上残留的肥料,所有清洗好的零部件待晾干后都涂上机油。

③将涂好机油的零部件安装回施肥机(如果发现被腐蚀损害的零部件应及时更换),并用盖布或罩子将施肥机罩住,以防止灰尘落到涂机油的机件上。

二、草坪修剪机

草坪修剪机简称剪草机,其主要作用是对草坪进行定期修剪。在草坪养护中占有重要地位。

(一)草坪修剪机的类型

草坪修剪机的发展,从最初的人力手推至今日的内燃机驱动、电动、液压式、气垫式、电子、电脑控制以及太阳能为能源的全自动、低噪音的高智能修剪机的问世,已有100多年的历史。草坪修剪机械是草坪机械中使用最普遍、生产量最大、也是类型最多的一种机械。草坪机械的类型很多,按照工作部件剪草方式分为以下几种:

1.滚刀式草坪修剪机

滚刀式草坪修剪机主要工作部件为螺旋滚刀和底刀,呈螺旋线排列的刀片上有刃口,滚刀转动时,螺旋刀片将草茎剪断。该机型适合于切削量较小的草坪修剪。主要用于地面平坦、质量较高的草坪,如各种运动场、高尔夫球场的精修区等。

2.旋刀式草坪修剪机

旋刀式草坪修剪机(图附2-26)主要工作部件是水平旋转的切割刀,工作时利用刀片的高速旋转而将草茎割断。旋刀式草坪修剪机以修剪较长的草为主,适用于普通草坪的使用。

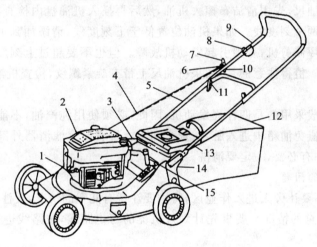

图附 2-26　WB530A 型旋刀式草坪修剪机结构示意

1.火花塞　2.发动机　3.油门拉线　4.启动绳　5.下推把　6.固定螺栓
7.启动手柄　8.油门开关　9.上推把　10.螺母　11.锁紧螺母
12.集草袋　13.后盖　14.支耳　15.调茬手柄

3.往复式草坪修剪机

往复式草坪修剪机主要工作部件是一组作往复运动的割刀,长度600～1 200 mm。这种修剪机主要用来修剪较长的草,如用于公路两侧、河堤绿化地带及杂草灌木丛的作业。

4.甩刀式(亦称链枷式)草坪修剪机

甩刀式(亦称链枷式)草坪修剪机主要工作部件为在垂直平面内旋转的切割刀片,称为甩刀,工作时由于离心力的作用使刀片绷直飞速旋转,将草茎切断并抛向后方。适合于切割茎秆较粗的杂草。

5. 甩绳式割草机

这种割草机是将割灌机的工作头上的圆锯片或刀片用尼龙绳或钢丝绳代替,割草时草坪植株与高速旋转的绳子接触的瞬间被其粉碎而达到割草的目的。

草坪修剪机按作业方式又可分为手推式、自行式、乘坐式、拖拉机牵引式等类型。

(二)使用说明

草坪修剪机在使用过程中必须严格执行操作规范,以确保人身安全及机器的使用寿命。草坪修剪机的种类很多,但操作使用基本相似,下面以 WB530A 型草坪修剪机为例具体介绍其使用方法。

1. 使用前的准备工作

(1)认真阅读使用说明书 操作者在开始使用以前,必须认真阅读使用说明书,熟悉机器的各部分结构,并全面检查机器是否处于正常状态,特别是运动件和防护装置必须安装牢固。步行操作者不能光脚或穿开口的凉鞋操纵机器,应穿坚固的鞋靴,并戴安全眼镜。彻底检查剪草机将要工作的区域,除去所有石头等坚硬物体,以免损坏修剪机或伤到作业人员。步行操纵的草坪修剪机不要在湿草上作业,不要在超过 15°的斜坡上作业。

(2)检查发动机 检查机油时,将草坪修剪机放置在一水平位置,发动机熄火的状态,待油面静止后再抽出机油尺,先用清洁布擦去机油,然后再插入机油盘内检查机油尺沾油的位置。机油尺上一般刻有两个刻度线。如果机油位置低于下刻度线,请添加到上刻度线。如果机油过低就不能使用草坪修剪机,否则引起发动机故障。但也不要超过上刻度线,机油过多,会引起功率下降和冒烟。值得注意的是:如果机油尺上带有旋紧螺纹,检查机油位置时只要插入而不要旋入机油尺。

草坪修剪机一般采用的是四种程发动机,因此,必须使用纯汽油,不能使用机油和汽油的混合油。加油时应避免油箱中进入脏物、灰尘和水。检查空气滤清器外部的泡沫塑料滤芯和内部的纸式滤芯,如有必要,一定要清洗。

2. 使用时注意的问题

机器作业时,不要让旁人进入作业区,特别要注意有儿童的情况,要注意屋角、树后或其他物体挡住视线时儿童的情况。要事先计划好机器的行走路线,按路线进行作业,以提高作业效率。

在作业中如发现有刀片撞击外物现象,应立即关闭发动机,拔下火花塞导线,仔细检查切割装置和其他部件受损情况,必要时进行修理或更换,要确保一切正常后才能再次启动发动机,继续进行作业。在作业中如发现机器产生不规则的振动,应立即关闭发动机,拔下火花塞导线,并仔细检查振动的原因。通常,机器振动是将要出现危险的先兆或警告,一定要查找原因,如刀片松动、刀片受到损伤、发动机安装螺栓松动等,都能引起机器振动,一定要排除故障后才能继续作业。

在作业中不要触摸发动机散热片和消声器,以免引起烫伤,同时也不要在机器运行情况下向发动机加油,加油时一定要关闭发动机。

要经常检查刀片是否损坏或磨损,如裂缝或缺口等;当发现刀片弯曲或损坏时,必须立即更换新刀片,为了安全和良好的切割性能,每 2 年应更换 1 次刀片,要经常检查刀片紧固螺栓,防止松动,并及时更换损坏的螺栓。

3.修剪机的保养

(1)发动机的保养　定期更换润滑油。新机器使用 5 h 后就应更换润滑油。以后每使用 50 h 或 1 个工作季度更换 1 遍机油。排油可以从底部排油孔排出或从顶部的注油孔倒出,排油应在热机时进行。

清洁空气滤清器。每工作 50 h 左右清洗 1 次空气滤清器,先将空气滤清器拆下,取出其中的滤芯,放在干净的平面上轻打,直至所吸附的灰尘抖落干净。若滤芯很脏。则应更换或用低泡沫洗涤剂和热水的混合液清洗,然后用水冲净、晾干。

保持汽油机清洁。每年应拆下并更换输油路中的汽油滤清器。在清洗汽油滤清器前,应放完油箱里的汽油。

(2)刀片的保养　经常检查草坪修剪机切割刀片的锋利度、平衡度和直度,钝的刀片将使修剪的草坪参差不齐,并引起发动机载荷过大;弯曲或失去平衡的刀片会产生过大的振动。变钝的刀片可以进行刃磨,而弯曲或有裂缝的刀片必须更换。在每次检查刀片时,必须注意要把火花塞高压线拔下来,检查时要戴上防护手套。

轻度变钝的刀片一般用锉刀锉几下即能恢复,很钝或有缺口的刀片必须从修剪机上卸下来,在刃磨机上刃磨,切削刃理想的刃磨角为 30°,刀片的两端要同样刃磨,以保持刀片的平衡,刃磨后应检查其平衡性。失去平衡的刀片在高速旋转时会引起激烈振动,从而导致刀轴轴承的损坏和刀盘体产生裂纹,严重时会使发动机曲轴变形。刀片在平衡前应确认是经过刃磨并已擦干净的,平衡时将刀片中心轻放在锥体平衡器的锥体上,观察两边平衡状况,将重的一侧做上记号,通过再次刃磨适量去掉一些金属,以最终达到两侧完全平衡,切不可用磨削刀片的翼翅来达到平衡。在没有平衡器的情况下,也可用改锥穿进刀片中心孔观察刀片是否与地面平行来确定其平衡度,当刀片与地面平行时,则此刀片基本是平衡的。

(3)机壳的保养　机壳内部必须在每次使用完毕后进行清理,防止修剪下的碎草、树叶、污泥或其他东西紧紧附着在上面,既产生锈蚀,也会影响出草通道的通畅。

长期不使用时,放尽机内汽油,彻底清洁机器内外,在转动部件和刀片表面涂上黄油,然后将机器放入包装箱内储存。

三、草坪打孔机

在草坪养护管理过程中,除了进行正常的修剪外,还要定期进行施肥、打孔、疏草等一系列养护工作,同样离不开各种园林机械。

在草坪上按一定的密度打出一些一定深度和直径的孔洞称为打孔。这是草坪养护、复壮的一项有效措施,可使草根通气、渗水,能改善地表排水,促进草根对地表营养的吸收,切断根茎和匍匐茎促进新的根、茎生长,同时还可以在打孔后进行补播。尤其在践踏严重的草坪上,如足球场、高尔夫球场的球盘,进行打孔处理是十分必要的。草坪打洞养护的主要机械设备是草坪打孔机。草坪打孔机是利用打孔刀具按照一定的密度和深度对草坪进行打孔作业的专用机械。根据刀具在作业时的运动方式,打洞机分成垂直打洞机和滚动打洞机,这两种打洞机都可以有步行操纵的和乘坐操纵的。

(一)草坪打孔刀具

根据草坪打孔透气要求的不同,通常有几种类型的刀具用于草坪打孔作业。

1.扁平深穿刺刀

这种刀具主要用于土壤通气和深层土壤耕作。

2.空心管刀

由于刀具为一空心圆管,打洞作业时可以将洞中土壤带出,留于草坪的洞可以填入新土,实现在不破坏草坪的情况下更新草坪土壤。用这种刀具进行打孔作业有助于肥料进入草坪根部,加快水分的渗透和空气的扩散。

3.圆锥空心刀

这种刀具在作业时刺入草坪而留下孔洞,洞的四周土壤被压实,其主要目的是尽快排除草坪表面的积水。

4.扁平切根刀

扁平切根刀主要用于切断草坪草的根系,促使草坪更好地生长。

(二)手工打孔机

这种打孔机结构简单,是在一个金属框架上端装有2个手柄,下端装有4~5个打孔锥(分空心和实心两种)。作业时,由一人操作,双手握住手柄,在打孔点将中空管刀压入草坪土壤一定深度,然后拔出管刀,打孔就算完成。由于管刀是空心的,在管刀压入地面穿刺土壤时芯土将留在管刀内,再打下一个孔时,管芯内的土向上挤入一圆筒形容器内。该圆筒既是打孔工具的支架,也是打孔时芯土的容器。当容器内芯土积存到一定量时,从其上部开口端倒出。打孔管刀安装在圆筒的下部,由两个螺栓压紧定位。松开螺栓,管刀可上下移动用以调节打孔深度。这种打孔机主要用于机动打孔机不适宜的场地及局部小块草地,如绿地中树根附近、花坛四周及运动场球门杆四周的打孔。

(三)机动打孔机

机动打孔机,主要依靠动力机带动打孔刀具对草坪进行打洞透气作业。

1.机动打孔机的类型

(1)按机器的结构形式　分为手扶自行式和拖拉机悬挂牵引式。

①手扶自行式打孔机(图附2-27)。其功率为5.88~11.77 kW,作业能力约1 200 m²/h,作业幅度为600~800 mm,孔径9~16 mm。可以安装上回收器,除打孔外,还能清理场地杂物。但它移动迟缓,机件结构复杂。适于足球场、网球场、高尔夫球场球穴区、发球区等处使用手扶自行式打孔机有不同的口径,一般有6、10、12 mm三种。不同孔径打孔锥可打出不同大小的孔洞,达到不同草坪要求的目的。孔距也有不同,用6 mm的打孔锥,孔距为25 mm×25 mm,孔洞细而密。打孔深度可以调节,调整范围为25~100 mm。

图附2-27　手扶自走式打孔机

打孔机作业时,每个平板随水平轴旋转,板上打孔锥就因自重而插入和拔出土中。打孔锥是空心的,土可以从锥中心排出,适用于草皮整修、填沙和补播。如果是实心圆形锥,插入草皮,将孔周围土壤挤实,除能破碎草皮外,还有助于草坪表面的排水作用。

②拖拉机悬挂牵引式。是由拖拉机牵引的大型草坪打孔机组,它具有更为广泛的用途。该机包括一系列四边形或圆形的平板,平板均匀地固定在水平轴上,每个平板的对角上装上固定的或角度可调的打孔锥。当平板随水平轴旋转时,板上的打孔锥就因自重而插入或拔出土中。

(2)按打孔刀具的运行方式　分为垂直打孔式和滚动打孔式。

①垂直打孔式草坪打孔机。这种类型打孔机在进行打孔作业时刀具垂直上下运动,使打出的通气孔垂直于地面而没有挑土现象,从而提高打孔作业质量。

②滚动打孔式草坪打孔机(图附 2-28)。其主要特点是在滚动的圆辊式圆盘上安装打孔刀具,当圆辊或圆盘滚动时,打孔刀具即入土打孔。

图附 2-28　手扶滚动式打孔机

2.打孔机的使用与保养

(1)发动机的启动

①启动前的准备工作。检查发动机机油位,将发动机放置在一水平位置上,并将加油口周围清洗干净。取下机油尺,用干净布擦去机油,然后重新插入油底中,再次取下机油尺,检查机油尺的刻度。如果油面过低,就应添加机油,一直添加到油尺中的上刻线。注意:机油油面过低,会引起发动机故障;但油面也不要超过上刻度,机油过多,会引起功率下降和冒烟。检查空气滤清器的滤芯是否堵塞,如有必要,一定要保养。注意:决不能使用无空气滤清器的发动机,否则,会加速发动机的磨损。检查燃油箱的油量,一定使用纯汽油。

②启动和熄火。发动机启动时,应将燃油开关扳至打开位置,阻风门开关扳至阻风门位置。注意:如果发动机处于热机或空气温度较高时,不要使用阻风门,应将油门位置扳至快速位置启动。启动时将启动绳轻轻地向外拉,直至感到有阻力后再迅速拉动。移动油门到停止位置,然后将燃油开关扳到关位置。

(2)打孔机使用时注意的问题　对于需要打孔的草坪地(坡度小于 30°),在开始工作前将可能引起危险事故的石头、电线等物品清除干净。打孔前对草坪进行喷水,方能达到理想打孔效果。对于草地上的喷头、电线等需要躲避的物品要做好标记,以防工作中触及。工作前要检查减速箱油面,然后使后轮处于最低位置,确定皮带张紧程度,离合应收放自如。启动发动机,调整油门到操作者正常行走速度,以便操作者能始终舒适地控制机器,机器运转时,不得将手或脚置于可移动或转动的零部件旁,操作过程中禁止打开传动护罩装置。

(3)打孔机的技术保养　在进行任何维护保养以前,一定关闭发动机。为防止发动机突然启动,将开关按钮扳至 OFF 位置,并拔掉火花塞连接线。定期对草坪打孔机的检查和调整是非常必要的,按时保养可延长草坪打孔机使用寿命。在条件较恶劣的情况下使用机器时,保养次数应相应增加。新机怠速磨合 5～6 h,热机更换机油后,方可正常使用。

①每次使用前,检查发动机机油油面,齿轮箱油面,检查空气滤清器。

②第 1 个月或第 1 次工作 20 h,更换发动机机油和齿轮箱齿轮油,给后轮轴轴承注润滑脂。

③每 3 个月或累计工作 50 h,清洗空气滤清器并更换纸式滤芯。同时还应更换发动机机油、齿轮箱齿轮油,并给后轮轴轴承注润滑脂。

④每 6 个月或累计工作 100 h,更换发动机机油,检查、清洁火花塞,必要时调整其间隙。

⑤每 1 年或累计工作 300 h,检查、调整气门间隙;检查汽油箱和滤芯。

⑥每两年检查 1 次燃油油管,必要时加以更换。

⑦汽油机运转 100～300 h 后,应用木片或竹片清除发动机内积炭 1 次,但要注意积炭不得进入缸体和气门座。

(4)打孔机的保管　　如果 3 个月以上不使用草坪打孔机,则应按以下方法保管:保存草坪打孔机的地方应无潮气、无尘埃,同时使机器处于水平位置;拧松燃油管,排干燃油箱中的燃油;松开化油器放油螺栓,放净其中的燃油;重新拧上放油螺栓,连接燃油管线,将燃油开关扳至关闭(OFF)位置;拧下火花塞,并向气缸内注入 5～10 mL 清洁的机油,转动发动机曲轴数圈,使机油均匀分布于缸套内壁上,然后装上火花塞;更换发动机机油;将启动绳拉至压缩上止点,以关闭进排气门,防止脏物进入气缸和腐蚀发动机;为防止腐蚀,草坪打孔机发动机表面应涂一层薄机油,给后轴轴承注润滑脂,链条涂机油,打孔针也要涂机油,各连接部位涂机油。

四、草坪修边机

草坪修边机(图附 2-29)用于边界修整,切断蔓伸到草坪界限以外的根茎,草坪修边机通常以汽油机或电动机为动力,动力仅供切刀运行,机体则由人推动。

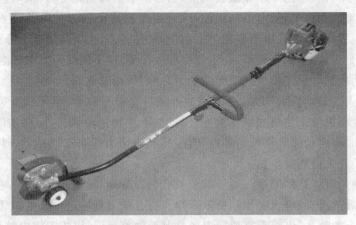

图附 2-29　草坪修边机

草坪修边机是由一组垂直刀片组成,这些刀片装在马达轴或由小型三角皮带驱动的轴上。刀片突出于草地边缘,且高速旋转,锐利的刃口,像旋转式割草机一样将草坪切开。可进行水平修剪、斜角修剪和垂直修边。切割的深度由机体前面的滚筒或支撑轮控制,提高滚筒则切割深度增加。

(1)水平修剪　修剪树篱下面以及边角部的草坪时,把刀片调至水平位,前轮向离开刀片方向移动并锁住,即可修剪一般草坪机难以修剪的隐蔽处草坪。

(2)斜角修剪　斜角修剪花木根部草坪时有8挡倾角可调,修剪效果十分出色。

(3)垂直修边　可十分方便地垂直修剪草坪边沿。

附录 3　常见园林植物养护管理

附录 3-1　常绿乔木类树种的养护管理

一、常见种类的整形修剪

1. 雪松
树干通直,雄伟壮观。庭园门前对植或孤植,广场作为主景树。

整形修剪:
　　雪松幼苗具有主干顶端柔软而自然下垂特点,为了维护中心主枝顶端优势,幼时重剪顶梢附近粗壮的侧枝,促使顶梢旺盛生长;如原主干延长枝长势较弱,而其相邻的侧枝长势特别旺盛时,则剪去原头,以侧代主,保持顶端优势。其干的上部枝要去弱留强,去下垂枝,留平斜向上枝。回缩修剪下部的重叠枝、平行枝、过密枝。剪口处应留生长势弱的下垂侧枝、平斜侧枝作头。主枝数量不宜过多、过密,以免分散养分。在主干上间隔 0.5 m 左右,组成一轮主枝。主干上的主枝条一般要缓放不短截,使树疏朗匀称,美观大方(图附 3-1)。

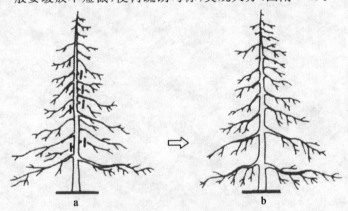

图附 3-1　雪松修剪示意图
a. 修剪前　b. 修剪后

2. 黑松
高大常绿乔木。树冠呈椭圆形,树干葱郁,挺拔苍翠,雄伟壮观,姿态古雅,是庭园、工厂、沿海地区绿化的好树种。

整形修剪:
　　5~6 年生的黑松可暂不修剪。为了使黑松粗壮生长,干、枝分明,将轮生枝修除 2~3 个,保留 2~3 条向四周均衡发展,保持侧枝之间的夹角相近似。还要短截或缩剪长势旺盛粗壮的轮生枝,控制轮生枝的粗度,即它的粗度为着生处主干粗的 1/3 以内,使各轮生枝生长均衡(图附 3-2)。

春季,当顶芽逐渐抽长时,应及时摘去 1～2 枚长势旺、粗壮的侧芽,以免与顶芽竞争,使顶芽集中营养向上生长。当树高长到 10 m 左右时,可保持 1∶2 的冠高比。

3.白皮松

常绿乔木。阳性树种,幼树较耐阴,深根性,寿命长。它树形多姿,树皮演变成粉白色的鳞片,十分别致,为我国著名观赏树种。

整形修剪:

密植的白皮松主侧枝生长少,而中央领导干高,生长量大,中心主枝优势较强,能形成较大的主干和圆球形的树冠。冬季整形修剪,把枯枝、病虫枝和影响树形美观的枝条剪除。要控制中心主枝上端竞争枝的发生,整形时及时剪除竞争枝,扶助中心主枝迅速生长,以形成理想的整齐密集的宽圆锥形树冠(图附 3-3)。

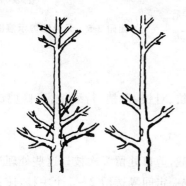

图附 3-2　黑松轮生大枝的处理示意图

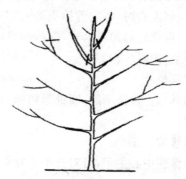

图附 3-3　白皮松修剪示意图

4.五针松

常绿乔木,树冠呈椭圆形,针密叶短,姿态优美,既可配植在公园、庭园,又可制作树桩盆景。

整形修剪:

松类植物的整枝修剪应在秋到冬季进行,因为松类植物萌芽力不强,而秋至冬季新芽生长结束,老叶已落,树液流动缓慢,宜于修剪。可将弯曲枝、圆弧枝、枯萎枝、病虫枝从基部剪掉。一般松类观赏树木常用摘芽和揪叶方法提高观赏价值。

摘芽,宜春末进行。因松树的芽轮生,在同一高度会长出多个小枝,摘芽时保留不同方向的 1～2 枚芽,再剪去先端 1/3,其余用手摘去。因最初长出的新芽一般无用,摘掉后叶从基部长出,便形成美丽的密生枝(图附 3-4)。

揪叶,秋天进行。对过度茂盛的枝叶进行揪叶,其方法是用左手抓住枝端,右手将树叶向下抹。

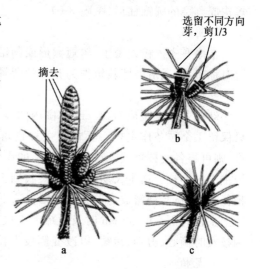

图附 3-4　五针松摘芽示意图
a.摘除多余的芽　b.留 2 枚不同方向的芽
c.再剪去先端的 1/3

167

揪叶后,使冠内通风透光,促使枝条长出更多的新芽。

5.云杉

常绿乔木。干直,树冠圆锥形。顶芽发达,一般具有明显的中心主干,大枝斜展,小枝纤细,幼年树冠略呈圆柱形。环境绿化成片种植,远望浑然洁白,如云栖止景观,别具特色。

整形修剪:

随年龄的增长,树冠逐渐由圆柱形变为广椭圆形。当树高生长到 3 m 以上时,中心主干下部主枝要逐渐剪除 2～3 个,以当年顶端的新主枝来递补。

自春季新芽萌动开始到夏初为止是云杉的加长生长阶段。在此期间要不停地修剪新生的嫩梢。当嫩枝梢长到 3 cm 左右时,将它剪掉 1/2～2/3,以防止侧枝无限制生长,促使它们加粗生长,保持稠密的树冠,并且防止树膛中空(图附 3-5)。

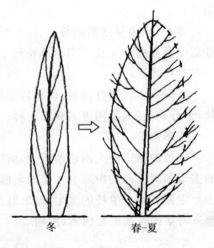

冬　　　　春-夏

图附 3-5　云杉修剪示意图

6.罗汉松

常绿乔木。枝密平展,圆锥形树冠。适于庭园孤植、对植、群植、行列植,可修剪成各种造型供观赏。

整形修剪:

为了保住中心主干,可对几个粗壮竞争枝进行短截,剪口处留 2 次枝。这些处理过的竞争枝,在修剪后的第 1 年生长较弱,往后每年在主干上按一定间隔选留 2～3 个主枝,使其相互错落分布,而后分别短截先段,下面要长留,上面要短留,多余的侧枝及时剪除。以后每年修剪 5 时注意,使主干上的主枝形成螺旋式上升的分布序律。主枝长度自下而上逐个缩短,使整个树冠构成典型的圆锥柱形(图附 3-6)。

7.圆柏

常绿乔木。枝条密生,树冠卵形或圆锥形。老树秃顶,古趣盎然。适于建筑门前、道路两边对称布置,或沿围墙栽植作为花卉的背景树,单株孤植于庭园可观赏其优美的造型。

整形修剪:

幼树主干上距地面 20 cm 范围内的枝全部疏去,选好第 1 个主枝,剪除多余的枝条,每轮只保留 1 个枝条作主枝。要求各主枝错落分布,下长上短,呈螺旋式上升。如创造游龙形树冠,则可将各主枝短截,剪口处留向上的小侧枝,以便使主枝下部侧芽大量萌生,向里生长出紧抱主干的小枝。在生长期内,当新枝长到 10～15 cm 时,修剪 1 次,全年修剪 2～8 次,抑制枝梢徒长,使枝叶稠密成为群龙抱柱形。应剪去主干顶端产生的竞争枝,以免造成分叉树形。主干上主枝间隔 20～30 cm 时及时疏剪主枝间的瘦弱枝,以利通风透光。对主枝上向外伸展的侧枝及时摘心、剪梢、短截,以改变侧枝生长方向,造成螺旋式上升的优美姿态(图附 3-7)。

8.龙柏

龙柏树体高大瘦削,枝叶抱干盘旋而上,叶色浓绿,树姿秀丽,树形优美,因此为我国园林中的常见绿化树种。成行成排的配植,气氛庄严肃穆,故为纪念性园林中不可缺少的树种。

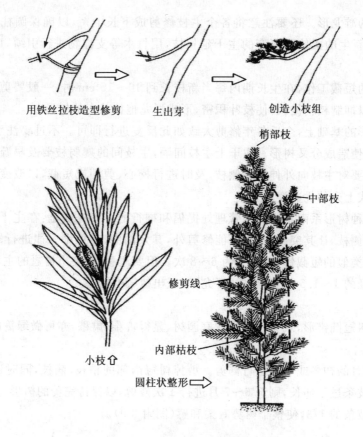

用铁丝拉枝造型修剪　生出芽　创造小枝组

梢部枝

中部枝

修剪线

内部枯枝

小枝↑

圆柱状整形⇒

图附 3-6　罗汉松修剪示意图

⇐小枝疏剪

枯枝

混合枝

基本修剪⇒
(5~6月份)、(9~12月份)

图附 3-7　圆柏修剪示意图

整形修剪:

　　龙柏幼树往往出现主弱侧强,下强上弱的情况,如不进行人工整形,不仅高生长速度受到影响,而且树姿也易遭破坏,失去观赏价值。因此,整形前一定要细细观察树形,确定主干和主枝的分布情况,决定整形方式。

　　圆柱形:其主要特点是主干明显,主枝数目较多。为此,幼时整形,首先要将主枝配备得当。再将主干上距地面到 20 cm 范围内的侧枝,自主干分生处疏去,然后确定好第 1 个主枝。凡是出自主干同一局部的枝条,虽分生在各个方向,也不能容许其同时存在,必须剪除多余的,即每轮只选留 1 个作主枝。第 2 主枝应当与第 1 主枝有一定间隔,且要与它错落分布。第 2 与第 3 主枝、第 3 与第 4 主枝等,都应依次向上分布成螺旋式上升的姿态。枝序一般以 1/5～1/3 为宜。其次,要将各主枝短截,剪口处留向上的小侧枝,以便使主枝下部侧芽大量萌生向里生长的小枝,形成紧抱主干的游龙形。还要注意将各个主枝修剪成下长上短,以确保圆柱形的形态(图附3-8)。第三,将新生的柔软而下弯的主干延长枝,用竹木等支撑物进行引缚,以保持其顶端生长的优势地位。

各类主枝的短截工作,在生长期内每当新枝长到 10～15 cm 时,一般要剪截 1 次,全年要修剪 2～8 次,以抑制枝梢徒长,使枝叶积密,形成群龙抱柱状态的树形。

在基本定形的基础上,今后各年修剪大致如此反复进行即可。不过要注意控制主干顶端产生竞争枝,不使造成分叉树形。主干上主枝间隔,主枝间的瘦弱枝要及早疏剪,以利通风透光。同时,每年要对主枝向外伸展的侧枝,及时进行摘心、剪梢或短截,以改变侧枝生长方向。不断造成螺旋式上升的优美姿态。

飞跃型:这种树形系南京市苗圃管理处提倡和推行的。其方法是:在主干中上部,除均匀地保留少量主、侧枝,让其突出生长,不能修剪外,其余的主、侧枝则一律进行短截。全树新梢不论长短,进行类似的短截修剪,每年为 6～8 次。但要注意,使突出树冠的主、侧枝,其长度应保持在树冠直径的 1～1.5 倍,以形成"巨龙"飞跃出树冠的状态。

9.侧柏

常绿乔。树冠圆锥形,栽为行道树或庭园树,显得古雅、肃穆,亦可做绿篱的材料。

整形修剪:

在 11～12 月的初冬或早春进行修剪。剪掉树冠内部的枯枝、病枝,同时还要修剪密生枝及衰弱枝。若枝条过于伸长,则于 6～7 月进行 1 次修剪,以保持完美的树形,并促进当年新芽的生长。剪掉枝条的 1/3,使整个树势有柔和感(图附3-9)。

图附 3-8　龙柏 5～6 月份摘心

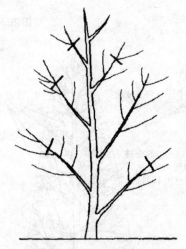

图附 3-9　侧柏修剪示意图

10.香樟

常绿大乔木。树冠椭圆形。1 年生的播种苗要进行 1 次剪根移栽,以促进侧根生长,提高大树移栽时的成活率。

整形修剪:

将顶芽下生长超过主枝的侧枝疏剪 4～6 个,剥去顶芽附近的侧芽,以保证顶芽的优势。

如侧枝强、主枝弱,也可去主留侧,以侧代主,并剪去新主枝的竞争枝,并且修去主干上的重叠枝,保持2～3个为主枝,使其上下错落分布,从下而上渐短。生长季节,要短截主枝延长枝附近的竞争枝,以保证主枝顶端的优势。定植后,注意修剪冠内轮生枝,尽量使上下两层枝条互相错落分布。粗大的主枝,可回缩修剪,以利扩大树冠(图附3-10)。

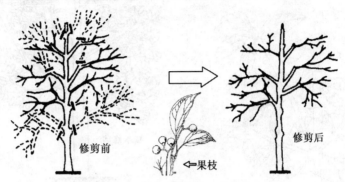

修剪前　　←果枝　　修剪后

图附3-10　香樟修剪示意图

11.珊瑚树

常绿小乔木或中乔木,树冠倒卵形。枝叶繁茂,较耐修剪。在庭园外围作为绿篱、绿墙,分隔空间。防风,防噪声。

整形修剪:

3～4月、6～7月、10～11月都可修剪。因为珊瑚树丛生性强,生长迅速,可以进行强修剪,以利防止风、雪将长枝折断,创造树墙、绿篱等各种造型。独立栽植时,每年要从根部剪除分蘖枝。春季疏剪有利于冠内通风,宜短剪枝端加以整形。夏季和秋季剪除扰乱树形的徒长枝(图附3-11)。

12.广玉兰

常绿乔木,树冠为椭圆形。树姿雄伟壮丽,叶大光亮,四季常青。适于庭园孤植、丛植,或对植门前。

整形修剪:

幼时,要及时剪除花蕾,使剪口下壮芽迅速形成优势,向上生长,并及时除去侧枝顶芽,保证中心主枝的优势。定植后回缩修剪过于水平或下垂主枝,维持枝间平衡关系。使每轮主枝相互错落,避免上下重叠生长,充分利用空间。夏季随时剪除根部萌蘖枝,各轮主枝数量减少1～2个。疏剪冠内过密枝、病虫枝。主干上第1轮主枝剪去朝上枝,主枝顶端附近的新枝注意摘心。降低该轮主枝及附近枝对中心主枝的竞争力(图附3-12)。

13.大叶女贞

常绿乔木或灌木状。枝条开展,呈倒卵形树冠。根系发达,萌蘖力、萌芽力强,耐修剪,抗污染,怕雪压。适宜做绿篱、绿墙、行道树等。

整形修剪:

主干无明显延长枝的女贞大苗,应选留生长位置与主干一致的枝条短截,作为主长枝。同时要将剪口下方对生的2枚芽剥去1枚。再剥去其下方2对芽,其余强健主枝应按位置及其强弱情况或剪除过密枝,或进行相应强度的短截措施,以压抑其长势,促进中心主枝旺盛生长,形成强大主干。

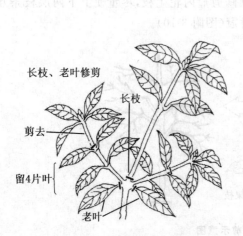

图附 3-11　珊瑚树修剪示意图

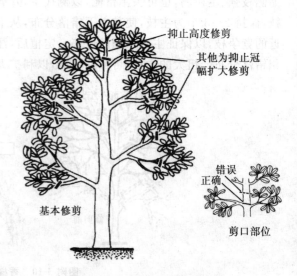

图附 3-12　广玉兰修剪示意图

同时,要挑选位置适宜的枝条作为主枝,使其适当的间隔,错落分布。进行短截,短截要从下至上,逐个缩短,使树冠下大上小。经 3～5 年的修剪,主干高度够了,可停止修剪,任其自然生长(图附 3-13)。

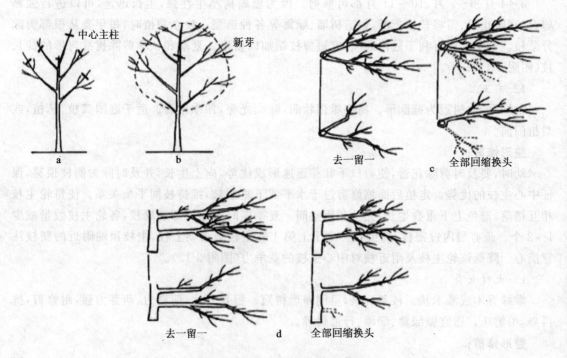

图附 3-13　大叶女贞修剪示意图

14. 石楠

常绿灌木或小乔木。石楠树冠圆形,枝叶浓密,早春嫩叶鲜红,秋季叶绿果红。孤植于庭园、草坪、花坛,丛植于岔路口,列植于道旁、水边,或作绿篱,均极相宜。

整形修剪:

枝条细、萌发力强的植株,应进行强修剪或疏剪部分枝条,以增强树势;对那些萌生力弱而又粗壮的枝条,应进行轻剪,促使多萌发花枝。如树冠较大,在主枝中部选合适的侧枝代主枝。重修剪强壮枝条,将2次枝回缩修剪,以侧枝代主枝,缓和树势;短修剪弱小枝条,留30～60 cm。如树冠不大,应短剪1年生的主枝。

花后,5～7月份石楠生长旺盛,应将长枝剪去,促使叶芽生长。冬季,以整形为目的,剪去那些密生枝,保持生长空间,促使新枝发育(图附3-14)。

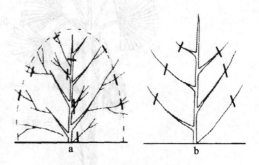

图附3-14　石楠修剪
a.冬季修剪　b.夏季(5～7月份)修剪

15. 龙眼

常绿中乔木。分枝多,呈冠状,干部粗糙。为典型的南亚热带植物,喜温暖湿润气候,畏霜冻。耐旱,耐瘠,忌积水洼地,较耐阴。在南方丘陵山地土层深厚的酸性红壤和溪河沿岸冲积地上均生长良好。

整形修剪:

幼树2 m定干。定干后留3～4个均匀分布、生长粗壮的主枝。在主枝上每隔30～50 cm留2～3个副主枝,形成球形树冠。3～4年生幼树,应及时剪去细弱枝、下垂枝、病虫枝和交叉枝等。对生长过于旺盛的枝条可进行短截;对开始结果的树,每年要进行3～5次整芽。

春季,4～5月份剪去杂乱枝、细弱枝、徒长枝;夏季每根主枝上保留1～3个新梢,剪去其余新梢。6～7月份剪除落花枝的空果穗、结果少的弱果穗,促使秋天枝芽萌发;秋季9～10月份进行修剪,剪去采果损伤的枝条,促进秋梢生剪去枯枝、过密枝、病虫枝,培养良好的结果母枝(图附3-15)。

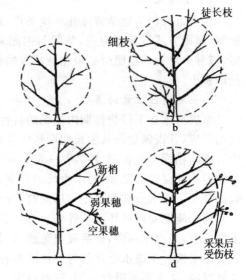

图附3-15　龙眼修剪示意图
a.幼树定干　b.3～4年生幼树修剪
c.夏季修剪　d.秋季修剪

16. 棕榈类

常绿乔木。单干式树形,干圆柱形,耸直而不分枝,干皮生有棕色皮,棕皮剥落后即有环状痕迹。树冠伞形,叶簇生干顶端向外开展,叶形掌状如扇,树干挺拔秀丽,树冠较小,适宜小空间种植。庭园中可植于建筑物前、路旁等,不抗风。

整形修剪:

该树无分枝,只有扇形叶片生长在单干的顶部。因此,可随时修剪下垂的枯叶。另外,秋季可将黑色的果枝从基部剪去(图附3-16)。

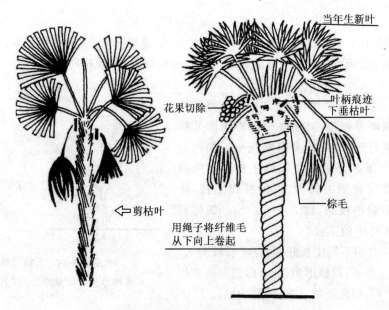

当年生新叶

花果切除

叶柄痕迹
下垂枯叶

棕毛

剪枯叶

用绳子将纤维毛
从下向上卷起

图附 3-16　棕榈类修剪示意图

二、肥水管理

(一)施肥

根据常绿树生物学特性和环境条件,施肥的种类来说应以有机肥为主,同时适当施用化学肥料,施肥方式以基肥为主,基肥与追肥兼施。根据栽培环境特点采用不同的施肥方式。同时,园林中对树木施肥时必须注意环境的美观,避免发生恶臭有碍游人的活动,应做到施肥后随即覆土。

1. 施肥时应注意的事项

掌握树木在不同物候期内需肥的特性,在充足的水分条件下,新梢的生长很大程度取决于氮的供应,其需氮量是从生长初期到生长盛期逐渐提高的。随着新梢生长的结束,需要量会减少。在新梢缓慢生长期,还需要一定数量的钾肥,钾肥能加强植物的生长和促进花芽分化。树木在春季和夏初需肥多,树木生长的后期,对氮和水分的需要一般很少,但在此时,土壤所供吸收的氮及土壤水分却很高,所以,此时应控制灌水和施肥。

树木施肥受外界环境条件(光、热、气、水、土壤反应、土壤溶液的浓度)的影响。光照充足,温度适宜,光合作用强,根系吸肥量就多,如果光合作用减弱,则树木从土壤中吸收营养元素的速度也变慢。土壤水分含量与发挥肥效有密切关系,土壤水分亏缺,施肥有害无利。由于肥分浓度过高,树木不能吸收利用,而遭毒害。积水或多雨地区肥分易淋失,降低肥料利用率。因此,施肥应根据当地土壤水分变化规律或结合灌水施肥。

土壤的酸碱度对植物吸肥的影响较大。在酸性反应的条件下,有利于氨态氮的吸收;而中性或微碱性反应,则有利于硝态氮的吸收。

肥料的性质不同,施肥的时期也不同。施后易被土壤固定的肥料,如碳酸氢氨、过磷酸钙等宜在树木需肥前施入;迟效性肥料如有机肥料,需腐烂分解矿质化后才能被树木吸收利用,故应提前施用。

2. 基肥的施用时期

在生产上,施肥时期一般分基肥和追肥。基肥施用时期要早,追肥要巧。

基肥是在较长时期内供给树木养分的基本肥料,所以宜施迟效性有机肥料,如堆肥、厩肥、圈肥及作物秸秆、树枝、落叶等,使其逐渐分解,供树木较长时间吸收利用。基肥分秋施和春施,秋施基肥正值根系秋季生长高峰,伤根容易愈合,增施有机肥可提高土壤孔隙度,使土壤疏松,有利于土壤积雪保墒,防止冬春土壤干旱,并可提高地温,减少根际冻害。秋施基肥,有机质腐烂分解的时间较充分,可提高矿质化程度,来年春天可及时供给树木吸收和利用,促进根系生长。春施基肥,肥效发挥较慢,到生长后期肥效发挥作用,造成新梢2次生长,对树木生长发育不利。

3．肥料的用量

根据不同树种而异,喜肥树种适当多施而耐瘠薄的树种可少施,小树少施,大树多施,幼龄针叶树不宜施用化肥。施肥量过多或不足,对树木生长发育均有不良影响。

4．施肥的方法

施肥效果与施肥方法有密切关系,把肥料施在距根系集中分布层稍深、稍远的地方,利于根系向纵深扩展,形成强大的根系,扩大吸收面积,提高吸收能力。

具体施肥的深度和范围与树种、树龄、土壤和肥料性质有关。如白皮松、油松、马尾松,树木根系强大,分布较深远,施肥宜深,范围也要大一些;根系浅的红松、华山松施肥应较浅;幼树根系浅,一般施肥范围较小而浅;并随树龄增大,施肥时要逐年加深和扩大施肥范围,以满足树木根系不断扩大的需要。追肥应在树木需肥的关键时期及时施入,每次少施,适当增加次数,即可满足树木的需要,又减少了肥料的流失。氮肥在土壤中的移动性较强,浅施也可渗透到根系分布层内被树木吸收;钾肥的移动性较差,磷肥的移动性更差,所以,宜深施至根系分布最多处。

（二）浇水

不同的气候和不同时期对灌水要求有所不同。

4～6月份是树木发育的旺盛时期,需水量较大,在这个时期一般都需要灌水。

7～8月份为雨季,本期降水较多,空气湿度大,故不需要多灌水,在遇大旱之年,在此期也应灌水。

9～10月份在北方地区是秋季,树木准备越冬,因此在一般情况下,不应多灌水,以免引起徒长。但过于干旱,也可适量灌水。

在冬季,树木已经停止生长,为了使树木很好越冬,不会因为冬春干旱而受害,所以在此期应灌封冻水,特别是在华北地区越冬尚有一定困难的边缘树种一定要灌封冻水。

树种不同、栽植年限不同则灌水的要求也不同。

耐旱的深根性树种灌水量少;而浅根的树种则灌水量要多;喜欢湿润土壤的树种,则应注意灌水。

不同栽植年限灌水次数也不同。

刚刚栽种的树一定要灌3次水,方可保证成活。新栽乔木需要连续灌水3～5年(灌木最少5年),土质不好的地方或树木因缺水而生长不良以及干旱年份,均应延长灌水年限,直到树木扎根较深后;对于新栽常绿树,常常在早晨向树上喷水,有利于树木成活。

三、病虫害防治

常绿乔木类树种病虫害的发生概况与防治措施见表附3-1。

表附 3-1　常绿乔木类树种的病虫害防治

病虫种类	发生概况	防治措施
松落针病	危害多种松树,多发生在 1～2 年生的松针上。受害初期为黄色小斑点,逐渐发展成黄色段斑,颜色加深,后期变成红褐色。晚秋针叶变黄脱落。晚秋病叶上可产生细小黑点。该病菌以菌丝体在落叶或树枝病叶上越冬。子囊孢子借风雨传播,该病菌没有再次侵染。高湿环境有利于发生	①加强养护管理,增强抗病力; ②随时清扫落叶,摘去病叶,以减少侵染来源,冬季对重病株进行重度修剪,清除发病枝干上的越冬病菌; ③休眠期喷施 3～5 波美度的石硫合剂,生长季节喷洒 70%代森锰锌可湿性粉剂 800～1 000 倍液、10%世高水分散粒剂 3 000～4 000 倍液
圆柏叶枯病	当年新发针叶及嫩梢发重。发病针叶由绿变黄,最后变为枯黄色,引起针叶早落。发病严重时,树冠满布枯黄病枝叶,当年不易脱落,翌年春天掉落。病原菌以菌丝体在病残枝条上越冬,分生孢子借气流传播,自伤口侵入。小雨有利于分生孢子的产生和侵入,小树发病较重	参照松落针病
罗汉松叶枯病	多发生于枝梢嫩叶,初期叶片发红,病斑呈不规则形,由叶尖向叶基部蔓延,造成叶片先端段状坏死。病斑后期为淡褐色。随着病害的发展,后期叶片病部的正反面均产生小黑点。病菌以分生孢子盘和菌丝体在病叶或病落叶上越冬。翌春,当气温上升至 15℃ 左右时,菌丝开始生长蔓延,产生分生孢子。孢子借风雨传播,从伤口侵入	参照松落针病
松针锈病	危害多种松树,感病叶片初期出现黄色斑块,上生黄色小点,后变为黄褐色至黑褐色,随后病叶上出现橙黄色、扁平似舌的突起物,最后病叶枯黄脱落。由锈菌引起,病害发生时期因各地气候条件不同而有差异	①及时清除病枝芽、病落叶,以减少病原; ②加强管理,降低湿度,注意通风透光,增施磷钾肥,提高植株的抗病能力; ③发病初期可喷洒 12.5%烯唑醇可湿性粉剂 3 000～6 000 倍液、10%世高水分散粒剂稀释 6 000～8 000 倍液
圆(桧)柏锈病	主要危害桧柏、圆柏、龙柏、翠柏等,最初在针叶、叶腋及小枝上出现黄色小斑点,后稍隆起,有时枝条上形成膨大的纺锤形菌瘿越冬,翌年春季遇雨后,菌瘿吸水膨胀成黄色的胶质物,产生病菌随气流向外传播,再危害海棠等植物	①园林规划设计时,应尽量避免上述柏类植物与海棠类植物为邻; ②3～4 月冬孢子角胶化前在桧柏上喷洒 1∶2∶100 倍的石灰倍量式波尔多液,或 50%硫悬浮液 400 倍液抑制冬孢子堆遇雨膨裂产生担孢子
松烂皮病	该病又称枝枯病,危害赤松、油松、华山松、云南松等树木的 2～10 年生枝条,主要是皮层部分受害。1～3 月间,部分小枝、侧枝或主干上部的针叶变黄绿,后渐变红褐,枝干因失水而渐渐皱缩干枯,针叶脱落。病菌为习居菌,在常态下以腐生的形式存在,当松树遭受旱、涝、冻及虫伤,生长衰弱时,才能侵染危害	①加强养护管理,合理整枝,彻底清除病死树; ②适地适树,防治冻、旱、涝害等造成的伤口,减少病菌的侵染途径; ③药剂防治。春季喷洒 1∶2∶100 的波尔多液、0.5～0.8 波美度的石硫合剂、10%世高水分散粒剂稀释 6 000～8 000 倍液、12.5%烯唑醇可湿性粉剂 3 000～6 000 倍液

续表附 3-1

病虫种类	发生概况	防治措施
松材线虫病	被侵染的松树针叶失绿,并逐渐黄萎枯死,变红褐色,最终全株枯萎死亡。但针叶长时间不脱落,有时直至翌年夏季才脱落。从针叶开始变色至全株死亡约30天。外部症状的表现,首先是树脂分泌减少至完全停止分泌,蒸腾作用下降,继而边材水分迅速降低。病树大多在9月至10月上、中旬死亡。松材线虫病的近距离传播主要靠媒介,媒介主要是松褐天牛。高温低湿有利于病害的发生	①加强检疫。 ②清除传播媒介松褐天牛。 ③熏蒸处理。应对原木及板材进行化学或物理方法处理,用溴甲烷 40～60 g/m³ 熏蒸,或放入水中浸泡 100 天,杀虫效果可达80%。 ④药剂防治。对庭院、公园、风景区及行道树等散生树种,古松名木,可用涕灭威、呋喃丹、丰索磷、灭线磷等内吸杀线虫剂进行根埋,或注射树干
棕榈干腐病	又叫枯萎病,病害多从树冠下部的叶柄基部开始发生。初期病部为黄褐色,并沿叶柄逐渐扩展到全叶,致使叶片枯死。以后病斑扩大到树干并产生紫褐色病斑,致使维管束变色坏死,树干腐烂,树干上叶片枯萎,植株趋死亡。病菌在发病植株上越冬。翌年5月分生孢子借风雨等传播。棕榈受冻伤后,易发生干腐病。如果剥棕太多,树势衰弱,也易发病	①加强管理,做好防冻工作。适时适量剥棕,以清明前后为宜,并及时清除病死株和重病株,以减少侵染源; ②药剂防治:从3月下旬或4月上旬开始,每10～15天喷药1次,连喷3次,树梢及树心喷药要周全。药剂可用50%多菌灵可湿性粉剂500倍液、70%甲基托布津可湿性粉剂500倍液、75%百菌清可湿性粉剂800倍液
散尾葵叶斑病	主要危害叶片,初期产生黄褐色小斑点,不规则,周围有水渍状绿色晕圈,病斑扩展相互连接成不规则形斑块。叶间叶缘发病较多,严重时叶片枯焦,干枯卷缩,似火烧状。病斑中部暗色或灰白色,边缘色深。后期,病部形成黑色小斑点。病菌以菌丝体或分生孢子盘在病叶上越冬。分生孢子借风雨传播。密度大,病害发生严重。高温、多雨有利于发病。病菌主要从气孔与伤口侵入	①合理施肥浇水,使植株生长健壮; ②及时清除病残叶,减少病菌来源; ③药剂防治。发病初期喷洒10%世高水分散粒剂 6 000～8 000 倍液、40%福星乳油4 000～6 000 倍液、70%代森锰锌可湿性粉剂800～1 000 倍液、12%速保利可湿性粉剂800～1 000 倍液、47%加瑞农可湿性粉剂600～800 倍液、6%乐比耕可湿性粉剂 1 500～2 000 倍液
蒲葵黑点病	主要危害叶片,初期为黄色小斑点,扩大后病斑变为圆形或长圆形,黑褐色,边缘明显,外围有黄色圈,病斑生黑色粒点,大多中部开裂。病菌以子座或菌丝体在病叶上越冬。在广州,全年皆可发病。在温暖、多雨以及栽植过密、通风不良的情况下,发病严重	参照散尾葵叶枯病
松梢螟	又名微红梢斑螟,幼虫钻蛀中央主梢及侧梢,使松梢枯死,中央主梢枯死后,侧梢丛生,树冠成扫帚状,严重影响树木生长,幼树主干被害严重的,整株枯死。各地发生世代数不同,江苏、浙江、上海等地每年2～3代,生活史不整齐。以幼虫在被害梢的蛀道或枝条基部的伤口内越冬。翌年3月底至4月初越冬幼虫开始活动,在被害梢内向下蛀食	①消灭越冬虫源。如秋季清理枯枝落叶及杂草,并集中烧毁; ②在幼虫危害期可人工摘虫苞; ③发生面积大时于初龄幼虫期喷50%辛硫磷乳油 1 000 倍液、敌敌畏1份＋灭杀脲3号1份1 000 倍液、10%氯氰菊酯乳油 2 000～3 000 倍液; ④开展生物防治。卵期释放赤眼蜂,幼虫期施用白僵菌等

续表附 3-1

病虫种类	发生概况	防治措施
马尾松毛虫	主要危害马尾松,也危害湿地松、火炬松等。颜色变化大,有灰白、灰褐、黄褐、茶褐等色。老熟幼虫体长 38～88 mm,体色棕红色或灰黑色,有纺锤形倒伏鳞毛贴体,鳞毛色泽有银白和银黄 2 种。1 年发生 2～4 代,发生世代的多少随不同地区而异。一般于 11 月间以 4、5 龄幼虫聚集在树皮缝隙间、树下杂草内、石块或叶丛中越冬。卵产于松针或小枝上,聚集成块	①结合修剪、肥水管理等消灭越冬虫源; ②于幼虫越冬前,干基绑草绳诱杀; ③药剂防治:发生严重时,可喷洒 2.5%溴氰菊酯乳油 3 000～5 000 倍液、50%磷胺乳剂 1 000～1 500 倍液、25%灭幼脲 3 号稀释 1 000 倍液喷雾防治; ④生物防治:利用松毛虫卵寄生蜂或用白僵菌、青虫菌、松毛虫杆菌等微生物制剂使幼虫致病死亡
松茸毒蛾	以幼虫危害日本五针松、雪松、马尾松、黑松、云南松等。取食针叶中部,造成断叶。成虫体灰黑色,前翅灰褐色,有多条褐色或黑褐色的波状横纹。老熟幼虫体长 35～45 mm,头红褐色,体棕黄色,密生黑毛。1 年发生 3～4 代,以蛹越冬。翌年 4 月成虫羽化,成虫昼伏夜出,有趋光性,飞翔力强。初孵幼虫能吐丝下垂,3 代幼虫分别于 5～6 月、7～8 月、10 月危害,11 月份在树皮缝隙内、石块下、土洞内、草根处吐丝结茧化蛹越冬。老熟幼虫有群集结茧化蛹的习性	①清除枯枝落叶和杂草,在树干上绑草把诱集幼虫越冬,第 2 年早春摘下烧掉,并在树皮缝、石块下等处搜杀越冬幼虫等; ②灯光诱杀成虫; ③人工摘除卵块及群集的初孵幼虫,结合日常养护寻找树皮缝、落叶下的幼虫及蛹; ④药剂防治:幼虫期喷施 5%定虫隆乳油 1 000～2 000 倍液、2.5%溴氰菊酯乳油 4 000 倍液、25%灭幼脲 3 号胶悬剂 1 500 倍液、40.7%毒死蜱乳油 1 000～2 000 倍液;用 10%多来宝悬浮剂 6 000 倍液或 5%高效氯氰菊酯 4 000 倍液喷射卵块
侧柏毒蛾	又名柏毒蛾、柏毛虫。主要危害侧柏、桧柏、圆柏和黄柏等柏树类。成虫体长 20 mm,体灰褐色,雌蛾前翅浅灰色,略透明,雄蛾前翅灰褐色。老熟幼虫长 25 mm,灰绿或褐色,头黄褐色,前胸背板和臀板为黑色,腹部黄褐色。各节毛瘤上着生褐色细毛。1 年发生 2 代,以幼虫和卵在树干缝内和叶上越冬。3 月下旬越冬卵孵化,幼虫也开始活动危害,6 月中旬出现成虫,成虫有趋光性。幼虫危害期分别发生在 4～5 月、7～8 月及 9 月	参照松茸毒蛾
樟叶木虱	危害樟、香樟。以若虫刺吸叶片汁液,受害后叶片出现黄绿色椭圆形小突起,后渐突起逐渐形成紫红色虫瘿,导致提早落叶。成虫体为黄色或橙黄色,若虫椭圆形,初孵为黄绿色,老熟时为灰黑色。体周围有白色蜡质分泌物。1 年发生 1 代,少数 2 代,以若虫在被害叶背处越冬。翌年 4 月成虫羽化。2 代若虫孵化期分别发生在 4 月中下旬、6 月上旬	①苗木调运时加强检查,禁止带虫材料外运。结合修剪,剪除带卵枝条; ②若虫发生盛期(叶背出现白色絮状物时)喷施机油乳剂 30～40 倍液,25%扑虱灵可湿性粉剂或 40%速扑杀乳油或 1%杀虫素 2 000 倍液; ③保护天敌,如赤星瓢虫、黄条瓢虫、草蛉等,对樟叶木虱的卵和若虫都能捕食

续表附 3-1

病虫种类	发生概况	防治措施
柏小爪螨	危害多种柏树,受害后鳞叶基部枯黄色,严重时树冠黄色,鳞叶间有丝网。雌螨体长 0.35~0.4 mm,椭圆形,褐绿或红褐色,雄螨稍小,近菱形。1 年发生 7~9 代,以卵在枝条、针叶基部、树干缝隙等处越冬。越冬卵翌年 3 月下旬至 4 月上旬孵化,5~7 月上旬为危害盛期	①刮除粗皮、翘皮,剪除病、虫枝条,越冬量大时喷 3~5 波美度石硫合剂,消灭越冬螨。亦可树干束草,诱集越冬雌螨,来春收集烧毁; ②药剂防治:喷施 1.8%阿维菌素乳油 3 000~5 000 倍液、15%哒螨灵乳油 1 500 倍液等; ③生物防治:保护瓢虫、草蛉、小花蝽、植绥螨等天敌
柏肤小蠹	危害侧柏、桧柏、柳杉等。以成虫蛀食枝梢补充营养,常将枝梢蛀空,遇风即折断,发生严重时,常见树下有成堆的被咬折断的枝梢。幼虫蛀食边材,繁殖期主要危害枝、干韧皮部,造成枯枝或树木死亡。成虫体长 2.1~3.0 mm,赤褐或黑褐色。幼虫乳白色,体长 2.5~3.5 mm,体弯曲。在山东泰安 1 年发生 1 代,以成虫在柏树枝梢越冬。翌年 3~4 月成虫交尾产卵,4 月中旬初孵幼虫出现,主要在韧皮部构筑坑道危害。6 月中、下旬为成虫羽化,飞至健康柏树或其他寄主上危害,常将枝梢蛀空,遇风即折断	①加强检疫:对于调运的苗木加强检疫,发现虫株及时处理; ②加强养护管理,合理修枝、间伐,增强树势,提高抗虫能力; ③疏除被害枝干,进行杀虫处理; ④诱杀成虫:根据小蠹虫的发生特点,可在成虫羽化前或早春设置饵木,以带皮饵木引诱成虫潜入,经常检查饵木内的小蠹虫的发育情况并及时处理; ⑤化学防治:在成虫羽化盛期或越冬成虫出蛰盛期,喷施 2.5%溴氰菊酯乳油、20%速灭杀丁乳油 2 000~3 000 倍液
松六齿小蠹	危害红松、油松、樟子松、落叶松、华山松、高山松、云杉、云南松和思茅松等。成虫体长 4 mm 左右,短圆柱形,赤褐至黑褐色,有光泽,全体被有黄色长绒毛。幼虫老熟时体长不足 4 mm,头部黄褐色,体肥胖,乳白色。1 年发生 1 代,以成虫在寄主蛀道内越冬。5~8 月为越冬成虫危害与产卵期,生活史不整齐,6~8 月均可见到各虫期。入侵寄主有两次高峰,第 1 次在 6 月上旬,第 2 次在 7 月中旬	参照柏肤小蠹
双条杉天牛	危害侧柏、桧柏和龙柏等柏树以及罗汉松、杉木等。该虫多危害衰弱树和管理养护粗放的柏树。被害初期树表没有任何症状,枝上出现黄叶时,已为时过晚,再看树皮早已环剥,皮下堆满虫粪。成虫鞘翅黑褐色,有两条棕黄色横带。幼虫体扁粗,乳白色。该虫 1 年发生 1 代,以成虫在树干蛹室内越冬。翌年 3 月上旬成虫咬椭圆形孔口外出产卵,3 月下旬初孵幼虫蛀入树皮,以 5 月中下旬幼虫危害最严重	①加强检疫; ②栽种对天牛有抗性的树种; ③加强管理,增强树势; ④伐除虫源树,合理修剪,清除枯立木、风折木等; ⑤人工捕杀成虫,锤击、手剥产卵刻槽杀卵,用铁丝钩杀幼虫; ⑥饵木诱杀; ⑦人工招鸟或释放管氏肿腿蜂等; ⑧药剂防治。虫孔内塞入磷化铝片剂或磷化锌毒签,或用注射器注射 80%敌敌畏,然后用粘泥堵孔。在成虫羽化前喷 2.5%溴氰菊酯触破式微胶囊

续表附 3-1

病虫种类	发生概况	防治措施
松墨天牛	又名松天牛、松褐天牛。危害松树、云杉、桧、栎等。以幼虫危害生长衰弱的树木与新伐倒木,成虫是松材线虫的重要传播媒介。成虫体长为 23 mm,赤褐或橙黄色,前胸背板有两条较宽的橙黄色纵纹,与 3 条黑色纵纹相间,每鞘翅有 5 条纵纹。老熟幼虫乳白色,扁圆筒形,前胸背板褐色,中央有波浪状横纹。1 年发生 1 代,以老熟幼虫在蛀道中越冬。3～4 月幼虫活动危害,成虫 5 月活动,有弱趋光性	参照双条杉天牛

附录 3-2 常见落叶乔木类树种的养护管理

一、常见种类的整形修剪

1.银杏

落叶大乔木。树冠广卵形。树冠大,遮荫效果好,叶色秋天由绿变黄,适于孤植创造庭园主景。雄株适于观赏,雌株可以结果食用。

整形修剪:

幼树,易形成自然圆锥形树冠。短截顶端直立的强枝,可减缓树势,促使主枝生长平衡。冬季剪除树干上的密生枝、衰弱枝、病枝,以利阳光通透。为了保持冠内空间,主枝数一般保留 3～4个。在保持一定高度情况下,摘去花蕊,整理小枝。成年后剪去竞争枝、枯死枝、下垂衰老枝,使枝条上短枝多,长枝少。雌株应尽快更新产生结果枝,以提高结果量。隐芽寿命长,易萌生小树,可随时剪除或移至其他地方。可随时进行修剪,整理树枝,使其体量大小与庭园相适应。由于生长势较强,可根据个人的爱好进行整形修剪(图附3-17)。

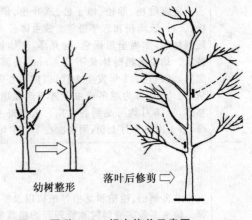

幼树整形　　落叶后修剪

图附 3-17　银杏修剪示意图

2.国槐

落叶乔木。椭圆形或倒卵形树冠。树冠大而优美,花期较长,夏秋间槐花盛开,蜜蜂群集,为优良的蜜源植物。常孤植于建筑庭院或草坪一隅,也常用作行道树。

整形修剪:

早春,选留端直健壮、芽尖向上生长枝,截去梢端弯曲细弱部分,抹去剪口下 5～6 个芽。夏季,重剪竞争枝,除去徒长枝,培养中央领导干。幼时短截主干,每年留 2～3 个主枝。生长期,对主枝进行 2～3 次摘心,控制长势。每年主干向上生长 1 节,再留 2 个主枝,而主干下部则要相应疏剪1个主枝,维持整个叶面积不变。当冠高比达到1：2时,则可任其自然生长。2~3年生幼树如果干形不好,可采用截干法来获得挺直的干形(图附3-18)。

3.龙爪槐

龙爪槐树冠形状奇特别致,十分潇洒美观。在园路两旁或建筑的出入口常常对称栽植或成丛栽植于草坪的角隅,均很适宜。有的将其孤植于古建筑旁,使景色更添古意;还可以盆栽供观赏。龙爪槐是由槐树高接繁殖而成,本身具有小枝弯曲下垂、树冠呈伞形的特点。

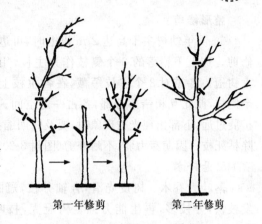

第一年修剪　　第二年修剪

图附3-18　国槐修剪示意图

整形修剪：

整形修剪龙爪槐根据其枝条下垂的特点一般整修成伞形,修剪主要以短截为主,适当结合疏剪。应根据枝条强弱决定短截长度。有的枝条较弱,则剪去较长部分,以集中养分使保留芽在来年抽出强壮枝条;生长健壮的枝条,则可适当增加留芽数量,使养分分散。通过抑强扶弱的方法使各主枝、各侧枝间生长势均衡。

每个主枝上的侧枝,要按一定间隔选留,并进行短截,使其长度不超过所从属的主枝,以明确从属关系。各个主枝上侧枝的安排要错落相间,充分利用空间。各级枝条上的小枝,只要不妨碍主、侧枝生长,应多留少疏,以扩大光合作用面积,促进生长。因龙爪槐枝条下垂,下垂部分的芽,由于极性影响生长很弱,在冬剪时要把这部分剪除(图附3-19)。

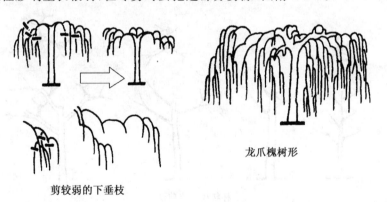

龙爪槐树形

剪较弱的下垂枝

图附3-19　龙爪槐修剪示意图

以后各年修剪,要注意调节新枝伸展方向,以逐渐填补伞形树冠的空间,同时要剪除冠内的细弱枝、病枯枝,使其树冠通透,生长充实。

4.合欢

落叶乔木。伞形树冠。花美,形似绒球,清香袭人;叶奇,日落而合,日出而开,给人以友好之象征。花叶清奇,绿荫如伞,植于堂前供观赏。合欢作绿荫树、行道树,或栽植于庭园、水池畔等都是极好的树种。

整形修剪：

3～4年幼树主干高达2 m以上时，可进行定干修剪。选上下错落的3个侧枝作为主枝，用它来扩大树冠。冬季对3个主枝短截，在各主枝上培养几个侧枝，彼此互相错落分部，各占一定空间。当树冠扩展过远，下部出现光秃现象时，要及时回缩换头，剪除枯死枝。因萌芽力弱，不耐修剪(图附3-20)。

落叶后整枝修剪

图附3-20　合欢修剪示意图

5.悬铃木

落叶大乔木。树皮光滑，合轴分枝，冠圆球形。发枝快，分枝多，再生能力强。树冠大，枝叶浓，是良好的行道树和庭荫树种。

整形修剪：

幼树时，根据功能环境需要，保留一定高度(3.5 m)，截去主梢而定干。在其上部选留3个各不同方向的枝条进行短截。剪口下留侧芽。在生长期内，及时剥芽，保证3大主枝的旺盛生长。

冬季可在每个主枝中选2个侧枝短截，以形成6个小枝。夏季摘心，控制生长。来年冬季在6个小枝上各选2个枝条短剪，则形成3主6枝12叉的杯状造型。以后每年冬季可剪去主枝的1/3,保留弱小枝为辅养枝。剪去过密的侧枝，使其交互着生侧枝，但长度不应超过主枝。对强枝要及时回缩修剪，以防止树冠过大、叶幕层过稀。及时剪除病虫枝、交叉枝、重叠枝、直立枝。大树形成后，每2年修剪1次，可避免种毛污染(图附3-21)。

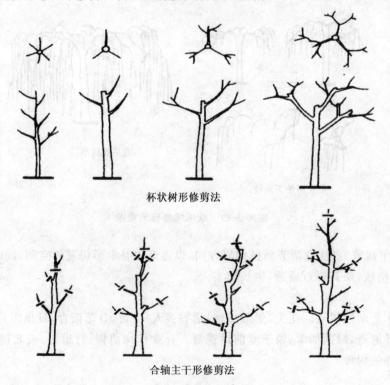

杯状树形修剪法

合轴主干形修剪法

图附3-21　悬铃木修剪示意图

6.柿子

落叶乔木。椭圆或圆锥形树冠。树形优美,叶大浓绿而有光泽,秋叶变红,果熟橙红色,久挂枝头,叶、果均佳,是观叶、观果优良绿化树种。可作园景树及行道树。

整形修剪:

冬季修剪。幼时选择主干上生长旺盛的顶端部分枝作为中央主枝,其下面的2～3个枝当主枝后补。树冠成形后,整理弱枝,留生长好的枝,再剪去1/3。

成年树整形要避免树体生长势的衰弱。一般花芽在去年充实枝的顶部发育;而长的徒长枝、弱枝、结果枝不发育花芽。果多的长枝要注意疏果,以免枝条被压断(图附3-22)。

7.樱花

落叶乔木。树冠椭圆形。花色有红、白、粉红等,3～5朵组成伞形花序。樱花种类繁多,花形、花色各异,妩媚多姿,鲜艳夺目,是春季重要观赏花木。在公园、庭园,可植于建筑物前及道路两旁。

整形修剪:

幼时,整形使主干上的3～5个主枝形成自然开心形。主枝上下互相错落向四周展开,在第3主枝以上剪去中心主干,有利通风透光。开花后,腋芽萌动之前应及时剪除其他密生枝、下垂枝、重叠枝、徒长枝等。树冠成形后,冬季短剪主枝延长枝,刺激其中、下部萌发中长枝,每年在主枝的中、下部各选定1～2个侧枝,主枝上的其他中长枝,则可疏密留稀填补空间,增加开花数量。侧枝长大,花枝增多时,主枝上的辅养枝即可剪除。每年冬短剪主枝上选留出来的侧枝的先端,使中下部多生中、长枝。疏剪侧枝上的中、长枝,留的枝条则缓放不剪,使先端萌生长枝,中、下部产生短枝开花。过几年后再回缩剪,更新老枝。但老枝粗度易在3 cm以内,以免难以愈合。冬季修去枯枝及从地面上长出的小枝(图附3-23)。

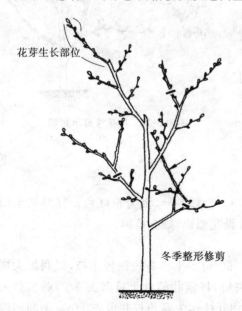

图附3-22　柿子修剪示意图

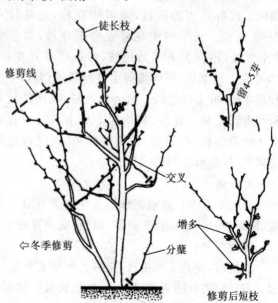

图附3-23　樱花修剪示意图

8.梅花

落叶小乔木。树冠圆球形。小枝绿色,有枝刺。品种有300多个,分为3个系:

(1)真梅系 直枝类,枝直向上,有江梅型、宫粉型、玉蝶型、朱砂型、绿萼型、洒金型、黄香型等。垂枝类,枝向下垂。有单粉垂枝型、残雪垂枝型、白碧垂枝型、骨红垂枝型等。龙游类,枝扭曲,仅有玉蝶龙游型。

(2)杏梅系 仅杏梅类。分单杏型、丰后型、送春型。

(3)樱李梅系 仅美人梅类一类,一型,嫩叶与花同放,紫色。

适于庭园孤植、对植、列植,也可与松林、竹丛相配植,具有"岁寒三友"之意。如庭园空间较大,可成丛、成片种植,形成别具特色的梅园、梅坞、梅亭、梅阁等。

整形修剪:

对发枝力强、枝多而细的,应强剪或疏剪部分枝条,增强树势;对发枝力弱、枝少而粗的,应轻剪长留,促使多萌发花枝。树冠不大者,短剪1年生主枝。树冠较大者,在主枝中部选一方向合适的侧枝代主枝。强枝重剪,可将两次枝回缩剪,以侧代主,缓和树势。弱枝少剪,留30～60 cm。主枝上如有2次枝,可短截,留2～3枚芽。3～6月梅花树生长旺盛,所以开完花后,应将长枝剪去,促使叶芽生长。

冬天,以整形为目的,处理一些密生枝、无用枝,保持生长空间,促使新枝发育。花芽7～8月在当年新枝上分化,为了保证来年花开满树,对只长叶不开花的发育枝,强枝轻剪,弱枝重剪,过密的枝叶全部剪除。疏剪过密的侧枝,短剪中花枝,短花枝只留2～3枚芽。来年的中花枝发出短花枝,剪去前面2个短枝,再剪去下部的短枝,即可培养开花枝组。10年左右的老树,回缩修剪主枝前部,用剪口下的侧枝代主枝,剪去其先端。剪去枯死枝,利用徒长枝重新培养新主枝。夏季,将地面上长出的杂枝和基部发出的萌蘖枝、病弱枝、无用枝剪掉,以保持光照和通风良好(图附3-24)。

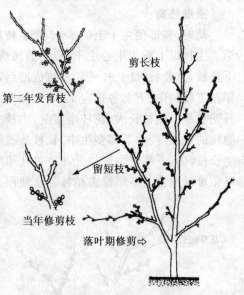

剪长枝

第二年发育枝

留短枝

当年修剪枝

落叶期修剪

图附3-24 梅花修剪示意图

9.碧桃

落叶小乔木。树冠圆球形。花春天开放。花单生,色彩各异,多为粉红色。宜群植于山坡、溪畔、坞边,也可植于庭前、路侧、庭中等处。春日繁花似锦,颇有情趣。

整形修剪:

幼树时,使其3大主枝,交错互生与主干呈30°～60°角。来年冬短截各主枝,以利扩大树冠。剪口留强壮的下芽,培养主枝延长枝。树冠形成后,将强壮的骨干枝剪去1/3,弱枝剪去1/2。剪去长势较弱的第2、3主枝,留其向上生长的壮分枝作为延长枝并剪去1/3。不断回缩修剪,控制侧枝长、粗不得超过主枝,行成自然开心形。还要疏剪过密的弱小侧枝,使其分布合理。短截过强过弱的小侧枝,使其生长中庸,强枝留下芽、弱枝留上芽。保留发育中庸的长枝(30～50 cm)开花为宜。花后短截,来年可多开花。花后,枝叶生长茂盛会杂乱无章,应及时剪去拥挤枝、无用枝。开花的强枝多留芽,弱枝少留芽及时回缩更新。每年早春萌芽前,短截所有的营养枝(图附 3-25)。

10. 红叶李

落叶小乔木。球形树冠。花单生,水红色,蔽荫条件下,叶色不鲜艳。嫩叶鲜红,老叶紫红,整个生长期满树红叶,园林中常作观叶风景树,与常绿树相配或在白粉墙前种植,可以创造各种园林植物景观。

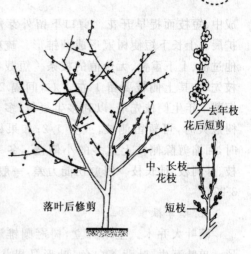

图附 3-25 碧桃修剪示意图

整形修剪:

冬季修剪为宜。萌芽力强,当幼树长到一定的高度时,选留 3 个不同方向的枝条作为主枝,并对其进行摘心,以促进主干延长枝直立生长。如果顶端主干延长枝弱,可剪去,由下面生长健壮的侧主枝代替。每年冬季修剪各层主枝时,要注意配备适量的侧枝,使其错落分布,以利通风透光。平时注意剪去枯死枝、病虫枝、内向枝、重叠枝、交叉枝、过长和过密的细弱枝(图附 3-26)。

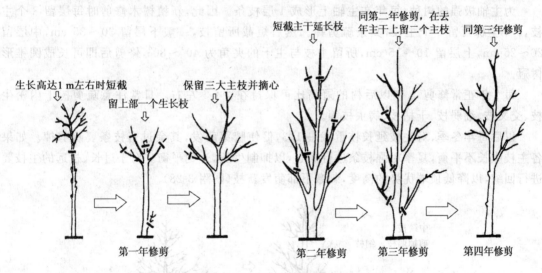

图附 3-26 红叶李修剪示意图

11. 玉兰

落叶乔木。树冠卵形。白花单生枝顶,花大而香,早春开放。在庭园中,常对植于堂前或孤植点缀中庭。在庭园中与常绿针叶树混植,作前景树。

整形修剪:

花后到大量萌芽前修剪。为促进幼树高生长,早春可剪除先端附近侧芽。夏季,对先端竞争枝进行控制修剪,削弱其长势,保证主干先端生长优势,如不需高生长,可在 6 月初切去主枝末端,使其从低处另长新枝,立即修剪促进新梢长出,以利花芽 7~8 月在新梢顶部发育。主干上主枝适当多留,使上下主枝错落有致,具有一定空间和间隔。适当短剪先端,其后部容易形

成中、短枝而提早开花。剪口下留外芽使枝条向外
扩展。上长下短使树冠形成圆锥形。疏剪主干上其
他过密、上下重叠、无价值的枝条。短截各主枝延长
枝先端，其上侧枝要留 1 左 1 右，间隔 20～30 cm。
短截 1 年生侧枝先端，以利多生短枝，多开花。如果
树冠大时，可暂留侧枝，或剪 1/2；如果树冠空间小
时，回缩剪除侧枝上过多的小侧枝。冬季剪去病虫
枝、并列枝、徒长枝。因愈伤能力差，一般少剪（图附
3-27）。

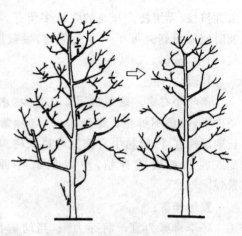

图附 3-27　玉兰修剪示意图

12.鹅掌楸

落叶大乔木。主干耸立，树冠圆锥形或长椭圆
形。单叶互生，叶背苍白色，叶形马褂状，先端平截
或微凹，两侧各具 1 列，秋季变为金黄色。

整形修剪：

有明显的主轴、主树梢，所以必须保留主梢。主树梢如果受损，必须再扶 1 个侧枝，作为主
梢，将受损的主梢截去，并除去其侧芽。

为主轴极强的树种，每年在主轴上形成 1 层枝条。因此，新植树木修剪时每层留 3 个主
枝，3 年全株可留 9 个主枝，其余疏剪掉。然后短截所留枝，一般下层留 30～35 cm，中层留
20～25 cm，上层留 10～15 cm，所留主枝与主干的夹角为 40°～80°，修剪后即可长成圆锥形
树冠。

每 2 年正常修剪，5 年以后树的冠高比可保持在 3∶5 左右。日常注意疏剪树干内密生
枝、交叉枝、细弱枝、干枯枝、病虫枝等。

以后每年冬季，对主枝延长枝重截去 1/3，促使腋芽萌发，其余过密枝条要疏剪掉。如果
各主枝生长不平衡，夏季对强枝条进行摘心，以抑制生长，达到平衡。对于过长、过远的主枝要
进行回缩，以降低顶端优势的高度，刺激下部萌发新枝（图附 3-28）。

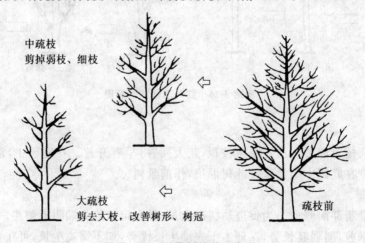

图附 3-28　鹅掌揪修剪示意图

13.旱柳

旱柳为合轴分枝式,故没有顶芽,冬季先端具有自枯性。因此,在自然生长情况下,侧枝不受主干顶端优势的限制而大量萌发,产生大量的分枝。如不进行合理修剪,常造成主干不明,影响干材培育。

整形修剪:

第2年冬剪,短截主干延长枝新梢1/3,同样疏去剪口下3～4个小侧枝。其下的侧枝短截,剪口一定要低于主干延长枝,以保证其优势。上年所留的侧枝,随主干高度的增长,要逐个疏去,以提高枝下高。而在上部则要逐年相应地多留2～3个侧枝,以便更替。一般3～5年的植株,保留冠高比为2∶3;6～10年的为1∶2;11～12年的为1∶3,以后则可停止修剪(图附3-29)。

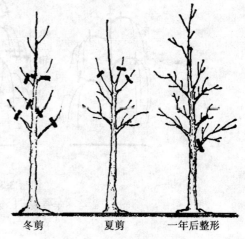

冬剪　　夏剪　　一年后整形

图附 3-29　旱柳修剪示意图

14.垂柳

落叶乔木,小枝细长,柔软而下垂。宜作庭园树、遮荫树或行道树。

整形修剪:

因垂柳苗一般均较高大,在定植前要将主干顶端1年生部分进行短截。截去长度以苗木强弱程度而定。强壮的可截短些;瘦弱的可截长些。剪口务必选留健壮芽,以形成强健新梢。如剪口附近生有小枝,应当剪去3～4个,以防与中心主枝竞争。主干高度1/3以下的侧枝,尽皆疏去。其上部枝条,可选2～3个相距40～50 cm、相互错落分布的健壮枝,进行短截,作为第1层主枝。其余枝条,强壮的,可先行疏去;瘦弱的,则可缓放不剪,以扩大叶面积,增加光合作用面积,促进中心主枝的快速生长。

成形修剪第2年冬,短截中心主枝,同时剪去剪口附近的3～4个枝条。在新梢上再选留第2层主枝并短截先端(宜与第1层3个主枝错落分布)。然后对上年选留的主枝进行短截,剪口留上芽,以扩大树冠,但要控制其粗度不超过主干粗度的1/3,这样,便能形成主干明朗、主枝成层、柳枝下垂的倒卵形树冠。以后几年的修剪,如同上年一样,每年留主枝1层,相应疏去最下1层主枝。随树高增长,枝下高不断提高,但主枝应维持在5个左右。到一定高度,即可停止修剪。每年仅将萌芽条以及过于低垂、而又对观赏有碍的枝条适当修去即可(图附3-30)。

15.丁香

落叶灌木或小乔木。圆球形树冠。种类有:白花丁香、红花丁香、紫花丁香、暴马丁香、小叶丁香、花叶丁香、四季丁香等。枝叶茂密,花美而香,宜植于路边、窗前。

整形修剪:

当幼树的中心主枝达到一定高度时,根据需要剪截,留4～5个强壮枝作主枝培养。使其上下错落分布,间距10～15 cm。短截主枝先端,剪口下留1下芽或侧芽。主枝与主干角度小,则留下芽;反之留侧芽,并剥除另1个对生芽。过密的侧枝可及早疏剪。当主枝延长到一定程度、相互间隔较大时,宜留强壮分枝作侧枝培养,使主枝、侧枝均能受到充分阳光。逐步疏

187

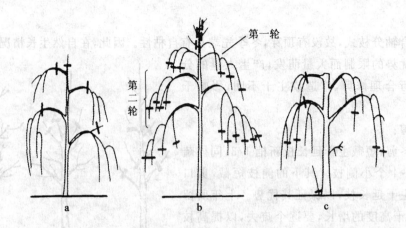

图附 3-30　垂柳修剪示意图

a.第一年短截　b.第二年修剪　c.复壮老树的修剪

剪中心主枝以前所留下的辅养枝。

随时剪去无用枝条。因生命力强,1年中可进行多次修剪,花后剪去前1年枝留下的2次枝,促使新芽从老叶旁长出,花芽可以从该枝先端长出(图附 3-31)。

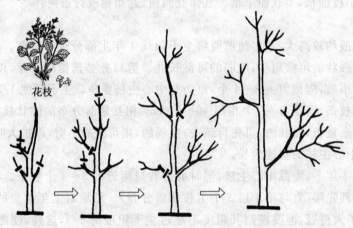

花枝

图附 3-31　丁香修剪示意图

16.鸡爪槭

落叶小乔木。树冠扁圆形或伞形。嫩叶青绿,秋叶红艳,小花紫红色,翅果幼时紫红,熟后变黄。整株姿态优美,为珍贵的色叶树木。植于园林之中、溪边、池畔、路隅、粉墙前,红叶摇曳,雅趣横生。鸡爪槭是公园、庭园绿化常用观赏树。

整形修剪:

12月至来年2月或5~6月进行修剪。幼树,易产生徒长枝,应在生长期及时将它从基部剪去。新梢剪除后伤口易愈合,5~6月短剪保留枝,调整新枝分布。使其长出新芽,创造优美的树形。成年树,要注意冬季修剪直立枝、重叠枝、徒长枝、枯枝、逆枝以及基部长出的无用枝。由于粗枝剪口不易愈合,木质部易受雨水侵蚀而腐烂成孔,所以尽量避免对粗枝大剪。10~11月剪去对生树枝中的1个,以形成相互错落的生长形式(图附 3-32)。

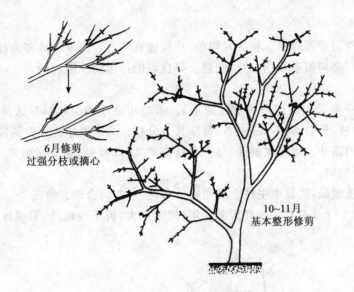

6月修剪
过强分枝或摘心

10~11月
基本整形修剪

图附 3-32　鸡爪槭修剪示意图

17. 黄栌

落叶灌木或小乔木。叶色秋季变红,鲜艳夺目,每至深秋,层林尽染。花后,留有淡紫色羽毛状的长花梗,宿存枝顶,成片栽植时,远望宛如万缕罗纱缭绕林间,故有"烟树"之称,是著名的秋色观赏树种。宜丛植于斜坡、草坪,也可与红叶类树木组成秋景。

整形修剪:

宜在冬季至早春萌芽前进行修剪。幼树的整形修剪,要在定干高度以上选留分布均匀、不同方向的几个主枝形成基本树形。

冬季,短剪主枝条,以调整新枝分布及长势。剪掉重叠枝、徒长枝、枯枝、病虫枝、无用枝。

在生长期中,要及时从基部剪除徒长枝。平时要注意保持主干枝的生长,及时疏剪竞争枝,同时加强对侧枝和内膛枝的管理,以保证树体枝叶繁茂,树形优美(图附 3-33)。

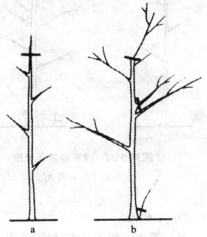

图附 3-33　黄栌修剪示意图
a.定干　b.主干培养

18. 流苏树

落叶小乔木。树形优美,枝叶繁茂,花瓣狭长线状,似若流苏、清丽宜人,盛花时,白雪满树,清丽悦目。流苏树是建筑物周围或公园溪边、池畔、路旁、草坪绿化的优美观赏树种。

整形修剪:

在苗期进行定干修剪,剪去不必要的侧枝,并培养均匀分布的骨干枝,成为主干明显的乔木。流苏树生长较慢,过度修剪会影响其树势,尤其是下部侧枝不能过度修剪,以保持树冠完整,否则开花时形成伞状,下部无花。平时要及时剪除乱枝、过密枝、徒长枝等(图附 3-34)。

19. 栾树

落叶乔木。树冠近圆球形。树皮灰褐色,小枝皮孔明显。春季嫩叶多为红色,入秋叶色变黄,花小,金黄色。栾树根系发达,适应性强。是良好的行道树和庭荫树。

整形修剪:

栾树的修剪一般采用圆球形树冠。定干后,于当年冬季或翌年早春选留 3～5 个生长健壮、分布均匀的主枝,短截留 40 cm 左右,剪除其余分枝。为了集中养分促侧枝生长,夏季及时剥去主枝上萌出的新芽。第 1 次剥芽,每个主枝选留 3～5 枚芽,第 2 次留 2～3 枚,留芽的方向要合理,分布要均匀。

冬季进行疏枝短截,使每个主枝上的侧枝分布均匀,方向合理。短截 2～3 个侧枝,其余全部剪掉,短截长度 60 cm 左右。这样短截 3 年,树冠扩大,树干也粗壮,形成球形树冠(图附 3-35)。

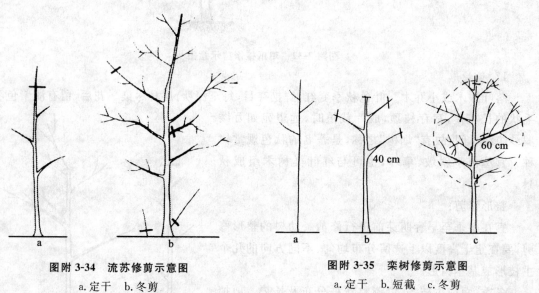

图附 3-34　流苏修剪示意图
　　a.定干　　b.冬剪

图附 3-35　栾树修剪示意图
　　a.定干　　b.短截　　c.冬剪

20. 七叶树

落叶乔木。树干通直,树冠开阔,树姿雄伟,叶大而形美,初夏又有白花开放,且花序如大烛台,蔚为可观,是世界著名的观赏树种之一。作行道树及庭园树绿化使用。

整形修剪:

树冠自然生长为圆球形。冬季至早春萌芽前进行修剪。七叶树的枝条为对生,常会出现一些不美观的逆向枝条、上向与下向的枝,对这些枝条均应从基部剪除,保留水平或斜向的枝条,这样全株才能形成优美的树形。夏季修剪过密枝与过于伸长枝(图附 3-36)。

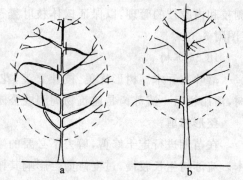

图附 3-36　七叶树修剪示意图
　　a.冬剪　　b.夏剪

21. 石榴

落叶灌木或小乔木。树冠椭圆形。花顶生或

腋生,有红、黄、白、粉红等多种色。果实球形,红黄色,品种有果石榴、花石榴、小石榴,还有常年开花不断的四季石榴。树干强壮古朴,枝叶浓密,丛株团团凝红,鲜艳夺目。在庭园中可植于阶前、庭间、草坪外缘,点缀花坛,或栽于竹丛外缘,红花绿叶极为美观。

整形修剪:

早春,将1年生苗距地10~20 cm处剪去上端,即可发出3~5个枝条。生长期内,不断剪修枝梢或摘心,促进多生2次、3次枝。但要保持树丛内部通风、透光良好。每年选留2~3个枝作更新枝,剪除过密、无价值的枝。更新枝夏季生长一定长度后,就要摘心或剪梢。冬季剪去更新枝的1/4~1/3作为主干保留。每年冬季,剪去老干2~3个,保持9~12个1年生、2年生、3年生骨干枝条。平时要注意剪去萌生枝、冠内交叉枝、病虫枝。将4月新长出来的弱小枝修剪掉。夏天剪去拥挤枝和杂乱枝(图附3-37)。

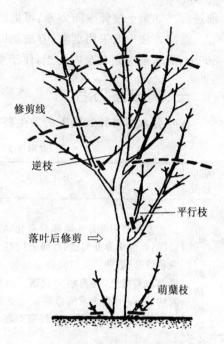

修剪线

逆枝

平行枝

落叶后修剪 ⇒

萌蘖枝

图附3-37　石榴修剪示意图

二、肥水管理

处于园林绿地中的乔木树种一般是不在养护期施肥,而是在栽植前,将有机肥施于种植坑内。如果树木处于土壤贫瘠的环境中,则应该进行追肥。

(一)土壤施肥

是将肥料施入土壤中,通过根系吸收后,运往树体各个器官利用。

1.土壤施肥的位置

对于落叶乔木类的树种因其所处的位置不同,应采取不同的施肥方法。

处于绿地中的乔木,可采取在树冠投影半径的1/3倍至滴水线附近,垂直深度应在密集根层以上40~60 cm部位挖坑来施肥;而作为行道树的乔木因条件限制,可采用在地下20~30 cm处轻翻土壤,使肥料与土混合的方法施肥。也可采用穴状施肥方法,就是指在施肥区内挖穴施肥,这种方法简单易行。

2.土壤施肥的方法

地表施肥:生长在裸露土壤上的小树,可以撒施,但必须同时松土或浇水,使肥料进入土层才能获得比较满意的效果。要特别注意的是,不要在树干30 cm以内干施化肥,否则会造成根颈和干基的损伤。

叶面施肥:一般使用化肥经过溶解之后进行喷雾施肥,单一化肥的喷洒浓度可为0.3%~0.5%,尿素甚至可达2%。叶面施肥的喷洒量,以营养液开始从叶片大量滴下为准。

3.施肥量

一般乔木树种可施腐熟的有机肥5 kg左右,但要注意必须要远离树干。

(二)浇水

乔木树种一般根系发达,具有很强的耐旱能力,因此,浇水只在每年的春季树木开始展叶前进行。如果土壤保水能力差,可适当增加浇水次数和浇水量。

灌溉方法一般采用盘灌,方法是以干基为圆心,在地面筑埂围堰,在盘内灌水。盘深20～30 cm,灌水前应先在盘内松土,便于水分渗透,待水渗完以后,铲平围埂,松土保墒。

三、病虫害防治

落叶乔木类树种病虫害的发生概况与防治措施见表附3-2。

表附3-2 落叶乔木类树种的病虫害防治

病虫种类	发生概况	防治措施
银杏叶枯病	发病初期叶片先端部分黄化,症斑呈波状,颜色较深,症健交界处明显,外缘有时还有宽窄不等的鲜黄色线带,后期病斑渐向叶基延伸,使整个叶片变为褐色或灰褐色,提前枯萎脱落。每年6月上旬开始发病,8～9月份为发病盛期。主要是由链格孢菌、炭疽菌和盘多毛孢菌等复合侵染引起	①合理修剪,改善通风透光条件; ②加强土肥水管理,增强树势,提高抗病力; ③药剂防治:在高温高湿气候来临之前喷药,选用70%甲基托布津可湿性粉剂1 000倍液、70%代森锰锌可湿性粉剂600～800倍液、50%扑海因1 000倍液、75%百菌清1 000～1 500倍液
樱花霉菌穿孔病	受害初期出现紫褐色针状小斑点,逐渐发展为近圆形病斑,病斑外缘红褐色,中央灰白色,边缘清晰并生有轮纹。病斑直径2～5 mm。发病后期病斑两面可产生灰褐色霉状物,为病菌的分生孢子器。多以菌丝体在病组织中越冬。翌春产生分生孢子借风雨传播。自气孔侵入发病	①加强栽培管理,提高抗性; ②及时清除病落叶,减少病害侵染源; ③药剂防治:休眠期喷施3～5波美度石硫合剂,发病初期可选用下列药剂:70%甲基托布津可湿性粉剂1 000倍液、10%世高水分散粒剂4 000倍液、40%福星乳油4 000倍液、70%代森锰锌可湿性粉剂800倍液
丁香褐斑病	主要危害叶片。病斑为不规则形、多角形或近圆形,病斑直径5～10 mm。病斑褐色,后期病斑中央组织变成灰褐色。病斑背面可生灰褐色霉层,即病菌的分生孢子和分生孢子梗。病斑边缘深褐色。发病严重时病斑相互连接成大斑。病菌以子座或菌丝体在病叶上越冬,分生孢子借风雨传播。由伤口或直接侵入。秋季多雨潮湿时发病较重	参照樱花霉菌穿孔病
梅花炭疽病	危害叶片及嫩梢。在叶片上初期为近圆形或椭圆形小褐斑,后期逐渐扩大成较大的斑。被害叶片极易脱落。嫩梢上的病斑为椭圆形溃疡斑,边缘稍隆起。以菌丝体和孢子在被害的嫩梢病斑上及落叶中越冬。翌年气温回升后,分生孢子借风、雨、昆虫传播,侵染新叶及嫩梢。4～5月份开始发病,7～8月份为发病盛期。栽植过密、通风不良、光照差均利于发病	参照樱花霉菌穿孔病

续表附 3-2

病虫种类	发生概况	防治措施
黄栌白粉病	危害叶片、嫩枝。初期叶面出现白色粉点,后渐扩大为近圆形白色粉霉斑,严重时霉斑相连成片。秋季叶片焦枯,影响观赏红叶。病菌以闭囊壳在落叶上或附着在枝干上越冬。翌年 5~6 月,病菌孢子借风吹、雨溅等传播。7~8 月为发病盛期。多雨、郁蔽、通风及透光较差时,病害发生严重	①清除枯枝落叶,减少病害侵染源; ②加强肥水管理,提高抗性; ③药剂防治:休眠期喷施 3~5 波美度石硫合剂,发病初期可选用下列药剂:25％敌力脱乳油 2 500~5 000 倍液、40％福星乳油 8 000~10 000 倍液、45％特克多悬浮液 300~800 倍液、15％绿帝可湿性粉剂 500~700 倍液
合欢枯萎病	我国华东、华北等省都有发生,引起合欢枯萎死亡。发病植株叶片首先变黄,萎蔫,最后叶片脱落。发病植株可一侧枯死或全株枯萎死亡。纵切病株木质部,其内变成褐色。夏季树干粗糙,病斑菱形,病部皮孔肿胀,可产生黑色液体。潮湿条件下产生大量粉红色分生孢子堆。该病菌由土壤带菌并传播,从伤口侵入。连作地块发病较重	①清除病枝、病株,集中销毁,并用 20％石灰水消毒土壤; ②定期松土,增加土壤通气性,并在春秋生长旺盛期给合欢施肥,以增加抗病能力。如遇无雨天气,干旱,应行灌溉; ③药剂防治:患病轻的植株,开穴灌浇 40％多菌灵胶悬剂 500 倍液、70％甲基托布津可湿性粉剂 800 倍液、50％代森铵水剂 400 倍液浇灌根部,用药量为 2~4 kg/m²
槐树溃疡病	其症状表现有两种。由镰孢属真菌引起的溃疡病,多发生在 1~2 年生绿色小枝上。枝干上最初出现黄褐色水渍状、近圆形病斑,后扩展成梭形。较大的病斑中央略下陷,有酒糟味,呈典型的湿腐状。由小穴壳属真菌引起的溃疡病,初期与镰孢菌引起的溃疡病相似,但病斑颜色较深,边缘为紫黑色,病斑扩展迅速。后期病斑上产生许多黑色小点状的分生孢子器。病斑逐渐干枯下陷或开裂。病菌以分生孢子越冬,早春多自皮孔侵入,也可从伤口、叶痕、死芽等处侵入,潜育期 1 个月,无再侵染。镰孢菌型腐烂病 3 月开始发病,4 月达到发病盛期,6~7 月停止发展,小穴壳菌型腐烂病发生较晚。病菌为弱寄生菌,植株衰弱是诱发该病的原因之一	①加强出圃苗木检查,严禁带病苗木出圃,对插条进行消毒处理;重病苗木要烧毁,以免传播。加强栽培管理,提高抗病力。如随起苗随栽植,避免假植时间过长。避免伤根和干部皮层损伤,定植后及时浇水等。 ②药剂防治:树干发病时可喷用 50％代森铵或 50％多菌灵可湿性粉剂 200 倍液、80％"402"抗菌素 200 倍液喷雾;或用 2 波美度的石硫合剂涂抹病斑。茎、枝梢发病时可喷洒 50％退菌特可湿性粉剂 800 倍液、50％多菌灵可湿性粉剂 600 倍液、70％百菌清可湿性粉剂 600~800 倍液、65％代森锌可湿性粉剂与 50％苯来特可湿性粉剂混合液(1:1)1 000 倍液
桃缩叶病	危害叶片、嫩梢、花和果实。叶片早期发病卷曲畸形、变厚。发病新梢节间变短,肿大,扭曲,生长不良。发病部位正面可覆盖 1 层白粉状物,病叶逐渐干枯脱落。病菌孢子附着在枝条和芽鳞上越冬。1 年只有 1 次侵染。孢子靠气流传播,由气孔或表皮直接侵入。病菌发育最适温度为 20℃,低温多雨天气有利于发病	①休眠期防治:在桃树芽膨大期,喷洒 5 波美度石硫合剂或 1:1:160 波尔多液,消灭越冬病菌; ②对落叶严重的树体要加强肥水管理,提高抗病能力; ③及时摘除病叶、病枝,集中烧毁; ④药剂防治:桃芽萌动至露红期,喷洒 50％多菌灵可湿性粉剂 600~800 倍液、10％双效灵水剂 500 倍液等效果较好

续表附 3-2

病虫种类	发生概况	防治措施
樱花根癌病	病害发生于根颈部位，也发生在侧根上。最初病部出现肿大，不久扩展成球形或半球形的瘤状物，表面粗糙，褐色或黑褐色，表面龟裂。严重时地上部分表现为生长不良、叶色发黄。病原为细菌，随病残组织在土壤中存活 1 年以上。通过各种伤口侵入植株，通常土壤潮湿、积水、有机质丰富时发病严重，碱性土壤有利于发病	①苗木栽种前用 1% 硫酸铜液浸 5～10 min，水洗后栽植或利用抗根癌剂（K84）30 倍浸根 5 min 后定植； ②发病轻植株可用 300～400 倍的抗菌剂"402"浇灌，也可切除瘤体后用 500～2 000 mg/kg 链霉素或 500～1 000 mg/kg 土霉素涂抹伤口； ③对病株周围的土壤可按 50～100 g/m² 的用量，撒入硫磺粉消毒； ④细心栽培，避免各种伤口
大袋蛾	俗名吊死鬼，食性杂，以幼虫取食悬铃木、刺槐、泡桐、榆等多种植物的叶片，易暴发成灾。成虫雌雄异型。雌虫无翅，蛆型，雄蛾黑褐色，前翅翅脉黑褐色，翅面前、后缘略带黄褐色至黑褐色，有 4～5 个透明斑。多数 1 年 1 代。以老熟幼虫在袋囊内越冬。6 月中旬开始，初龄幼虫从护囊内爬出，靠风力吐丝扩散。主要危害期为 7、8 月份	①冬春人工摘除越冬虫囊，消灭越冬幼虫，平时也可结合日常管理工作，顺手摘除护囊； ②用黑光灯或性激素诱杀雄成虫； ③药剂防治：幼虫危害时，喷洒 90% 晶体敌百虫 1 200 倍液、2.5% 溴氰菊酯乳油 2 000 倍液、40.7% 毒死蜱乳油稀释 1 000～2 000 倍液； ④生物防治：用青虫菌或 Bt 制剂 500 倍液喷雾，保护袋蛾幼虫的寄生蜂、寄生蝇
黄刺蛾	危害樱花、梅花等多种花木。成虫体橙黄色，老熟幼虫体长 16～25 mm，黄绿色，体背面有一块紫褐色"哑铃"形大斑。蛹黄褐色，茧灰白色，茧壳上有黑褐色纵条纹，形似雀蛋。1 年发生 1～2 代，以老熟幼虫在枝杈等处结茧越冬，翌年 6 月出现成虫，卵散产或数粒相连。初孵幼虫取食卵壳，而后群集在叶背取食叶肉。7 月份老熟幼虫吐丝和分泌黏液做茧化蛹	①灭除越冬虫茧； ②灯光诱杀成虫； ③化学防治：喷施细菌性杀虫剂灭蛾灵 1 000 倍液、90% 晶体敌百虫 800～1 000 倍液、50% 辛硫磷乳油 1 500 倍液、40.7% 毒死蜱乳油 1 000～2 000 倍液，药杀应掌握在幼虫 2～3 龄阶段为好。 ④生物防治：Bt 乳剂 500 倍液潮湿条件下喷雾使用； ⑤保护天敌，如上海青蜂、姬蜂等
扁刺蛾	危害悬铃木、樱花等多种花木。成虫体、翅灰褐色，老熟幼虫体长 21～26 mm，体绿色或黄绿色。椭圆形，各节背面横向着生 4 个刺突，两侧的较长，第 4 节背面两侧各有 1 小红点。茧椭圆形，黑褐色，坚硬。1 年发生 1～3 代，以老熟幼虫结茧在土中越冬。6～8 月为全年幼虫危害的严重时期	参照黄刺蛾
褐边绿刺蛾	危害悬铃木、柳、杨、白蜡、榆、紫荆、樱花、白玉兰、广玉兰等。成虫体长约 15 mm，绿色，前翅基部有放射状褐色斑，后翅及腹部为黄褐色。老熟幼虫体长为 26 mm，圆筒形，体翠绿色或黄绿色。1 年发生 1～2 代，以老熟幼虫在树下土中结茧越冬。6 月成虫羽化，昼伏夜出，有趋光性。1 代发生区幼虫危害盛期在 7～8 月，2 代发生区幼虫分别发生在 6～7 月和 8～9 月，10 月幼虫老熟下树结茧越冬	参照黄刺蛾

续表附 3-2

病虫种类	发生概况	防治措施
褐刺蛾	危害悬铃木、乌桕、梅花、桂花、樱花等。成虫体长为 18 mm,褐色,前翅前缘中部有两条暗褐色横带。老熟幼虫体长 24 mm,黄绿色,背中线为天蓝色,每节有 4 个黑斑,体侧枝刺长而大。1 年发生 2 代,以老熟幼虫在树根部表土中结茧越冬。5 月下旬至 6 月上旬成虫羽化,幼虫危害期为 6 月中旬至 7 月中旬和 8 月中下旬至 9 月,10 月上旬老熟幼虫开始结茧越冬	参照黄刺蛾
舞毒蛾	危害栎、杨、柳等。成虫雌雄异型。雌蛾体长约 28 mm。前翅有 4 条黑褐色锯齿状横线。雄蛾体长 16～21 mm。老熟幼虫体长 50～70 mm,头黄褐色,具"八"字形黑纹,体背有 2 纵列突出的毛瘤,前面 5 对为蓝色,后 6 对为红色。1 年 1 代,以卵在树皮上、石缝中越冬。翌年 4～5 月孵化,1 龄幼虫昼夜危害,2 龄后幼虫昼伏夜出,有吐丝下垂习性。雄、雌蛾均有趋光性	①刮除老翘皮,摘除卵块及初孵的群集幼虫,清除枯枝落叶等; ②灯光诱杀成虫; ③结合日常养护寻找树皮缝、落叶下的幼虫及蛹; ④药剂防治。幼虫期喷施 5% 定虫隆乳油 1 000～2 000 倍液、40.7% 毒死蜱乳油 1 000～2 000 倍液; ⑤生物防治。招引保护食虫鸟类及天敌昆虫;在 1～3 龄幼虫期,喷洒每毫升含 $2×10^6$ 的舞毒蛾核型多角体病毒,每公顷用量 300 mL,对水 1 000 kg 喷雾
黄尾毒蛾	又名桑毛虫、金毛虫等。危害悬铃木、柳、海棠、桃、梅、杏等。成虫体白色,幼虫老熟时体长为 32 mm 左右,黄色。背线与气门下线呈红色,亚背线、气门上线与气门线均为断续不连接的黑色线纹,每节有毛瘤 3 对。该虫 1 年发生代数因地区不同而有差异,以 3 龄幼虫在粗皮缝或伤疤处结茧越冬。幼虫危害期分别发生在 4 月上旬、6 月中旬、8 月上旬、9 月下旬	①消灭越冬虫体。清除枯枝落叶和杂草,在树干上帮草把诱集越冬幼虫,第 2 年早春摘下烧掉,并在树皮缝、石块下等处搜杀越冬幼虫等; ②灯光诱杀成虫; ③人工摘除卵块及群集的初孵幼虫; ④药剂防治。幼虫期喷施 5% 定虫隆乳油 1 000～2 000 倍液、2.5% 溴氰菊酯乳油 4 000 倍液、25% 灭幼脲 3 号胶悬剂 1 500 倍液、40.7% 毒死蜱乳油 1 000～2 000 倍液等
国槐尺蛾	危害国槐、龙爪槐。成虫体长 12～17 mm,体黄褐色,有黑褐色斑点。前翅有 3 条明显的黑色横线,近顶角处有一近长方形褐色斑纹。后翅只有 2 条横线,中室外缘上有一黑色小点。幼虫刚孵化时黄褐色,取食后变为绿色,老熟后紫红色。老熟幼虫体长 30～40 mm。每年 3～4 代。以蛹在树下松土中越冬。5 月中旬第 1 代幼虫危害,6 月下旬及 8 月上旬,第 2 代、3 代幼虫危害	①结合肥水管理,人工挖除虫蛹。利用黑光灯诱杀成虫; ②幼虫期喷施杀虫剂,如生物制剂 Bt 乳剂 600 倍液、10% 多来宝悬浮剂 2 000 倍液、2.5% 功夫乳油 2 000～3 000 倍液; ③保护和利用天敌,如凹眼姬蜂、细黄胡蜂、赤眼蜂、两点广腹螳螂等。成片国槐林或公园内可进行释放赤眼蜂,其寄生率在 40%～77%

续表附 3-2

病虫种类	发生概况	防治措施
美国白蛾	危害桑、榆、杨、柳等，成虫体长 9～12 mm，纯白色。雌蛾无斑点，触角为锯齿状。老熟幼虫体长 28～35 mm，头黑色具光泽，腹部背面具 1 条灰褐色的宽纵带。背部毛瘤黑色，体侧毛瘤多为橙黄色，毛瘤上生白色长毛丛。1 年发生 2～3 代，以茧内化蛹在杂草丛、落叶层、砖缝及表土中越冬。初孵幼虫群集危害，吐丝结网缀叶 1～3 片，随着幼虫增长，食量加大，更多的新叶片被包进网幕中。3 代区幼虫发生在 5～11 月，以 8 月危害最严重	①加强检疫； ②摘除卵块和群集危害的有虫叶； ③冬季换茬耕翻土壤，消灭越冬蛹，或在老熟幼虫转移时，可在树干周围束草，诱集化蛹，然后解下诱草烧毁； ④成虫羽化盛期利用黑光灯诱杀成虫； ⑤保护和利用寄生性、捕食性天敌，用苏云金杆菌和核型多角体病毒制剂喷雾防治； ⑥化学防治。喷施 50% 辛硫磷 1 000 倍液、95% 巴丹可溶性粉剂 1 500～2 000 倍液或 20% 速灭菊酯乳油 3 000 倍液
榆蓝叶甲	又名榆蓝金花虫。以成虫、幼虫取食榆叶，常将叶片吃光。成虫体长 7～8.5 mm，近长椭圆形，黄褐色，鞘翅蓝绿色，有金属光泽，头部具一黑斑。前胸背板中央有 1 个黑斑。老熟幼虫体长约 11 mm，长形微扁平，深黄色。体背中央有 1 条黑色纵纹。北京、辽宁 1 年发生 2 代，均以成虫越冬。翌年 4～5 月份成虫开始活动，危害叶片。初孵幼虫剥食叶肉，被害部呈网眼状，2 龄以后将叶食成孔洞	①消灭越冬虫源。清除墙缝、石砖、落叶、杂草下等处越冬的成虫，减少越冬基数； ②利用假死性人工震落捕杀成虫或人工摘除卵块； ③化学防治：各代成虫、幼虫发生期喷洒 80% 敌敌畏和 90% 敌百虫 1 000 倍液、40.7% 乐斯本 800 倍液或 2.5% 溴氰菊酯 2 000～3 000 倍液； ④保护、利用天敌寄生蜂、瓢虫、小鸟等来减少虫害
斑衣蜡蝉	危害臭椿、香椿、香樟、悬铃木、法桐等。成虫和若虫刺吸嫩梢及幼叶的汁液，造成叶片枯黄，嫩梢萎蔫，枝条畸形以及诱发煤污病。成虫灰褐色。前翅革质，基部 2/3 为浅褐色，上布有 20 多个黑点，端部 1/3 处为灰黑色。后翅基部为鲜红色，布有黑点，中部白色，翅端黑蓝色。若虫 1～3 龄体为黑色，4 龄背面红色，有黑白相间斑点，有翅芽。1 年发生 1 代，以卵在枝干和附近建筑物上越冬。翌年 4 月若虫孵化，5 月上中旬为若虫孵化盛期。6 月中下旬成虫出现，成虫和若虫常常数十头群集危害，此时寄主受害更加严重	①消灭卵块：秋冬季节修剪和刮除卵块，以消灭虫源； ②药剂防治：若虫初孵期结合防治其他害虫，喷施 5% 氟氯氰菊酯（百树得）乳油 5 000 倍液、10% 吡虫啉可湿性粉剂 3 000 倍液、25% 快杀灵乳油 2 000 倍液及菊酯类药剂，应交替使用，以减缓害虫抗药性的产生
梨冠网蝽	危害樱花、梅花、海棠、桃等花木。成虫和若虫在叶背刺吸汁液，正面形成苍白色斑点，背面有褐色粪便及产卵时留下的蝇粪状黑点。成虫体小，体形扁平，黑褐色。前胸背板两侧延伸成扇形，上有网状花纹。前翅略呈长方形，布满网状花纹，静止时前翅重叠，中间形成"X"字纹。若虫身体两侧有明显的锥状刺突。以成虫在树皮裂缝、枯枝落叶、杂草丛中或土块缝隙中越冬。翌年 4 月上、中旬，越冬成虫开始活动。全年 7～8 月份危害最严重	①加强养护：及时清除落叶和杂草，注意通风透光，创造不利于该虫的生活条件； ②化学防治：发生严重时可用 10% 吡虫啉可湿性粉剂 2 000～3 000 倍液、25% 扑虱灵可湿性粉剂 2 000 倍液、40% 速扑杀乳油 2 000 倍液等； ③保护和利用天敌：草蛉、蜘蛛、蚂蚁等都是蝽类的天敌，当天敌较多时，尽量不喷药剂，以保护天敌

续表附 3-2

病虫种类	发生概况	防治措施
梧桐木虱	又叫青桐木虱,危害梧桐。以成虫和若虫群集于嫩梢或枝叶,吸汁危害。若虫分泌白色棉絮状蜡质物。成虫黄绿色,体长 4 mm 左右,头顶两侧陷入。触角丝状,足淡黄色,翅透明。若虫共 3 龄,虫体扁,略呈长方形,末龄近圆筒形,茶黄而微带绿色,体被较厚的白色蜡质层,翅芽发达,透明,淡褐色。1 年 2 代,以卵在枝叶上越冬。次年 4 月下旬至 5 月上旬越冬卵开始孵化,5、6、7 月份发生严重	①结合修剪,剪除带卵枝条; ②若虫发生盛期(叶背出现白色絮状物时)喷施机油乳剂 30～40 倍液,25%扑虱灵可湿性粉剂 2 000 倍液、40%速扑杀乳油 2 000 倍液、10%吡虫啉可湿性粉剂 2 000～3 000 倍液等; ③保护天敌,如赤星瓢虫、黄条瓢虫、草蛉等,对梧桐木虱的卵和若虫都能捕食
星天牛	危害杨、柳、悬铃木、乌桕、相思树、樱花、海棠等。以成虫啃食枝干嫩皮,幼虫钻蛀枝干危害。成虫体黑色,鞘翅具大小不规则的白斑约 20 个,鞘翅基部有黑色颗粒。卵长椭圆形,黄白色。老熟幼虫乳白色至淡黄色,前胸背板的"凸"字斑上有 2 个飞鸟形纹。南方 1 年 1 代,北方 2～3 年 1 代,以幼虫在被害枝干内越冬,翌年 3 月以后开始活动。6 月中旬为成虫羽化盛期。产卵时先咬一"T"形或"八"字形刻槽。卵多产于树干基部和主侧枝下部	①加强检疫; ②适地适树,选择抗性树种,避免危害; ③加强管理,增强树势; ④人工捕杀成虫; ⑤寻找产卵刻槽,可用锤击、手剥等方法消灭其中的卵; ⑥用铁丝钩杀幼虫; ⑦饵木诱杀; ⑧保护利用天敌。如人工招引啄木鸟,利用管氏肿腿蜂、啮小蜂等; ⑨药剂防治。虫孔内塞入磷化铝片剂或磷化锌毒签,或用注射器注射浓度为 80%敌敌畏,然后用粘泥堵孔。在成虫羽化前喷 2.5%溴氰菊酯触破式微胶囊
光肩星天牛	危害杨、柳、榆、槭、刺槐等园林树种,对糖槭危害最烈。成虫体黑色,体长 22～35 mm,前胸两侧各有一较尖锐的刺状突起。鞘翅基部光滑,翅面上有白色绒毛斑纹 20 个左右。老熟幼虫体长约 50 mm,浅黄色,前胸大而长,背板后端色较深,呈凸字形。1～2 年发生 1 代,以幼虫在蛀道内越冬。成虫白天活动,取食被害植物的嫩枝皮,产卵前咬一椭圆形刻槽。成虫趋光性弱、飞翔力弱,敏感性不强,容易捕捉	参照星天牛
桑天牛	危害杨、柳、榆、枫杨、柑橘、枇杷等。成虫啃食嫩枝皮层,幼虫蛀食枝干木质部。成虫体和鞘翅均为黑色,密被黄褐色绒毛。幼虫背板中央有 3 对尖叶状凹皱纹。南方每年 1 代,在北方 2 或 3 年完成 1 代,以未成熟幼虫在树干孔道中越冬。成虫于 6、7 月间羽化产卵,产卵痕呈"U"字形	参照星天牛

续表附 3-2

病虫种类	发生概况	防治措施
桃红颈天牛	危害桃、梅、海棠、樱花等。成体黑色发亮,前胸棕红色,具奇特的臭味。老熟幼虫为乳白色,背板前缘和两侧有 4 个黄斑块,体侧密生黄棕色细毛,体背有皱褶。该虫 2 年(少数地区 3 年)发生 1 代,以幼虫在树干蛀道内越冬。翌年 3～4 月幼虫开始活动,6～8 月为成虫羽化期,产卵于树皮裂缝中	参照星天牛
芳香木蠹蛾东方亚种	危害柳、杨、榆、桦、白蜡、丁香等。以幼虫钻枝干或根际木质部。成虫灰褐色,雌虫头部前方淡黄色,雄虫色稍暗。触角栉齿状,紫色。胸腹部粗壮,灰褐色。前翅散布许多黑褐色横纹。老熟幼虫背部为淡紫红色,侧面稍淡,前胸背板有较大的凸字形黑斑。辽宁、北京 2 年发生 1 代,以幼虫在树干内越冬,第 2 年老熟后离开树干入土越冬。第 3 年 5 月间化蛹,6 月出现成虫。卵产于离地 1～1.5 m 的主干裂缝,多成堆、成块或成行排列	①加强管理,增强树势; ②及时剪除被害梢,减少虫源; ③秋季人工捕捉地下越冬幼虫,刮除树皮缝处的卵块; ④采用黑光灯或性信息素诱杀成虫; ⑤幼虫孵化后未侵入树干前用 40.7％毒死蜱乳油 1 000～2 000 倍液喷干毒杀; ⑥幼虫初蛀入韧皮部或边材表层期间,用 40％氧化乐果乳剂柴油液(1∶9)涂虫孔; ⑦棉球蘸 50％敌敌畏乳油 10 倍液塞入虫孔并涂湿泥封闭; ⑧保护和利用管氏肿腿蜂等天敌
小线角木蠹蛾	危害国槐、银杏、榆、樱桃、樱花、丁香、海棠、悬铃木等。幼虫蛀食花木枝干的木质部,造成千疮百孔,与天牛危害状有明显不同。成虫体灰褐色,触角线状,翅面上密布黑色短线纹,前翅中室至前缘为深褐色。幼虫老熟时体背鲜红色,腹部节间乳黄色,前胸背板黄褐色,其上有斜"B"字形黑褐色斑。该虫 2 年发生 1 代,以幼虫在枝干蛀道内越冬。6～9 月为成虫发生期。产卵时将卵产在树皮裂缝或各种伤疤处,卵呈块状,粒数不等。幼虫孵化后先蛀食韧皮部,以后蛀入木质部	参照芳香木蠹蛾东方亚种
日本双齿长蠹	危害国槐、刺槐、竹、紫藤、紫荆、栾树等。成虫与幼虫喜欢蛀食生长势弱、发芽迟缓及新移栽树的花木枝干,造成枯枝或风折枝。成虫体黑褐色,前胸背板发达,似帽状,可盖着头部。鞘翅密布粗刻点,后缘急剧向下倾斜,斜面有 2 个刺状突起。幼虫老熟时乳白色,略弯曲,蛴螬形。1 年发生 1 代,以成虫在枝干韧皮部越冬。翌年 3 月下旬开始在越冬坑道内危害,4 月下旬成虫飞出交配,将卵产在枝干韧皮部坑道内。5～6 月为幼虫危害期。6 月上旬始见成虫。10 月下旬至 11 月上旬成虫迁移到 1～3 cm 粗的新枝条内,横向环形蛀食,然后在虫道内越冬	①加强检疫:对于调运的苗木加强检疫,发现虫株及时处理; ②加强养护管理,合理修枝、间伐,增强树势,提高抗虫能力; ③疏除被害枝干,进行杀虫处理; ④诱杀成虫:根据小蠹虫的发生特点,可在成虫羽化前或早春设置饵木,以带枝饵木引诱成虫潜入,并经常检查饵木内的小蠹虫的发育情况并及时处理; ⑤化学防治:在成虫羽化盛期或越冬成虫出蛰盛期,喷施 2.5％溴氰菊酯乳油、20％速灭杀丁乳油 2 000～3 000 倍液

附录 3-3　常见花灌木类树种的养护管理

一、常见种类的整形修剪

1.牡丹

牡丹为多年生落叶小灌木。生长缓慢,株型小,株高多在 0.5～2 m 之间。牡丹观赏部位主要是花朵,其花雍容华贵、富丽堂皇,素有"国色天香"、"花中之王"的美称。牡丹可在公园和风景区建立专类园;在古典园林和居民院落中筑花台种植;在园林绿地中自然式孤植、丛植或片植。也适于布置花境、花坛、花带、盆栽观赏,应用更是灵活。

整形修剪:

生长 2～3 年后定干 3～5 枝,其余的干全部剪除。5～6 月开花后将残花剪除;6～9 月花芽分化;10～11 月缩剪牡丹修剪枝条 1/2 左右。从枝条基部起留 2～3 枚花芽,适时可摘除上部的弱花芽,以保证来年 1～2 枚开花。每年冬季剪去枯枝、老枝、病枝、无用小枝等(图附 3-38)。

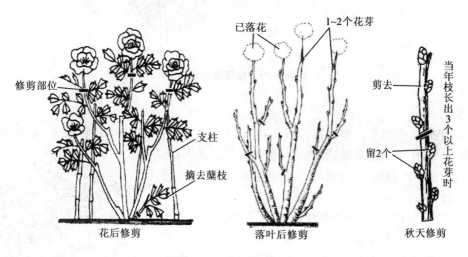

已落花　1～2个花芽

修剪部位

支柱

摘去蘖枝

花后修剪

落叶后修剪

剪去

留2个

当年枝长出3个以上花芽时

秋天修剪

图附 3-38　牡丹修剪示意图

2.桂花

常绿小乔木或灌木。冠圆球形。叶对生,革质。开淡黄色小花,花浓香,有"独占三秋压群芳,何夸椐绿与橙黄"之美称。核果椭圆形。其品种较多,如金桂,花黄色;银桂,花白色;丹桂,花橙色。花期为 9～10 月份。四季桂,花白色,四季开花。

四季常绿,树姿挺秀,在庭园中作为景园树对植、孤植、丛植或成片栽植;植在园路两边、门旁、窗口,花开之时,香飘满园。全树对二氧化硫、氟都有一定抗性,适于工厂绿化。

整形修剪:

自然的桂花枝条多为中短枝,每枝先端生有 4～8 片叶,在其下部则为花序。枝条先端往往集中生长 4～6 个中小枝,每年可剪去先端 2～4 个花枝,保留下面 2 个枝条。以利来年长 4～12 个中短枝,树冠仍向外延伸。每年对树冠内部的枯死枝、重叠的中短枝等进行疏剪,以利通风透光。对过长的主枝或侧枝,要找其后部有较强分枝的进行缩剪,以利复壮。开花后至翌年3月,一般将拥挤的枝剪除即可。要避免在夏季修剪(图附3-39)。

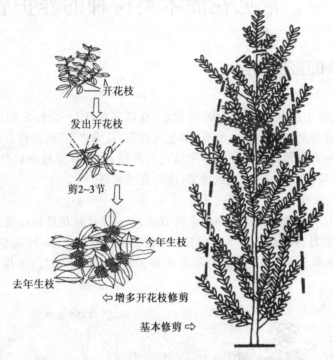

开花枝

发出开花枝

剪2~3节

今年生枝

去年生枝

增多开花枝修剪

基本修剪⇒

图附3-39 桂花修剪示意图

3. 茶花

常绿灌木或小乔木。树冠椭圆形。花有白色、红色、紫色,栽培品种很多,有单瓣、重瓣等,花期1~4月。叶色翠绿,有光泽,四季常青。花大、色美、花期长,适于庭园孤植、群植,作为庭园花台主景树。

整形修剪:

萌芽力强,可以重剪,创造各种造型,别有情趣。花着生在当年枝的顶端,花后将前一年的枝剪去1/3~1/2,并整理树冠。成年树冠高比以2∶3为宜。从最下方的主枝向上50 cm处,选留各个方向发展的枝条3~4个,作为主干上的主枝。缩剪较强壮的枝条,既可避免影响枝主干或邻近主枝生长,还可填补树冠空隙,以利增加花量。每年结合修剪残花,对1年生枝进行短截,在剪口下方保留外芽或斜生枝,促进下部侧芽萌发,发展侧枝,以降低第2年开花部位。3~4月剪去细枝、无用枝、枯枝,保留3~4片叶,留下开花旁的顶芽。5月底停止新梢生长,枝条木质化。7月开始,夏梢生长,所以5~7月将其半木质化的新生交叉枝、重叠枝、过密枝、杂乱枝、病虫枝、萌蘖枝、瘦弱枝、过密枝等剪去(图附3-40)。

基本修剪⇒

图附3-40 茶花修剪示意图

4.蜡梅

落叶灌木,丛生状。叶对生,卵状披针形。花单生,蜡黄色,浓香。变种有素心蜡梅、小花蜡梅、山蜡梅、柳叶蜡梅,同属品种还有亮叶蜡梅等。花期1~3月,南方11月盛开。冬日花开,芳香四溢,宜植于窗前、墙隅、坡上、庭中。在庭园中与南天竹配植,黄花红果,相得益彰。

整形修剪:

树冠形成后,夏季,对主枝延长枝的强枝摘心或剪梢,减弱其长势;对弱枝则以支柱支撑,使其处于垂直方向,增强长势。冬季,将3个主枝各剪去1/3,促使主枝萌发新芽,从中选定优良侧枝。修剪主枝上的侧枝应自下而上逐渐缩短,使其互相错落分布。侧枝强者易徒长,花枝少;侧枝弱者不易形成花芽。短截侧枝先端,在其上部可形成3~4个中长小侧枝,下部可形成许多小侧枝,都会产生大量花芽。疏剪过密的弱小枝,短截较强的枝,留2~3对芽;弱枝留1对芽,这小侧枝是主要开花枝。回缩修剪时,为了不使枝形成叉状,可考虑所留的对生枝向所需要的方向伸展。2~3月开完花后,将花枝从基部剪掉,促使新枝生长,使树保持一定的高度。梅雨季节,及时将长出的杂枝和无用枝剪去。丛生形修剪,选3个枝条作为主干,疏剪去其他枝。对各主干回缩修剪,剪口下留斜生中庸枝当头,削弱顶端优势(图附3-41)。

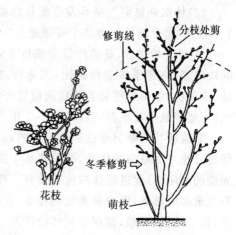

图附 3-41　蜡梅修剪示意图

5.月季

落叶灌木。花色有白、黄、绿、粉红、红、紫等。栽培品种有数千种,如黄月季,花浅黄色;绿月季,花大、绿色。月季花花色繁多艳丽,花期较长。在庭园中丛植、片植,或栽植花坛、花境;切花瓶插,制作花篮、花环;矮品种可作盆景装饰室内。

整形修剪:

一般整形修剪在冬季或早春进行。在夏、秋生长期,也可经常进行摘蕾、剪梢、切花和剪去残花等。

当幼苗的新芽伸展到4~6片叶时,及时剪去梢头,使养分积聚于枝干内,促进根系发达,使当年形成2~3个新分枝。冬季剪去残花,多留腋芽,以利早春多发新枝。主干上部枝条,长势较强,可多留芽;主干下部枝条长势较弱,可少留芽。夏季花后,扩展形品种应留里芽;直立形品种应留外芽。在第2片叶上面剪花,保留其芽,再抽新枝。

来年冬重剪去上年连续开花的1年生枝条,更新老枝。剪口留芽方向同上。注意侧枝的各个方向相互交错、富有立体造型感。由于冬剪的刺激,春季会产生根蘖枝,如果是从砧木上长出,应及时剪去;如果是扦插苗,则可填补空间,更新老枝。剪除树丛内的枯枝,病虫枝及弱枝(图附3-42)。

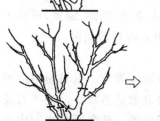

轻剪

适度修剪

重剪

图附 3-42　月季修剪示意图

6.玫瑰

落叶直立丛生灌木。茎多刺。花有紫、白等色,形似蔷薇和月季,在园林绿化中广泛应用。

整形修剪:

玫瑰花是在当年生枝上开花。因此,经常修剪可使植株生长旺盛,花繁色丽,树形端正,并可延长开花年限。玫瑰修剪分为生长期修剪和休眠期修剪。

(1)生长期修剪 花谢后及时剪除残花和疏除病枝、纤弱枝,以减少养分消耗,促发新枝。

(2)休眠期修剪 早春发芽前每株留4~5个枝条,距地面40~50 cm处短截,每枝留1~2个侧枝,每个侧枝上留2个芽短截。一株玫瑰寿命可长达20余年,3年生的植株开花最盛,4~5年后开始衰退,花的产量和质量下降,因此,需要进行更新复壮。方法是:对定植4~5年的玫瑰园,在冬季将老根翻出,剔除病虫枝、衰老枝后进行重栽,并对过密过旺的株丛进行分株,或在秋、冬季节将衰老的玫瑰植株齐地面剪除,然后翻耕玫瑰行间土壤,施入饼肥,灌足水。这样,翌年虽产花不多,但以后2~3年产花量会有很大的提高。

对玫瑰花的修剪要达到一个目的,就是通过修剪,疏掉株丛中的枯、老、病枝,使株丛始终保持开花主力枝条的优势,改善株丛中的通风透光条件,使整个株丛的枝条均匀分布,提高对光能的利用率,促进植株的生长发育。玫瑰在冬剪时要留下新枝(上年发出的新枝)、上年春天开花最多的枝条,而舍弃老化的枝条,这样可使植株年轻化,并且可以清理掉混杂在一起的枝条,保证通风、日照,整理出整体的株型(图附3-43)。

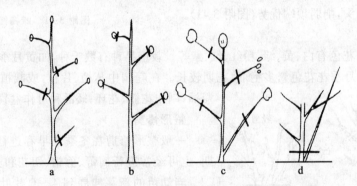

图附3-43 玫瑰修剪示意图
a.花前修剪 b.花后修剪 c.冬季修剪 d.2年生以上老枝修剪

7.杜鹃

落叶或常绿灌木,丛生。春夏开花喇叭状或筒状,有紫、白、红、粉红、黄、橙红、橘红、绿等色。品种较多,如杂种鹃、毛鹃、云锦杜鹃、朱砂杜鹃等。庭园中用作花境、花篱、绿篱,可植于草坪中心和四隅,也可植于门前、阶前、墙下等处。集中成片栽植,开花时烂漫如锦。

整形修剪:

生长旺盛,萌芽力强。2~3年生的幼苗应摘去花蕾,以利加速形成骨架。新梢短的品种不宜摘蕾,可适当疏枝。5~10年生苗应适当剪去部分花蕾,促使开花数适当减少。7~8月花芽分化成花苞,第2年4月开始伸展新芽。5~6月开花,花后立即修剪。秋冬时剪去冠内的徒长枝、枯枝、拥挤枝和杂乱枝,使整体树形造型自然、柔和美观。单株灌丛可修剪成圆球形或半圆形、蘑菇形、伞形、塔形等。丛植、遍植的杜鹃可根据地形、环境的特点修剪成起伏的波浪形(图附 3-44)。

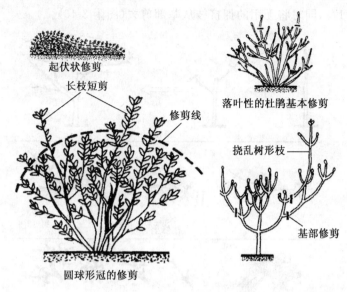

图附 3-44　杜鹃修剪示意图

8．榆叶梅

落叶灌木或小乔木。树冠椭圆形。花粉红色。榆叶梅品种繁多,有单瓣亦有重瓣,花瓣多,花大而密,色泽艳丽,观赏价值高。叶茂花繁,瓣重色艳。不论园林绿地或庭园中均宜种植,是北方主要的花灌木之一。常植于建筑前、道路边或衬于常绿树前等处。

整形修剪:

当幼树长到一定高度时,留 2～3 个主枝,使其上下错落分布。冬季短截每个主枝,剪去全长 1/3 左右。强枝梢轻剪,弱枝梢重剪。剪去主枝上副梢,只留一叶芽,并剪去主干上辅养枝。剪除过密的新枝、拥挤枝、无用枝。短剪、疏剪树冠内的强势竞争枝。及时除萌,摘心。灌丛花后及时除果,小乔木状可留果观赏(图附 3-45)。

9．贴梗海棠

落叶灌木。叶互生,卵形,花单生或簇生于 2 年生枝条上,红色或淡红色、白色。果实球形至卵形,黄色或黄绿色,有香气。同属还有西府海棠、垂丝海棠、木瓜海棠。4 月、9 月 2 次开花。变种有白花种、朱红种、玫瑰种、矮生种。

喜光、耐寒、忌水涝。对土壤要求不严,喜排水良好的肥沃壤土。以分株繁殖为主,在 3 月下旬和 9 月下旬进行为宜。花密而多,花色艳丽,簇生枝间,鲜艳夺目。门旁对植或配植在草坪花坛中,特别是作为绿篱,开花时别有特色。孤植常绿树前、山石旁,都是很好的前景树。

整形修剪:

萌芽力强,强修剪后易长出徒长枝。所以幼时不强剪。树冠成形后,应注意对小侧枝修剪,使基部隐芽逐渐得以萌发成枝,使花枝离侧枝近。如想扩大树冠,可将侧枝先端剪去,留 1～2 个长枝,待长枝长到一定长度后再短截长枝先端,使其继续形成长枝。剪截该枝后部的中短花枝,过长的,可适当修剪先端,任其分生花枝开花。小侧枝群,每年交替回缩修剪,交替扩大。5～6年后,选基部或附近的健壮生长枝,更替。也可保持1根1m以下的主干,侧枝自然生长。花后立即整形修剪。枝条生长茂盛,5月份可将过长的枝剪去1/4,剪去杂乱枝。冬季,修剪过长枝的1/3,同时将无用的拥挤枝从基部剪去(图附3-46)。

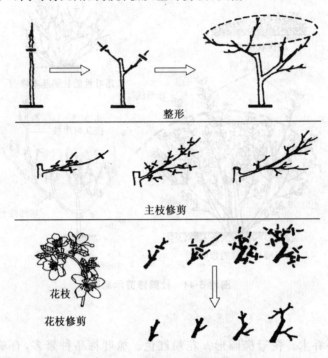

图附 3-45　榆叶梅修剪示意图

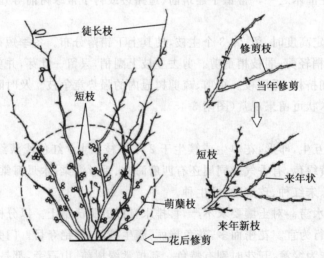

图附 3-46　贴梗海棠修剪示意图

10.迎春

　　落叶或常绿灌木,丛生状。枝条拱形、四棱。每到春季,满枝金黄可爱,其他季节也郁郁葱葱。适于庭园、门前、路边栽植,具有报春之意,与玉梅、山茶、水仙相配植,具有"雪中四友"

之称。庭园中适于花境、花篱、绿篱栽植,也适于池畔、石隙、悬岩旁等绿化。

整形修剪:

萌芽、萌蘖力强,耐修剪、摘心和绑扎造型。花后可疏剪去前1年的枝,以保持自然的形态。因为生长力较强,5月中旬,剪去强枝、杂乱枝,以集中养分供2次生长。6月可剪去新梢,留枝的基部2~3节,以集中养分供花芽生长(图附3-47)。

11.连翘

落叶灌木。具有丛生的直立茎,枝开展而拱垂。花色艳丽可爱,是优良的早春观花灌木。花时满枝金黄,艳丽可爱。宜丛植于草坪、角隅、岩石假山下、路边或转角处、向阳坡地、阶前、篱下,以及作基础种植或花篱等用。

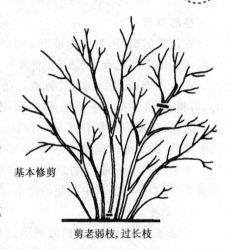

基本修剪

剪老弱枝,过长枝

图附 3-47　迎春修剪示意图

整形修剪:

萌芽力较强,花芽生在去年枝的叶腋中。早春3月开花,4~7月花后可将花枝剪去,重新培养新枝,8~9月花芽分化,使第2年开花更盛。秋后及冬季剪去杂乱枝、老枝和无用弱小枝(图附3-48)。

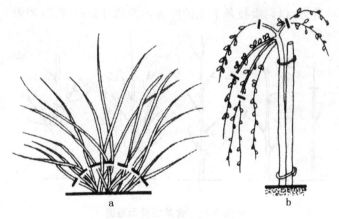

a   b

图附 3-48　连翘修剪示意图

a.短剪　　b.花造型修剪

12.紫荆

落叶丛生灌木,或小乔木。叶大、心脏形。花密4~10朵簇生老枝上,紫红色,4月中旬开放,先花后叶。荚果紫红色,10月成熟。变种有白花紫荆等。

亚热带树种,我国大部分地区均有栽植。性喜光、喜肥沃湿润的土壤,但怕涝,较耐寒。萌发力强,耐修剪。以播种繁殖为主,3~4月进行。

早春开花,一片紫红。配植在庭园中的墙隅、篱外、草坪边缘、建筑物周围,供观赏;与常绿乔木配植,对比鲜明,花色更加美丽。

整形修剪：

定植后的幼苗，为了促使其多生分枝，发展根系，应进行轻度短截。第2年早春，重短截，使其发出3～5个强健的1年生枝。在生长期，应适当摘心、剪梢。花后，对丛内的强壮枝常摘心、剪梢，要注意剪口下留外芽，以利树丛内部通风透光，使其多生2次枝，以增第2年开花量；对丛内过大的粗壮枝条，要及时回缩修剪，即从地面疏剪，以促使1年生新枝填补空隙。

冬季适度疏剪树丛内过密的拥挤枝、无用枝、枯萎枝等。避免夏季修剪，否则会减少花芽的产生（图附3-49）。

13. 含笑

常绿灌木或小乔木。树冠圆形。叶绿花香，花香宜人，十分可爱。宜对植门前，列植路旁、草坪边缘、楼房周围，丛植于林缘、庭园、公园花坛和花境。

图附 3-49　紫荆修剪示意图

整形修剪：

幼苗时开始整形，保留一定的主干，为控制树形和增加新枝条，可在新枝生长前进行摘心。开花后进行修剪。剪除枯枝、衰老枝、瘦弱枝、病虫枝。在剪枝时还可进行整形。因为经过一段时间生长后，枝条会出现参差不齐现象有损美观，所以要对特长的枝条进行短剪、造型，提高观赏价值。叶腋内不长芽的枝条是不会育花的，所以花后把枝条的上端不长芽的枝剪去，以刺激枝条下端的叶腋内的幼芽长枝育蕊（图附3-50）。

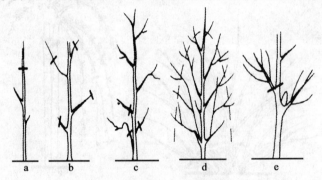

图附 3-50　含笑修剪示意图

a.幼苗整形　b.控制树高　c.花后修剪　d.整形修剪

e.剪去叶腋内不长芽的枝

14. 栀子

常绿灌木。枝丛生，树冠球形。品种有：大花栀子，花形较大，香味极浓；小花栀子，花形较小，叶小；卵叶栀子花，叶先端圆；狭叶栀子花，叶狭窄披针形；斑叶栀子花，叶具斑纹。同属的还有雀舌花，茎匍匐，叶倒披针形，花重斑。

枝繁叶茂，叶亮色绿，花色洁白，芳香扑鼻，适于庭园、池畔、阶前、路旁境栽或群植、孤植、列植，也是点缀花坛的好材料。也可盆栽、作切花、制花篮等供室内观赏。

整形修剪：

萌芽力强，耐修剪。9月2次新梢发育花芽，待第2年开花。花谢后，如整形修剪，只能疏剪伸展枝、徒长枝、弱小枝、斜枝、重叠枝、枯枝等,但要保持整株造型完整。如将新芽剪掉。第2年开花会减少(图附3-51)。

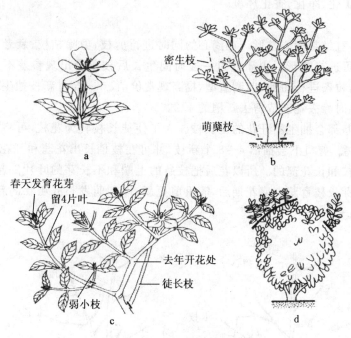

图附 3-51 栀子花修剪示意图
a.花枝 b.基本修剪 c.花期修剪 d.花后修剪

15.锦带花

落叶灌木或小乔木。树皮灰色。为园林常见观赏花木,植于草坪、庭隅、塘畔、路边,点缀于坡地、假山,或作花篱,莫不相宜,可孤植、丛植或列植。用于工厂矿区绿化美化环境效果良好。尤其宜成片种植,整体景观更加动人。

整形修剪:

萌芽力、萌蘗力强,生长迅速,花多开于1~2年生枝上,故在冬季或早春修剪时,只需剪去枯枝和老弱枝条,不需剪短。由于老枝寿命短,须从基部重剪,以利更新。

以后每隔2~3年进行1次更新修剪,将3年生以上老枝剪去,以促进新枝生长。花后若不留种,应及时摘除残花、剪除残枝,既可增进美观,又可节省养分,促进枝条生长(图附3-52)。

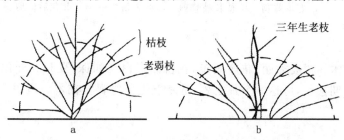

图附 3-52 锦带花修剪示意图
a.冬季修剪 b.更新修剪

16.茉莉

常绿灌木,枝繁叶茂,株形玲珑,碧绿的翠叶,馨香的白花,给人以朴素淡雅的美,而且花香扑鼻,沁人心脾,可美化、净化、香化环境。

整形修剪:

枝条萌发力强,宜经常摘心整形。在摘心的同时进行剪枝,剪除枯枝、衰老枝、瘦弱枝、病虫枝。在剪枝时还可进行整形。由于经过一段时间生长后枝条会出现参差不齐现象有损美观,所以要对特长的枝条进行短剪,谐调造型,提高观赏价值。4～5月新枝抽生时,花蕊孕育,但发育不良,必须随时除去花蕊或剪去新梢的1/2。

两年后的植株基部会抽生不开花的徒长枝。为了使徒长枝转为花枝,可将其短剪。短截3对小叶枝条的顶端。剪口下会抽出4～8个新枝,并可在枝梢长出花蕊和开花。叶腋内不长芽的枝条是不会生枝和长花蕊的。所以花后把枝条的上端和不长芽的叶片一起剪去,刺激枝条下端叶腋内的幼芽长枝育蕊。盛花期后,需重剪更新,以利萌发整齐粗壮的新枝,开出旺盛的花朵(图附 3-53)。

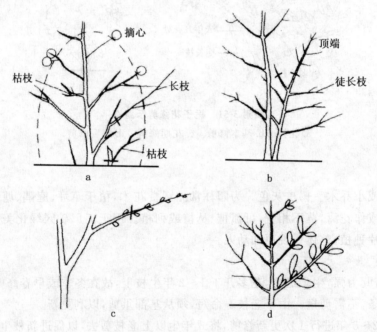

图附 3-53　茉莉修剪示意图
a.春季修剪　b.徒长枝修剪　c.剪去新梢一半　d.花后修剪

17.珍珠梅

落叶丛生灌木。树姿秀丽,花序繁茂,花蕾圆形白亮如珠,夏日花开似梅,衬以清秀的绿叶,潇洒雅致,花期甚长,可达 3 个月之久,是夏季优良的观赏花木。适用于园林行道树,庭园岩石假山旁片植。

整形修剪:

萌蘖性强,耐修剪。定植后的幼苗,为了促使其多生分枝,发展根系,应进行轻度短截。第2年早春重短截,使其发出 3～5 个强健的 1 年生枝条。在生长期应适当摘心、剪梢。3～5 年整株挖出,剪除枯老枝、老枝后再植,有利于更新。

花后,及时剪除残留花枝,以减少水分及养分消耗。树丛内的强壮枝条,要常摘心、剪梢。注意剪口下方,留外芽,以利树丛内部通风透光,使其多生2次枝,以增加第2年开花量。对树丛内过大的粗壮枝条要及时回缩修剪,即从地面疏剪,以促使1年生新枝填补空隙。

落叶后冬剪,注意疏剪老枝以达更新复壮。如不分株应及时剪除萌蘖枝。及时剪除残花。疏剪树丛内过密枝、拥挤枝、老枝、病虫枝、无用枝、枯萎枝等,促使第2年花繁叶茂。避免夏季修剪,否则会减少花芽的产生(图附3-54)。

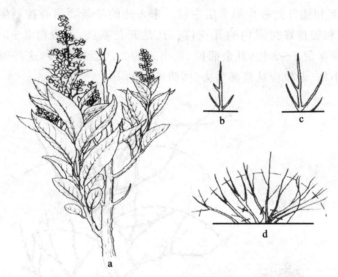

图附 3-54　珍珠梅修剪示意图
a.花枝　b.定植后轻短剪　c.翌春重短截　d.秋、冬修剪

18.木槿

落叶灌木或小乔木。花单生叶腋、钟状,花有紫、红、白等多种颜色,花朵有单瓣和重瓣。常见品种有重瓣白花木槿、重瓣紫花木槿。同属还有大花木槿。花期长、花朵大。夏秋花开满树,娇艳夺目,甚为美观。常作花篱,或单株、丛植于庭园都很美丽。抗污染性强,适于工厂及街道绿化,是优良的花灌木树种。

整形修剪:

生长快,萌芽率强,耐强修剪。冬季落叶后,即可修剪。2~3年生老枝仍可发育花芽、开花。

剪去先端,留其10 cm左右即可。如培养低矮的花树可将整体立枝剪短。对粗大的枝可以短剪,以促使细枝密生树容整齐(图附3-55)。

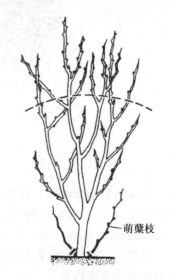

萌蘖枝

图附 3-55　木槿修剪示意图

19.紫薇

落叶乔木或灌木。椭圆形树冠。圆锥花序顶生,花瓣多皱纹,有白、红、淡红、淡紫、深红等色。花开烂漫如火,夏秋经久不衰,故又名百日红。栽培

观赏种还有:大花紫薇,花大,由粉红色变紫色;银薇,花白色;翠薇,花紫色;赤薇,花红色。花期7~10月。树姿优美,树干光滑洁净,花期长,花色烂漫,在庭园中,配植在常绿树群中,对比鲜明。庭园建筑物前、池畔、路旁、草坪边缘,均宜栽植。

整形修剪:

冬季,将1年生苗先端短截。第2年春则生3~4个新枝,剪口下第1枝,可作主干延长枝,使其直立生长。夏季对其下面的2~3个新枝进行不断摘心。第2年冬季,短截主干新枝1/3,并对第1层主枝短截。剪口留外芽,减弱长势。夏季,新干剪口下又分生多数新枝,再选2个与第1层主枝互相错开的枝作第2层主枝。未入选的枝条要摘心控制生长。每年仅在主枝上选留各级侧枝和安排好树冠内的开花枝。凡是开花基枝,一般留2~3枚芽短截。4~5月,将刚长出的新芽保留2~3枚,其余摘掉,长出来的2次短枝特多,这些短枝上也会开很多花。对拥挤枝、弱小枝、老枝应从基部剪去(图附3-56)。

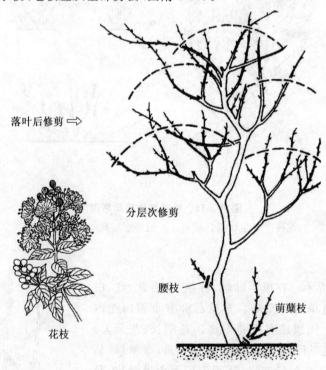

落叶后修剪 ⇒

分层次修剪

腰枝

萌蘖枝

花枝

图附3-56　紫薇修剪示意图

20.八仙花

绣球花科落叶灌木。树冠球形。顶生伞房花序,形大,初开时白色,渐变为蓝色或粉红色,花期为6~7月。常见品种有:蓝边八仙花、大八仙花、银边八仙花、紫茎八仙花、紫阳花(花蓝色或淡红色)。同属还有蔓性八仙花,东陵八仙花,圆锥八仙花。

开花时,花团锦簇,色彩多变,极富观赏价值。宜配植于庭院荫处、林下、林缘及建筑北面,也可盆栽布置室内。

整形修剪:

萌蘖性强,在北方地上部分容易冻死,可将地上部分剪去。复土保护根茎幼芽以利来年春季萌发新株。南方,2月在大花芽的上方短剪。花开完后在其下面2~4片叶剪掉。9月花芽、叶芽分化之后保留 20 个枝条以内为宜，将弱枝、枯枝、拥挤枝从根基部剪除。对过高的枝，花芽之上剪除（图附 3-57）。

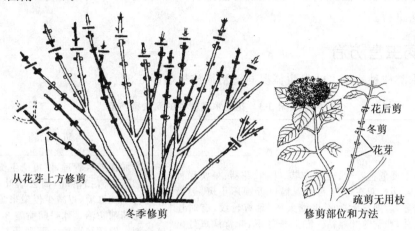

从花芽上方修剪

冬季修剪

花后剪
冬剪
花芽
疏剪无用枝
修剪部位和方法

图附 3-57　八仙花修剪示意图

二、肥水管理

1.施肥

花灌木的施肥一般采用追施有机肥和喷施叶面肥的方法进行。

基肥是在较长时期内供给树木养分的基本肥料，宜施迟效性有机肥料，如腐殖酸类肥料、堆肥、厩肥、圈肥、鱼肥、血肥以及作物秸秆、树枝、落叶等，使其逐渐分解，供树木较长时间吸收利用的大量元素和微量元素。

秋施基肥，有机质腐烂分解的时间较充分，可提高矿质化程度，翌春可及时为花灌木吸收和利用，促进根系生长，特别是对某些观花、观果类树木的花芽分化及果实发育有利。

追肥又叫补肥。对观花、观果树木来说，花后追肥与花芽分化期追肥比较重要，尤以花谢后追肥更为关键，而对于牡丹等开花较晚的花木，这 2 次追肥可合为 1 次。某些果树如花谢后施肥不当（过早或氮肥过多）有促使幼果脱落的可能。花前追肥和后期追肥常与基肥施用相隔较近，条件不允许时则可以省去，但牡丹花前必须保证施 1 次追肥。此外，某些果树及观果树木在果实速生期施 1 次、P、K 的配方的壮果肥，可取得较好效果。对于一般初栽 2～3 年内的花木，每年在生长期进行 1～2 次追肥实为必要，有营养缺乏征兆的树木可随时追肥。

2.浇水和排水

根据各地的条件，观花观果树木，在发芽前后到开花期，新梢生长和幼果膨大期，果实迅速膨大期和果熟期及休眠期，如果土壤含水量过低，都应进行灌溉。

气候条件对于灌水和排水的影响，主要是年降水量、降水强度、降水频度与分布。在干旱的气候条件下或干旱时期，灌水量应多，反之应少，甚至要注意排水。例如北京地区 4～6 月是干旱季节，但正是树木发育的旺盛时期，因此需水量较大。在这个时期，一般都需要灌水。如月季、牡丹等名贵花灌木，在此期只要见土干就应灌水，而对于其他花灌木则可以粗放些，但总的来说这是春季干旱转入少雨的时期，树木正处于开始萌动，生长加速并进入旺盛生长的阶段，所以应保持土壤的湿润。在江南地区这时正处于梅雨季节，不宜多灌水。某些花木如梅花、碧桃等 6 月底以后形成花芽,所以在 6 月份应进行灌水,促进花芽的形成。

花灌木的灌水方法一般是采用围堰方法进行,当然处于成片栽植的树木也可采用漫灌和管灌的方法进行。

三、病虫害防治

花灌木类树种病虫害的发生概况与防治措施见表附 3-3。

表附 3-3　花灌木类树种的病虫害防治

病虫种类	发生概况	防治措施
牡丹褐斑病	主要危害叶片,也侵染茎、叶柄、花器、果实和种子。发病初期在叶片上出现褐色近圆形小斑,边缘不明显,后期扩大为不规则大斑,具有轮纹,有时连接成片,严重整叶焦枯。潮湿条件下,叶背病斑处出现墨绿色霉层。茎与叶柄上病斑长圆形,3~5 mm,褐色,中间开裂并下陷,严重时病斑也连成片。花萼与花瓣受害严重时,边缘枯焦。病菌主要以菌丝在病残体上越冬。孢子借风雨传播,自伤口侵入。植株过密,湿度大时,有利于发病。	①加强肥水管理,使植株生长健壮; ②随时清扫落叶,摘去病叶,冬季对重病株进行重度修剪,以减少侵染来源; ③药剂防治。休眠期喷施 3~5 波美度石硫合剂。发病初期喷洒下列药剂:70%甲基托布津可湿性粉剂 1 000 倍液、10%世高水分散粒剂 6 000~8 000 倍液、40%福星乳油 4 000~6 000 倍液、70%代森锰锌可湿性粉剂 800~1 000 倍液、6%乐比耕可湿性粉剂 1 500~2 000 倍液、60%防霉宝超微粉剂 600 倍液
月季黑斑病	主要危害叶片,初期叶片上出现褐色小点,以后逐渐扩大为圆形或近圆形的斑点,边缘呈不规则的放射状,病部周围组织变黄。病斑上生有黑色小点。严重时病斑连片,甚至整株叶片全部脱落,成为光杆。病菌以菌丝和分生孢子盘在病残体上越冬。露地栽培,病菌以菌丝体在芽鳞、叶痕或枯枝落叶上越冬。孢子借风雨、飞溅水滴传播危害,因而多雨、多雾、多露时易于发病	参照牡丹褐斑病
杜鹃角斑病	主要侵染叶片,发病初期,叶片上出现红褐色小斑点,逐渐扩大成圆形或不规则的多角形病斑,黑褐色,直径 1~5 mm。后期病斑中央组织变为灰白色,严重时病斑相连成片,导致叶片枯黄、早落。湿度大时,叶斑正面生出许多褐色的小霉点,即病菌的分生孢子和分生孢子梗。病菌以菌丝体在病叶及病残体上越冬。借风雨等传播,高温多雨季节发病重。雨雾多、露水重有利于孢子的扩散和侵染,因而发病重。土壤黏重、通风透光性差、植株缺铁黄化时,有利于病害的发生	参照牡丹褐斑病
紫荆角斑病	主要危害叶片,造成叶枯脱落。叶斑呈多角形,初期针点大小,后变为多角形,颜色为褐色或黑色,后期密生黑色小霉点,潮湿时,小粒点上生灰白色霉状物。病菌以子座或菌丝体在病落叶上越冬。翌春,当条件适合时,产生分生孢子由风雨传播,引起感染。雨水多的年份,发病较重	参照牡丹褐斑病

续表附 3-3

病虫种类	发生概况	防治措施
玫瑰锈病	主要危害叶和芽,春天新芽上布满鲜黄色粉状物,叶背出现稍隆起黄色斑点;成熟后散出橘红色粉末,秋末叶背出现黑褐色粉状物,即冬孢子堆和冬孢子。受害叶片早期脱落。病菌以菌丝体在芽内和以冬孢子在发病部位及枯枝落叶上越冬。翌年玫瑰新芽萌发时,冬孢子萌发产生孢子,侵染植株幼嫩组织,4月下旬出现明显的病芽,在嫩芽、幼叶上呈现出橙黄色粉状物。借风、雨、虫等传播,6、7月和9月发病最为严重。温暖、多雨、空气湿度大时易流行	①清除侵染来源。结合园圃清理及修剪,及时将病枝芽、病叶等集中烧毁,以减少病原; ②加强管理,降低湿度,注意通风透光,增施磷钾肥,提高植株的抗病能力; ③药剂防治:发病初期可喷洒15%粉锈宁可湿性粉剂 1 000～1 500 倍液,每 10 d 喷1次,连喷3～4次;或用 12.5%烯唑醇可湿性粉剂 3 000～6 000 倍液、10%世高水分散粒剂稀释 6 000～8 000 倍液、40%福星乳油 8 000～10 000 倍液喷雾防治
山茶炭疽病	主要危害叶片和新梢。初发生时为小点,后扩大成不规则的大斑,黄褐色至褐色,最后中央灰白色。其上散生或轮生许多小黑点,病健交界处稍隆起。潮湿条件下,小黑点上产生淡红色具黏液的分生孢子堆。枝梢被害后,形成梭形、下陷的溃疡斑,边缘淡红色,后期呈黑褐色,有黑色小点和纵向裂纹,病斑环绕枝梢即枯死。病菌以菌丝及分生孢子在病残体上越冬,翌春菌丝扩展产生新病斑,并在新老病斑上,产生新的分生孢子。孢子借风、雨、昆虫及人为传播。病害的发生与温湿度密切相关,春季下雨早、雨量多则发病早、发病重	①加强肥水管理,增强植株的抗病能力; ②及时清除枯枝、落叶等病残体,减少初侵染源; ③合理修剪,增强通风透光能力,提高植株抗性; ④药剂防治。休眠期喷施3～5波美度的石硫合剂。发病初期喷洒下列药剂:47%加瑞农可湿性粉剂 600～800 倍液、40%福星乳油 8 000～10 000 倍液、10%世高水分散粒剂 6 000～8 000 倍液、10%多抗霉素可湿性粉剂 1 000～2 000 倍液、6%乐比耕可湿性粉剂 1 500～2 000 倍液、70%甲基托布津可湿性粉剂 1 000 倍液、75%百菌清可湿性粉剂 800 倍液、80%炭疽福美可湿性粉剂 800 倍液
含笑炭疽病	该病常引起含笑早期落叶,枝梢枯死。初期叶片上出现针尖大小的斑点,周围有黄色晕环,后逐渐扩展为圆形或不规则形病斑,深褐色至灰白色,有轮纹状斑,边缘黑褐色,稍隆起。病斑中央散生或轮生黑褐色小点。病菌以菌丝或分生孢子在病株和病落叶上越冬。翌年 5、6 月份气温升高时产生分生孢子,由风雨或气流传播,高温多雨季节发病重	参照山茶炭疽病
茉莉炭疽病	主要危害叶片,有时也危害嫩梢,叶片初为褪绿小斑点,后扩大为浅褐色,圆形或近圆形病斑,直径 2～10 mm,病斑中央灰白色,边缘褐色,稍隆起。后期病斑上轮生稀疏的黑色小粒点。病菌以菌丝体和分生孢子在病叶上越冬。通过风雨传播,自伤口侵入,一般夏秋期间病害较重	参照山茶炭疽病

续表附 3-3

病虫种类	发生概况	防治措施
茉莉白绢病	危害茉莉近地面的茎基部,发病严重,常常造成植株枯死。病茎基部暗褐色,其上长有白色丝绢状菌丝体,多呈辐射状,边缘尤其明显。后期,在病部结生许多茶褐色油菜籽状的菌核。天气潮湿时,菌丝体会扩展到根部周围的地表和土隙中,也结生有菌核。后期,受病植株的茎基部完全腐败,并导致茎叶萎蔫,植株枯死	①及时拔除加以烧毁或深埋,病穴灌洒86.2%的铜大师800~1 200倍或撒施石灰粉消毒; ②合理施肥:有机肥应作为基肥,深埋土壤下层,或施用充分腐熟的有机肥; ③药剂防治:发病初期可在植株茎基部及其周围土壤洒施50%代森铵1 000倍液、25%敌力脱乳油2 000倍液; ④生物防治:利用抗生菌哈茨木霉进行防治
花木煤污病	在花木上发生普遍,其症状是在叶面、枝梢上形成黑色小霉斑,后扩大连片,使整个叶面、嫩梢上布满黑霉层。抑制植物光合作用,削弱生长势,降低观赏价值。病菌在病部及病落叶上越冬,翌年孢子由风雨、昆虫等传播。主要在蚜虫、介壳虫等害虫的分泌物及排泄物上繁殖。高温多湿,通风不良,蚜虫、介壳虫等产生分泌物的害虫发生量大时,发病重	①喷洒杀虫剂防治蚜虫、介壳虫等害虫,减少其排泄物或蜜露,从而达到防病的目的; ②在植物休眠季节喷洒3~5波美度的石硫合剂,杀死越冬的菌源,从而减轻病害的发生; ③对寄主植物进行适度修剪,温室要通风透光良好,以便降低湿度,减轻病害的发生
蔷薇三节叶蜂	危害蔷薇、月季、十姐妹、黄刺玫、玫瑰等花卉,以幼虫食叶,严重时可把叶片食光。成虫头胸部黑色带有光泽,腹部橙黄色,翅黑色半透明。1~4龄幼虫微带淡绿色,头部及胸足黑色,5龄幼虫头红褐色,老熟幼虫头橘红色,胸腹部黄色或橙黄色,胸、腹部各节有3条黑点线。以老熟幼虫在土中作茧越冬,翌年3月上中旬化蛹、羽化、交尾和产卵,成虫用产卵管将月季、蔷薇等寄主植物的新梢纵向切开一开口,产卵于其中,使茎部纵裂,并变黑倒折	①冬春季结合土壤翻耕消灭越冬茧; ②寻找产卵枝梢、叶片,人工摘除卵梢、卵叶或孵化后尚群集的幼虫; ③幼虫危害期喷洒Bt乳剂500倍液、2.5%溴氰菊酯乳油3 000倍液、20%杀灭菊酯2 000倍液、25%灭幼脲3号胶悬剂1 500倍液
蚜虫类	蚜虫类属同翅目蚜总科。危害园林植物的蚜虫种类很多。各类园林植物都遭受蚜虫的危害。蚜虫的直接危害是刺吸汁液,使叶片褪色、卷曲、皱缩,甚至发黄脱落,形成虫瘿等症状。同时排泄蜜露诱发煤污病,其间接危害是传播多种病毒,引起病毒病。在园林植物上常见的有桃蚜、月季长管蚜、紫薇长斑蚜、棉蚜、菊小长管蚜、莲缢管蚜、白兰台湾蚜等	①保护和利用瓢虫、草蛉等天敌; ②物理防治:利用涂有黄色和胶液的纸板或塑料板,诱杀有翅蚜虫; ③药剂防治:木本花卉发芽前,喷施5波美度的石硫合剂,以消灭越冬卵和初孵若虫。生长季节喷洒10%吡虫啉可湿性粉剂2 000倍液、3%啶虫脒乳油2 000~2 500倍液或用40%氧化乐果乳油50~100倍液进行涂茎,对梅、樱花等安全

续表附3-3

病虫种类	发生概况	防治措施
介壳虫类	介壳虫属同翅目蚧总科。园林植物上的介壳虫种类很多,据估计有700多种。植物的根、茎、叶、果等部位都有不同种类的介壳虫寄生。在园林植物上常见的有红蜡蚧、日本龟蜡蚧、吹绵蚧、日本松干蚧、草履蚧、常春藤圆盾蚧、糠片盾蚧、桑白盾蚧、褐软蚧、橘棘粉蚧、考氏白盾蚧、梨圆盾蚧、月季白轮盾蚧等。该类害虫除刺吸植物汁液,造成直接危害外,还排泄蜜露诱发煤污病,少数种类还可传播病毒病	①剪除有虫枝,集中烧毁; ②通过合理修剪、施肥,改善通风、透光条件,创造不适于介壳虫发生的环境条件; ③药剂防治:冬季和早春,喷施3～5波美度石硫合剂,3%～5%柴油乳剂,初孵若虫期喷洒10%吡虫啉可湿性粉剂1 500倍液,40%速扑杀乳油2 000倍液,也可用40%乐果乳油或10%吡虫啉乳油5～10倍液打孔注药; ④保护和利用澳洲瓢虫、红点唇瓢虫、跳小蜂、异色瓢虫、草蛉等天敌
粉虱类	粉虱类属同翅目粉虱科。体微小,雌雄均有翅,翅短而圆,膜质,翅脉极少,前后翅相似,后翅略小。体翅均有白色蜡粉,故称粉虱。在园林植物上常见的有温室粉虱、橘刺粉虱、烟粉虱、柑橘粉虱等。 该类害虫除刺吸植物汁液,使得植株衰弱外,还排泄蜜露诱发煤污病,影响植物的光合作用并降低观赏价值,少数种类还可传播病毒病	①适当修枝、除草,增强通风透光能力,以减轻危害; ②物理防治:白粉虱成虫对黄色有强烈趋性,可用黄色诱虫板诱杀; ③药剂防治:3～8月严重危害期,可采用10%吡虫啉可湿性粉剂1 500倍液,40%乐斯本乳油2 000倍液,2.5%溴氰菊酯乳油或25%扑虱灵可湿性粉剂2 000倍液,喷时注意药液均匀,叶背处更应周到
叶蝉类	叶蝉类属同翅目叶蝉科,身体细长,常能跳跃,能横走,易飞行。通称浮尘子,又名叶跳虫,种类很多。在园林植物上常见的有大青叶蝉、小绿叶蝉、棉叶蝉、二星叶蝉等。该类害虫除刺吸植物汁液,使得植株衰弱外,还可传播病毒病。另外,有些种类独特的产卵方式对植物破坏性很强,有时甚至比取食更为严重	①加强庭园绿地的管理,清除树木、花卉附近的杂草,结合修剪,剪除有产卵伤疤的枝条; ②设置黑光灯,诱杀成虫; ③成虫、若虫危害期,喷施10%吡虫啉可湿性粉剂1 500倍液,40%乐斯本乳油2 000倍液,20%杀灭菊酯乳油或2.5%功夫乳油2 000倍液、20%叶蝉散乳油1 000倍液
螨类	螨类属于蛛形纲,蜱螨目,俗称红蜘蛛。整个身体分为颚体和躯体两部分。种类多,危害广,多数以危害叶片为主,受害叶片表面出现许多灰白色的小点,失绿,失水,影响光合作用,导致生长缓慢甚至停止,严重时落叶枯死。在园林植物上常见的有朱砂叶螨、山楂叶螨、二点叶螨、柑橘全爪螨、史氏始叶螨、柏小爪螨、卵形短须螨、侧多食跗线螨等	①及时清除园地杂草和残枝虫叶,减少虫源; ②树干束草,诱集越冬雌螨,来春收集烧毁; ③冬季或早春喷洒3～5波美度石硫合剂,消灭越冬螨; ④药剂防治:喷施1.8%阿维菌素乳油3 000～5 000倍液,5%尼索朗乳油或15%达螨灵乳油1 500倍液、50%阿波罗悬浮剂5 000倍液; ⑤生物防治:叶螨天敌种类很多,注意保护瓢虫、草蛉、小花蝽、植绥螨等天敌

附录 3-4 常见攀缘植物类的养护管理

一、常见种类的整形修剪

1.凌霄

落叶藤本,长达 10 余米。茎上有攀缘的气生根,攀附于他物上。枝繁叶茂,入夏后朵朵红花缀于绿叶中次第开放,十分美丽,可植于假山等处,也是廊架绿化的上好植物。

整形修剪:

凌霄的整形决定于支撑物,也就是由其绿化的对象来决定。如果将其种在枯木旁,则凌霄缠绕枯木向上生长,好似枯木逢春。如果用凌霄绿化墙面,则将其种植在墙的近处,开始需要人工诱引于墙面上,可用三角钉固定枝蔓。以后随着枝蔓的生长,借气根攀缘向上生长,不需人工的帮助。开始人工诱引主蔓向墙面上生长时,一定要把主蔓分布均匀,绝不可几个主蔓拧在一起向上诱引。同时主蔓也不可留得过多,一般留 3～5 个,当主蔓生长到一定高度时,开始选留侧蔓,侧蔓要留在有空的地方,才能使枝蔓很好的生长发育。

凌霄的修剪主要是在春季进行,春季萌芽前,首先将细弱枝、过密枝、交叉重叠枝,以及干枯老枝全部剪除,然后使枝蔓分布均称,各占据一定空间,才能更好地绿化墙面。由于凌霄为藤木类,枝蔓攀缘,给老枝更新带来一定的困难。为了减少麻烦,往往当老枝彻底衰老后,才进行回缩。可回缩到健壮的分枝处,也可回缩到植株基部,视具体情况决定(图附 3-58)。

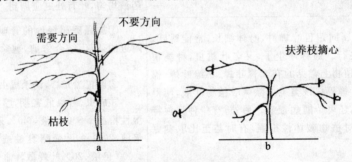

图附 3-58 凌霄修剪示意图
a.冬、春芽萌动前修剪 b.夏季修剪

2.紫藤

落叶缠绕藤本。下垂总状花序,花紫色。枝繁叶茂,花色浓艳。在园林中,适宜花廊、花架等垂直绿化。

整形修剪:

定植后,选留健壮枝作主藤干培养,剪去先端不成熟部分,剪口附近如有侧枝,剪去 2～3个,以减少竞争,以便将主干藤缠绕于支柱上。分批除去从根部发生的其他枝条。主干上的主枝,在中上部只留 2～3 枚芽作辅养枝。主干上除发生一强壮中心主枝外,还可以从其他枝上发生 10 余个新枝,辅养中心主枝。第 2 年冬,对架面上中心主枝短截至壮芽处,以期来年发出强健主枝,选留 2 个枝条作第 2、第 3 主枝进行短截。全部疏去主干下部所留的辅养枝。今后每年冬,剪去枯死枝、病虫枝、互向缠绕过分重叠枝。一般小侧枝,留 2～3 枚芽短截,使架面枝条分布均匀。

放任树更新,冬季在架面上选留 3～4 个生长粗壮的骨干枝,进行短截或回缩修剪。再剪去其上的全部枝条。壮枝轻剪长留,弱枝重剪短留,使新生枝条得以势力平衡而复壮。主枝上生的侧枝,除过于密集的适当疏剪几个外,一律重剪,留 2～3 枚芽(图附 3-59)。

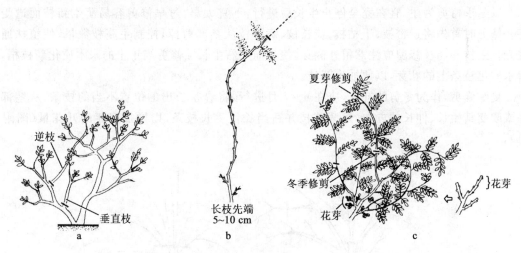

图附 3-59　紫藤修剪示意图
a.冬、春芽萌动前修剪　b.夏季修剪　c.花后基本修剪

3.木香

落叶或半常绿攀缘藤本。花叶并茂,晚春至初夏开花不断,白花宛如香雪,黄花灿若披锦,花香馥郁,是广泛用于庭园棚架、花篱、坡壁的垂直绿化树种。

整形修剪:

移植时对枝条进行强修剪,只留 3～4 个主蔓,定向诱导攀缘。休眠期修剪,应在春季萌发前进行,剪除病虫枝、枯死枝、交叉枝、密生枝、萌蘖枝和徒长枝。为了适当补充主、侧枝蔓不足,可将其余从基部剪除,以免消耗养分。

夏季,花谢后,应将残花和过密新梢剪去,使其通风透光,以利花芽分化。主蔓老时,要适当短截更新,促发新蔓(图附 3-60)。

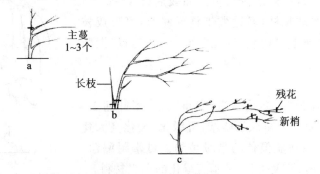

图附 3-60　木香修剪示意图
a.定蔓　b.冬春修剪　c.夏剪

217

4.蔷薇

落叶小灌木或藤木,干枝蔓生,茎细长,多皮刺。枝繁叶茂,初夏开花,花团锦簇,芳香清雅,花期持久,红果累累,鲜艳夺目,可用以布置花架、花廊、花篱,或植于围墙、假山旁,或修剪造型,是一种优良的垂直绿化和装饰树种。

整形修剪:

以冬季修剪为主,宜在完全停止生长后进行,不宜太早,过早修剪容易萌生新枝而遭受冻害。修剪时首先将过密枝、干枯枝、徒长枝、病虫枝从茎部剪掉,控制主蔓枝数量,使植株通风透光。主枝和侧枝修剪应注意留外侧芽,使其向左右生长。修剪当年生的未木质化新枝梢,保留木质化枝条上的壮芽,以便抽生新枝。

夏季修剪,作为冬剪的补充,应在6～7月进行,将春季长出的位置不当的枝条,从茎部剪除或改变其生长、伸长的方向,短截花枝并适当长留生长枝条,以增加翌年的开花量(图附3-61)。

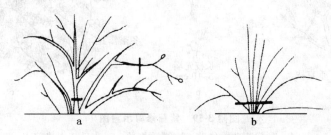

图附 3-61　蔷薇修剪示意图

a.夏剪(6～7月花后修剪)　b.冬剪

5.扶芳藤

常绿木质藤本。攀缘能力较强,茎、枝纤细,在地面上匍匐或攀缘于假山、坡地、墙面等处,均具有自然的形状。生长繁茂,叶色油绿光亮,秋叶红艳可爱,常用以掩盖墙面、山石或攀缘于老树、花格之上,是优良的垂直绿化树种。

整形修剪:

茎、枝纤细,在地面上匍匐或攀缘于假山、坡地、墙面等处,均具有自然的形状,一般较少修剪。如栽后第4～6年,保留主枝、侧枝,剪去徒长枝,经过数年整形修剪,可形成枝条下垂、富有动感的波浪状树相,红花绿叶,十分美观(图附3-62)。

6.爬山虎

落叶藤本。生长强健,蔓茎纵横,密布气根,翠叶遍盖,秋霜后叶色红艳,借助吸盘攀缘于墙壁,可绿化、美化高大建筑物,是观赏性和实用功能俱佳的攀缘植物。可攀附漏窗、花墙、山石、树体、楼房、墙壁生长,是垂直绿化的理想材料。

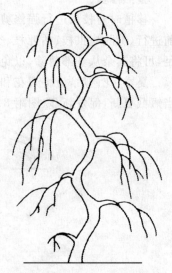

图附 3-62　扶芳藤波浪状树相

整形修剪：

　　爬山虎靠吸盘附着墙面。栽种时,要对干枝进行重修剪或短截,成活后将藤蔓引到墙面,及时剪掉过密枝、干枯枝和病虫枝,使其均匀分布。也可在墙面上设计图案,剪去图案以外的枝叶,即可创造出较理想的、有生命的图案画面(图附3-63)。

　　7.常春藤

　　常绿木质藤本植物。藤茎细长,借气生根攀缘它物附石而生,扶摇直上,或柔枝悬垂,颇具韵味。常春藤耐阴,可作室内盆景,悬垂陈设观赏;也可作常绿地被;还是净化空气、美化环境的优良树种。

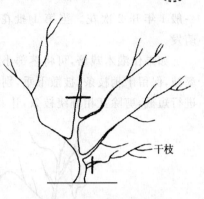

图附 3-63　爬山虎修剪示意图

整形修剪：

　　常春藤是木质藤本植物,藤茎细长,及时摘除组织顶芽,使组织增粗,促进分枝。常春藤生长快,萌发力强,随时剪除过密枝、徒长枝。

　　常春藤具有吸附气根,植在各种花墙、花架旁,再进行适当修剪,可创造各种立体造型(图附3-64)。

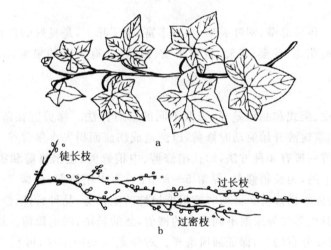

图附 3-64　常春藤修剪示意图
a.枝蔓　b.基本修剪

　　8.金银花

　　半常绿缠绕木质藤本。植株轻盈,藤蔓缠绕,花色先白后黄,繁花密布,秀丽清香,是一种色香具备的优良藤本植物。可作篱垣、花架、花廊等的垂直绿化,也可点缀于假山和岩石隙缝间。

整形修剪：

　　栽植3~4年后,老枝条适当剪去枝梢,以利于第2年基部腋芽萌发和生长。为使枝条分布均匀、通风透光,在其休眠期间要进行1次修剪,将枯老枝、纤细枝、交叉枝从基部剪除。

　　早春,在金银花萌动前,疏剪过密枝、过长枝和衰老枝,促发新枝,以利于多开花。金银花一般1年开2次花。当第1批花凋谢之后,对新枝梢进行适当摘心,以促进第2批花芽的萌发。

如果作灌木栽培,可将茎部小枝适当修剪,待枝干长至需要高度时,修剪掉根部和下部萌蘖枝,保留干梢枝条,披散下垂,别具风趣。如果作篱垣,只需要枝蔓牵引至架上,每年对侧枝进行短截,剪除互相缠绕枝条,让其均匀分布在篱架上即可(图附3-65)。

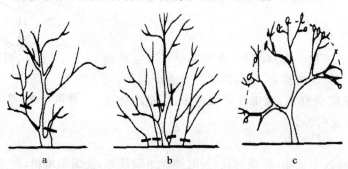

图附3-65　金银花修剪示意图
a.冬、春修剪　b.灌木造型修剪　c.第一次花后修剪

9.葡萄

落叶木质藤本。硕果晶莹,翠叶满架,品种丰富,果实味美,是良好的垂直绿化树种兼经济果树。在庭园中创造花廊、花架、长廊,既可观赏、成荫,又有美味的果实,串串果实下垂极为美观。

整形修剪:

应根据栽培用途、架式和品种差异,采取不同的修剪方法。修剪宜在落叶后到伤流前20天进行,而不能在春季树液开始流动时修剪,以免造成伤流而损失大量营养,导致植株衰弱、延迟萌芽或枯死。修剪一般有4种方法,即长梢修剪、中梢修剪、短梢修剪和极短梢修剪。对结果母枝保留9节以上的,为长梢修剪;保留5~8节的,为中梢修剪;保留2~4节的为短梢修剪;只保留1节的为极短梢修剪。修剪时应根据植株的生长势、品种特性、修剪方法、整形方法及架式、枝蔓粗度、着生部位等采取不同程度的修剪,强的长留,弱的短留。结果母枝之间要保留一定的距离,使枝蔓分布均匀,保证通风透光。对年老衰弱的主蔓,可利用下部的枝组或多年生蔓下部隐芽萌发的枝条,将上部回缩更新,也可利用基部,由地面发出的萌蘖,先行培养,再将老蔓去除。可采用篱架整形和棚架整形两种方式,篱架整形是无主干多主蔓扇形整枝,如双臂单层和双层水平整枝;棚架整形,有多主蔓扇形整枝、多龙干整枝(图附3-66、图附3-67)。

冬季修剪:生长势强的品种,适于中长梢修剪;生长势中庸的,适于中短梢修剪;生长势弱的,适于短梢或极短梢修剪。生长粗壮枝条花芽分化好,萌芽率高,可适当长留;母枝则应短留。结果枝更新有双枝更新和单枝更新。

夏季修剪:当芽膨大至展叶时,应及时进行定芽与抹芽,每节保留1枚壮芽,抹去其他弱芽,以便通风透光良好,促使树体生长健壮。当新梢展出3~4片叶时,疏剪一部分生长不良的小枝。

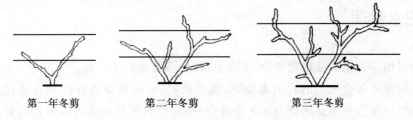

第一年冬剪　　　第二年冬剪　　　第三年冬剪

图附 3-66　葡萄小扁形的整形修剪

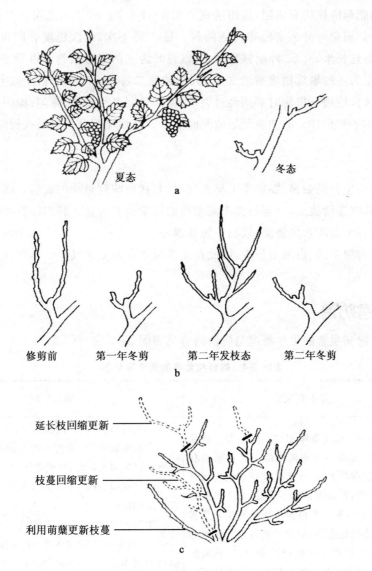

夏态　　　　　　　冬态

a

修剪前　　第一年冬剪　　第二年发枝态　　第二年冬剪

b

延长枝回缩更新——

枝蔓回缩更新——

利用萌蘖更新枝蔓——

c

图附 3-67　葡萄更新修剪示意图

a. 单枝更新修剪　b. 双枝更新修剪　c. 枝蔓更新修剪

221

二、肥水管理

1. 施肥

施肥的目的是供给攀缘植物养分,改良土壤,增强植株的生长势。

施肥的时间要根据施肥的种类来决定,施基肥时,应在秋季植株落叶后或春季发芽前进行;施用追肥,应在春季萌芽后至当年秋季进行,在生长季节和雨水较多的地区要注意及时补充肥力。

施用基肥的肥料应使用有机肥,施用量宜为 $0.5\sim1.0$ kg/m²。追肥可分为根部追肥和叶面追肥 2 种。根部施肥可分为密施和沟施两种。每 2 周 1 次,每次施混合肥每延长米 100 g 左右,施化肥为每延长米 50 g。叶面施肥时,对以观叶为主的攀缘植物可以喷浓度为 5% 的氮肥尿素,对以观花为主的攀缘植物喷浓度为 1% 的磷酸二氢钾。叶面喷肥宜每半个月 1 次,一般每年喷 4~5 次。使用有机肥时必须经过腐熟,使用化肥必须粉碎、施匀;施用有机肥不应浅于 40 cm,化肥不应浅于 10 cm,加施肥后应及时浇水。叶面喷肥宜在早晨或傍晚进行,也可结合喷药一起喷施。

2. 浇水

水是攀缘植物生长的关键,在春季干旱天气时,直接影响到植株的成活。新植和近期移植的各类攀缘植物,应连续浇水,直至植株不灌水也能正常生长为止。特别注意植物生长关键时期的浇水量。做好冬初冻水的浇灌,以利于防寒越冬。

由于攀缘植物根系浅、占地面积少,因此在土壤保水力差或天气干旱季节应适当增加浇水次数和浇水量。

三、病虫害防治

常见攀缘植物病虫害的发生概况与防治措施见表附 3-4。

表附 3-4　攀缘植物类的病虫害防治

病虫种类	发生概况	防治措施
葡萄霜霉病	危害叶片,也侵害嫩梢、花、幼果等。叶片发病,初期出现细小的不定型的淡黄色水渍状斑点,以后逐渐扩大,在叶正面呈现黄色或褐色的多角形病斑;其边缘界限不明显,常数斑愈合在一起。病斑背面产生白色浓霜状霉层。受害严重时,叶片焦枯卷缩,引起早期脱落。病原为真菌。病菌以卵孢子在病组织中越冬,或随病叶遗留在土壤中越冬。第 2 年在适宜条件下萌发产生孢子囊,再由卵孢子囊产生游动孢子,借风、雨传播到寄主叶片上侵染	①及时清除病残组织,减少病菌来源; ②合理修剪,尽量剪去近地面不必要的蔓叶,使植株通风透光良好,降低湿度; ③增施磷、钾肥,在酸性土壤中应多施石灰,提高寄主的抗性; ④药剂防治。在发病前或发病初期开始洒 0.6% 石灰半量式波尔多液,或 58% 瑞毒霉锰锌可湿性粉剂 400~500 倍液、69% 安克锰锌可湿性粉剂 800 倍液、40% 疫霉灵可湿性粉剂 250 倍液、64% 杀毒矾可湿性粉剂 400~500 倍液、72% 克露可湿性粉剂 750 倍液

续表附 3-4

病虫种类	发生概况	防治措施
葡萄透翅蛾	主要危害葡萄，以幼虫蛀食枝蔓，造成枝蔓死亡。从受害蛀孔处排出褐色粪便，幼虫多蛀食蔓的髓心部，被害处膨大肿胀似瘤，叶片变质，果实脱落，易折断或枯死。成虫体蓝黑色，前翅脉为红褐色，翅脉间膜质透明，后翅膜质半透明，腹部 4、5 及 6 节中部有一明显的黄色横带，以第四节横带最宽。在北方每年 1 代，以老幼虫在被害的枝蔓髓心部过冬，春季蛀一圆形羽化孔并以丝封住孔口而后化蛹，6～7 月份羽化成虫。成虫羽化后不久即交尾产卵，卵散产于枝、蔓和芽腋间，每次约产卵 50 粒，卵期约 10 天，卵孵化后幼虫多从叶柄基部蛀入新梢内为害，蛀孔处常堆有虫粪	①结合养护，秋季整枝时发现虫枝剪掉烧毁，或从 6 月上、中旬起经常观察叶柄、叶腋处有无黄色细末物排出，如有发现用脱脂棉蘸 100 倍敌敌畏药液涂抹； ②悬挂黑光灯，诱捕成虫； ③药剂防治：当葡萄抽卷须期和孕蕾期，可喷施 10%～20% 拟除虫菊酯类农药 1 500～2 000 倍液，收效很好；也可当主枝受害发现较迟时，在蛀孔内滴注 100 倍敌敌畏药液或塞入 1/4 片磷化铝； ④生物防治：将新羽化的雌成虫一头，放入用窗纱制的小笼内，中间穿一根小棍，搁在盛水的面盆口上，面盆放在葡萄旁，每晚可诱到不少雄成虫。诱到一头等于诱到一双，收效很好
丝棉木金星尺蠖	危害大叶黄杨、扶芳藤等。成虫头部黑褐色，腹部黄色，翅银白色，翅面具有浅灰和黄褐色斑纹。前翅中室有近圆圈形斑，翅基部有深黄、褐色、灰色花斑。老熟幼虫体黑色，腹部有 4 条青白色纵纹，气门线与腹线为黄色。每年发生 4 代，以老熟幼虫在被害寄主下松土层中化蛹越冬。5 月上中旬第 1 代幼虫及 7 月上中旬第 2 代幼虫危害最重。成虫有不太强的趋光性，多在叶背成块产卵，排列整齐。初孵幼虫常群集危害，啃食叶肉	①结合肥水管理，人工挖除虫蛹，利用黑光灯诱杀成虫； ②幼虫期喷施杀虫剂，如生物制剂 Bt 乳剂 600 倍液、10% 多来宝悬浮剂 2 000 倍液、90% 晶体敌百虫 1 200 倍液、2.5% 溴氰菊酯乳油 2 000 倍液、40.7% 毒死蜱乳油 1 000～2 000 倍、2.5% 功夫乳油 2 000～3 000 倍液； ③保护和利用天敌，如凹眼姬蜂、细黄胡蜂、赤眼蜂、两点广腹螳螂等
金银花褐斑病	主要危害叶片，发病初期叶片上出现黄褐色小斑，后期数个小斑融合一起，呈圆形或受叶脉所限呈多角形的病斑。潮湿时，叶背生有灰色的霉状物，干燥时，病斑中间部分容易破裂。病害严重时，叶片早期枯黄脱落。该病为真菌引起，病菌在病叶上越冬，翌年初夏产生分生孢子，分生孢子借风雨传播，一般先从下部叶片开始发病，逐渐向上发展，病菌在高温的环境下繁殖迅速。一般 6～8 月份发病较重，危害严重的植株，在秋季早期大量落叶	①结合秋冬季修剪，除去病枝、病芽，清扫地面落叶集中烧毁或深埋，以减少病菌来源； ②发病初期注意摘除病叶，以防病害蔓延； ③加强肥水管理，提高植株抗病能力； ④及时排水，降低土壤湿度，适当修剪，改善通风透光，以利于控制病害发生； ⑤化学防治：发病初期用 70% 甲基硫菌灵可湿性粉剂 800 倍液、70% 代森锰锌可湿性粉剂 800 倍液喷雾防治
金银花白粉病	主要危害叶片，有时也危害茎和花。叶上病斑初为白色小点，后扩展为白色粉状斑，后期整片叶布满白粉层，严重时发黄、变形，甚至落叶；茎上部um褐色，不规则形，上生有白粉；花扭曲，严重时脱落。病菌在病残体上越冬，翌年产生孢子进行初侵染，发病后病部又产生孢子进行再侵染。温暖干燥或株间荫蔽易发病。施用氮肥过多，干湿交替发病重	①选用抗病品种，凡枝粗、节密而短、叶片浓绿而质厚、密生绒毛的品种，大多为抗病力强的品种； ②合理密植，整形修剪，改善通风透光条件，可增强抗病力； ③少施氮肥，多施些磷钾肥； ④发病初期用 25% 敌力脱乳油 2 500～5 000 倍液、40% 福星乳油 8 000～10 000 倍液、50% 瑞毒霉·锰锌 1 000 倍液喷雾防治

续表附 3-4

病虫种类	发生概况	防治措施
金银花蚜虫	多在 4 月上、中旬发生,主要刺吸植物的汁液,使叶变黄、卷曲、皱缩。4～6 月虫情较重,立夏后,特别是阴雨天,蔓延更快。以成、幼虫刺吸叶片汁液,使叶片卷缩发黄,金银花花蕾期被害,花蕾畸形;危害过程中分泌蜜露,导致煤污病发生,影响叶片的光合作用	①清除枯枝、烂叶、杂草,集中烧毁或埋掉,以减轻危害; ②发芽前喷洒 5 波美度的石硫合剂; ③蚜虫发生时,采用 10% 吡虫啉可湿性粉剂 1 500～2 000 倍液、3% 啶虫脒可湿性粉剂 2 000 倍液、10% 万安可湿性粉剂 2 000 倍液喷雾

四、其他管理

牵引的目的是使攀缘植物的枝条沿依附物不断伸长生长。特别要注意栽植初期的牵引。新植苗木发芽后应做好植株生长的引导工作,使其向指定方向生长。从植株栽后至植株本身能独立沿依附物攀缘为止。应依攀缘植物种类不同、时期不同,使用不同的方法。如:捆绑设置铁丝网(攀缘网)等。

附录 3-5　竹类植物的养护管理

我国观赏竹种类多分布广,根据形态习性的不同可分为散生竹、丛生竹、混生竹三大类(图附 3-68)。

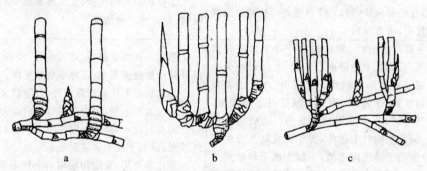

图附 3-68　竹的三大类型
a.散生竹　b.丛生竹　c.混生竹

——散生竹:具有地下横走的竹鞭(也称马鞭)。竹鞭有节,节上生根。每节着生芽,发育成新鞭或新竹。夏、秋季节,竹鞭梢端节上的芽,萌发成鞭笋,鞭笋在地下横向生长,形成新鞭。由于竹鞭在地下纵横交错的分布,所以竹子散布在林中,故称散生竹。如毛竹、刚竹、淡竹、桂竹、石竹、水竹等。

——丛生竹:没有地下横走的竹鞭。老竹兜的地下部分,约有 8～12 个生根的节,短缩膨大,形似烟斗。每个节上有 1 个大型芽。夏秋季节,大型芽发育成竹笋。由于这类竹种每年生长的新竹,是由老竹兜上的芽发育而成,所以与老竹十分靠近,形成密集的竹丛,故称丛生竹。

如青皮竹、撑篙竹、粉单竹、慈竹、麻竹等。

——混生竹:它和散生竹一样,具有地下横走的竹鞭,又和丛生竹一样。老兜上的芽可发育成新竹和新鞭。如苦竹、茶秆竹等。

一、竹类植物的整形修剪

竹类植物的整形修剪如图附 3-69、图附 3-70 所示。

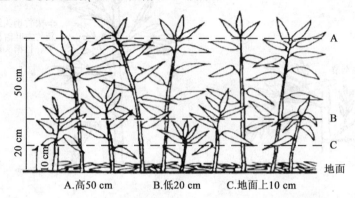

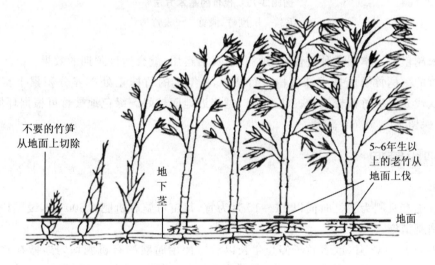

图附 3-69　伐竹的基本方法

散生竹、混生竹的竹林就是 1 棵竹树。因此,竹株的砍伐就是竹树的整形修剪。竹子有老、中、青、幼和大、中、小及粗、中、细之分。例如刚竹、淡竹、苦竹、茶秆竹等细竹种,一般 3 年以上砍伐;大毛竹 6 年左右砍伐。采伐季节以秋末冬初为宜,因为这时竹子地上地下部分生长缓慢,不会影响竹笋和竹鞭生长。同时要把畸形竹、死竹、废竹等清除。在大风口或易遭雪压的地方,可剪去 1/3～1/2 竹梢以防止风倒雪压。为了观赏的需要,散生竹,当年新竹生长发育健全之后,一般在 6～7 月就可以伐去 3 年以上的老竹,留下嫩绿色的竹竿青翠漂亮。以控制生长为目的,可把新竹梢头剪去,或打去一部分下层枝条,使新竹挺拔直立又整齐。

粗竹子伐去以后,所产生的地下鞭会变细,细鞭上只能长出细竹。反之,伐去细竹,地下生长的新鞭能变粗。在粗鞭上会生出大竹笋,大笋会长出既粗又高的竹株,因此整个竹林中的竹

225

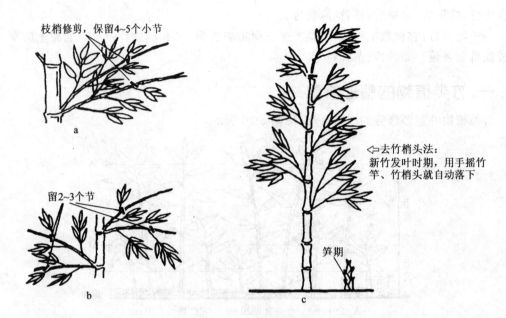

图附 3-70　伐竹的基本方法
a.毛竹　　b.刚竹、淡竹　　c.去竹梢

株就会越来越粗大。掌握这种特性,因地制宜,灵活运用,就会达到预期的效果。

丛生竹的一丛竹子也是一株竹树。竹丛中,2 年生的竹株正处在养分积累丰富的时期。所以一般砍伐 3 年生竹株较适宜。注意刀口越接近地面越好。绿色地被竹可根据环境的需要统一修剪,保留 10～50 cm 高度。

二、肥水管理

1.施肥

竹林以施有机肥为主。时间以 11～12 月为宜,每亩可施有机肥 2 500 kg,设围栏,积竹叶是重要的施肥措施。

在每年的 11～12 月(或者竹子停止生长以后),使用腐熟的有机肥均匀地撒在竹林内,每平方米 3.5～4 kg,另外在竹子栽植时应施足底肥。竹林要每年培土,厚度以 5 cm 为宜,时间利用冬季。

2.浇水

浇水要抓住关键季节,春季出笋前(4 月)要浇足催笋水,5、6 个月要浇拔节水,夏季雨水充沛可不浇或少浇,秋季(11、12 月)上旬浇孕笋水,冬季过于干旱的可适当喷水,竹林浇水要看天、看地、看竹林长势而定。

三、病虫害防治

常见竹类植物病虫害的发生概况与防治措施见表附 3-5。

表附 3-5　竹类植物的病虫害防治

病虫种类	发生概况	防治措施
竹丛枝病	竹丛枝病又称雀巢病、扫帚病。主要危害刚竹属的种类。发病初期，个别细弱枝条节间缩短，叶退化呈小鳞片形。病枝在春秋季不断的长出侧枝，形似扫帚，严重时侧枝密集成丛，形如雀巢。4～5月，病枝梢端、叶鞘内产生白色米粒状物。病竹从个别枝条丛枝发展到全部枝条发生丛枝，致使整株枯死。病原为真菌。郁闭度大，通风透光不好的竹林，或者低陷处、溪沟边，湿度大的竹林以及抚育管理不善的竹林，病害发生较为常见	①加强竹林抚育管理，按竹龄大小合理砍伐，并及时松土、施肥，促进竹林旺盛生长，提高抗病力； ②新造竹林，应严格选择母竹，不能用有病母竹造林； ③竹林中一旦发现个别丛枝病株，立即剪除病枝烧毁； ④药剂防治：早春采用1～2波美度石硫合剂喷施保护植株，尤其是发病严重的植株应喷施2～3次。必要时，在5～6月喷施70%甲基托布津 1 000 倍液、47%加瑞农可湿性粉剂 600～800 倍液
竹斑蛾	主要危害毛竹、刚竹、淡竹、青皮竹等，初孵幼虫群集于竹叶背面取食，致使竹叶呈现不规则的白斑，严重时致全叶枯白。后渐分散危害并将整个叶片吃光。成虫体黑色，有光泽，翅黄褐色。老熟幼虫砖红色，各体节横列4个毛瘤，瘤上长有成束的黑短毛和白色长毛。不同区域世代数明显不同。以老熟幼虫在竹林的枯枝落叶下、石块下及笋壳内结茧越冬。翌年3月中旬化蛹，4月成虫羽化	①在冬季及早春结合竹林管理，搜集杀除越冬虫茧，以降低来年虫口密度； ②人工除卵和捕杀初龄幼虫； ③在竹林较密的地方，可采用烟雾剂熏杀，用药量为 15 kg/hm²；在不宜使用烟雾剂的竹林中，用40.7%乐斯本 800 倍液或 2.5%溴氰菊酯 2 000～3 000 倍液喷雾，对幼虫应在3龄前进行，对成虫应在羽化盛期进行
刚竹毒蛾	危害毛竹、慈竹。大规模发生时，可将竹叶食尽，使竹节内积水，致使竹林成片死亡。成虫体黄色。雄成虫翅淡黄至棕黄色，雌成虫翅黄白色，翅后缘中央有橙红色斑。老熟幼虫体灰黑色，被黄白和黑色长毛，前胸背板两侧各具1向前伸的、由羽状毛组成的灰黑色毛束。第1～4腹节背面中央各有1棕红色毛刷，第8腹节背面中央有1棕红色毛刷。以卵和1～2龄幼虫在叶背面越冬。幼虫有吐丝下垂转移的习性，4龄后幼虫分散取食，有假死性，遇惊卷曲弹跳坠地	①灯光诱杀成虫； ②在虫口密度较大的情况下，用敌敌畏烟剂熏杀幼虫，每667 m²用量1 kg左右； ③药剂防治：幼虫期喷施5%定虫隆乳油 1 000～2 000 倍液、2.5%溴氰菊酯乳油 4 000 倍液、25%灭幼脲3号胶悬剂 1 500 倍液、40.7%毒死蜱乳油 1 000～2 000 倍液等。或在竹竿基部，钻一小孔，注入10倍液氧化乐果 1～2 mL； ④生物防治：在清明前后，用白僵菌粉孢防治低龄幼虫，每667 m²施用2个
黄脊竹蝗	危害毛竹、淡竹、刚竹等，大发生时，将竹叶吃尽，如同火烧一般，新竹被害即枯死，老竹被害后2～3年内不发新笋。成虫绿色，体长约 33 mm，雄虫略小，由头顶至前胸背板中央有一显著的黄色纵纹，愈向后而愈宽，触角末端淡黄色。后足腿节粗大，两侧有人字形沟纹，胫节瘦小，有刺两排。卵长椭圆形，长6～8 mm，土黄色，卵块圆筒形，长 19～28 mm。每年发生1代，以卵越冬，越冬卵于5月初开始孵化，5月中下旬为孵化盛期，6月底孵化完毕	①人工挖卵：竹蝗产卵集中，可于11月产卵多的地点挖卵块； ②跳蝗出土10 d内，于早上露水未干前用敌百虫粉喷撒，每公顷用药 20～30 kg； ③在跳蝗上竹时，对密度较大的竹林，用3%敌百虫粉 20～30 kg 喷撒；或在露水干后用40.7%乐斯本 800 倍液或 2.5%溴氰菊酯 2 000～3 000 倍液喷雾，也可用杀虫净油剂进行超低容量喷雾；也可以进行烟雾剂防治； ④释放白僵菌，使初生的跳蝗感染白僵菌而死亡

续表附 3-5

病虫种类	发生概况	防治措施
竹螟	又称竹卷叶虫，主要种类有竹织叶野螟、竹淡黄绒野螟、竹绒野螟等，危害毛竹、淡竹、刚竹等。幼虫卷叶取食，大发生时竹叶被吃光。此虫世代复杂，以老熟幼虫在土茧内越冬。初孵幼虫吐丝卷叶，取食竹叶上表皮，2龄起幼虫转苞危害，至5龄幼虫每天或隔天就换苞取食，7月上、下旬老熟幼虫吐丝坠地，入土结茧。幼虫初孵时多群体取食，随后分散卷叶结苞取食，并有转移取食习性，虫口密度大时可吃光竹叶。竹螟的发生与环境关系密切，蜜源、林地、气温、湿度条件和天敌多少，都影响虫口密度	①结合竹林抚育管理，消除林中的小灌木，减少蜜源植物； ②冬季削山松土，消灭越冬老熟幼虫，降低虫口密度； ③5月底出现成虫期间，以灯光或黑光灯诱杀； ④虫口密度大时，在发现幼虫苞叶时可用98%晶体敌百虫1∶50倍液、90%敌百虫400倍液或辛硫磷400倍液防治幼虫，效果较好
竹镂舟蛾	又名竹青虫，以幼虫取食竹类叶片。雌成虫体翅黄白色，前翅近前缘与基角处深黄色；后翅黄白色至白色。雄虫体黄褐色，前翅锈黄色，后翅茶褐色。幼虫体翠绿色，背线灰黑色。1年发生3～4代，以老熟幼虫在地面浅土、落叶中作茧越冬或以4代幼虫在竹上越冬。成虫昼伏夜出，具趋光性。幼虫喜吐丝下垂	①灯光诱杀成虫； ②结合养护管理，在根际周围掘土灭茧； ③幼虫低龄阶段及时喷药灭虫，幼虫孵化期喷25%灭幼脲3号悬浮剂1 000～1 500倍液、2.5%溴氰菊酯乳油4 000倍液； ④生物防治：第1代幼虫发生期喷Bt乳剂500倍液，1、2代卵发生盛期，每公顷释放30～60万头赤眼蜂，傍晚或阴天释放白僵菌粉孢防治幼虫
竹大象虫	竹大象虫又称竹象，危害毛竹、青皮竹、甜竹、绿竹、水竹、茶竹等。幼虫蛀食竹笋，使竹笋内部霉烂而死。成虫体梭形，红褐色。体表面光滑有光泽，头管及口器为黑褐色，触角肘状，前胸背面后缘中央有一长方形黑斑，鞘翅的肩部各有1个黑斑，鞘翅上各有点刻组成的纵纹9条，足细长。幼虫乳黄色，肥胖，无足，头棕色有毛，体第1～4节略隆起，第1节背面两侧各有一块方形硬度板，每体节有横皱2～4条，幼虫共5龄。每年发生1代，以成虫于室中越冬。翌年5月份越冬成虫开始出土后活动，以6月旬至7月上旬为出土盛期。成虫有伪死性。幼虫老熟后于地下6～28 cm处做上室化蛹。成虫羽化后当年不出土，于室内越冬	①结合竹林抚育，冬季松土，可直接捣毁蛹室，对竹林劈山松土，破坏越冬土茧，改变其越冬环境，可使其越冬害虫大量死亡，同时也可促进竹林多行鞭孕笋，增强抗虫性； ②成虫出现期，利用其假死性及行动迟缓的特点，且出土期比较集中，极易发现和捕捉，进行人工捕杀； ③药剂防治：成虫外出期喷20%菊杀乳油1 500～2 000倍液1～2次，或2.5%溴氰菊酯乳油2 000～2 500倍液、50%辛硫磷乳油1 000倍液；成虫期用灭幼脲油胶悬剂超低量喷雾防治成虫，使成虫不育，卵不孵化；幼虫期向树体内注射40%氧化乐果乳油10倍液，可杀死幼虫。也可在幼龄幼虫期，危害状明显时，用氧化乐果微胶囊、灭幼脲缓释膏油剂点涂排泄孔或喷干
一字竹象虫	又称杭州竹象虫、竹笋象虫。危害毛竹、刚竹、桂竹、淡竹、红竹等。雌成虫取食竹笋，作为补充营养；幼虫蛀食笋肉，使竹笋腐烂折倒，或笋成竹后节距缩短，竹材易被风折。成虫体梭形，黑色，雌雄成虫前胸背板上均有一字形黑斑。幼虫黄色，头赤褐色，口器黑色，体多皱纹。每年发生1代，以成虫在土茧中越冬，翌年4月底成虫出土，雌虫以笋为补充营养，将笋啄成很多小洞6月底至7月底羽化为成虫于土茧内越冬	参照竹大象虫

附录 3-6　绿篱、色块(色带)的养护管理

　　绿篱是耐修剪的灌木或小乔木,以相等距离的株行距,单行或双行排列而组成的规则绿带,是属于密植行列栽植的类型之一。它在园林绿地中的应用很广泛,形式也较多。绿篱按修剪方式可分为规则式及自然式两种;从观赏和实用价值来讲,又可分为常绿篱、落叶篱、彩叶篱、花篱、观果篱、编篱、蔓绿篱等多种。

一、肥水管理

1. 施肥

　　绿篱、色带和色块的施肥一般在栽植前进行,主要是施基肥,所用的肥料种类包括有机肥,包括植物残体、人畜粪尿和土杂肥等经腐熟而成的。有机肥可提高土壤孔隙度,使土壤疏松,有利于土壤积雪保墒,防止冬春土壤干旱,并可提高地温,减少根际冻害。施用量宜为每平方米 1.05~2.0 kg,在栽植前,将有机肥均匀的撒于沟底部,将肥料与土壤混合均匀,然后再栽植。

　　由于绿篱、色带和色块栽植的密度较大,因此在 2~3 年后必须进行追肥,方法可分为根部追肥和叶面追肥 2 种。根部追肥是将肥料撒于根部,然后与土掺和均匀,随后进行浇水,每次施混合肥每平方米 100 g 左右,施化肥约为 50 g。叶面施肥时,可以喷浓度为 5% 的氮肥尿素。使用有机肥时必须经过腐熟,使用化肥必须粉碎、施匀;施肥后应及时浇水。叶面喷肥宜在早晨或傍晚进行,也可结合喷药一起喷施。

　　施肥时间可根据各地的情况而定,一般秋施基肥,有机质腐烂分解的时间较充分,可提高矿质化程度,翌春可及时供给树木吸收和利用,促进根系生长;春施基肥,肥效发挥较慢,早春不能及时供给根系吸收,到生长后期肥效才发挥作用,往往会造成新梢的 2 次生长,对树木的生长发育不利。

2. 浇水

　　一般在 1 年的生长季均要及时灌水,方法是采用围堰灌水法,在绿篱、色带和色块的周边筑埂围堰,在盘内灌水,围堰高度 15~30 cm,待水渗完以后,铲平围埂或不铲平,以备下次再用。

　　另外,在中国的东北、西北、华北等地,降水量较少,冬春严寒干旱,休眠期灌水十分必要。秋末冬初灌水(北京为 11 月上中旬),一般称为灌"冻水"或"封冻水",可提高树木的越冬安全性,并可防止早春干旱,因此北方地区的这次灌水不可缺少。

二、病虫害防治

　　常见绿篱色块(色带)色带植物病虫害的发生概况与防治措施见表附 3-6。

表附 3-6　绿篱、色块、色带的病虫害防治

病虫种类	发生概况	防治措施
大叶黄杨褐斑病	病斑多从叶尖、叶缘处开始发生，初期为黄色或淡绿色小点，后扩展成直径 5～10 mm 近圆形褐色斑，病斑周缘有较宽的褐色隆起，并有一黄色晕圈，病斑中央黄褐色或灰褐色，病斑有轮纹。病斑上密布黑色绒毛状小点。后期几个病斑可连接成片，严重时叶片发黄脱落，植株死亡。病原为真菌。病菌以菌丝体或子座组织在病叶及其他病残组织中越冬。翌年春形成分生孢子进行初侵染。分生孢子由风雨传播。8～9 月为发盛病期，并引起大量落叶。管理粗放、多雨、排水不畅、通风透光不良发病重，夏季炎热干旱、肥水不足、树势生长不良也会加重病害发生	①加强肥水管理，增强植株的抗病能力； ②及时清除枯枝、落叶等病残体，减少初侵染源； ③合理修剪，增强通风透光能力，提高植株抗性； ④药剂防治。休眠期喷施 3～5 波美度的石硫合剂。发病初期喷洒下列药剂：47％加瑞农可湿性粉剂 600～800 倍液、40％福星乳油 4 000～6 000 倍液、10％世高水分散粒剂 4 000～6 000 倍液、10％多抗霉素可湿性粉剂 1 000～2 000 倍液、6％乐比耕可湿性粉剂 1 500～2 000 倍液、70％甲基托布津可湿性粉剂 1 000 倍液、75％百菌清可湿性粉剂 800 倍液
金叶女贞叶斑病	发病叶片上产生近圆形的褐色病斑，常具轮纹，边缘外围常黄色。初期病斑较小，扩展后病斑直径 1 cm 以上，有时病斑融合成不规则形。发病叶片极易从枝条上脱落，从而造成严重发病区域金叶女贞枝杆光秃的现象。病菌在病叶中越冬。由风雨传播。8～9 月为发盛病期，并引起大量落叶。管理粗放、多雨、排水不畅、肥水不足、通风透光不良发病重	参照大叶黄杨褐斑病
双斑锦天牛	危害大叶黄杨、冬青、卫矛、狭叶十大功劳等。幼虫多在 20 cm 以下的枝干内危害，形成弯曲不规则的虫道，严重时，可使枝干倒伏或死亡。成虫栗褐色。头和前胸密被棕褐色绒毛。鞘翅被淡灰色绒毛，每个鞘翅基部有 1 个圆形或近方形黑褐色斑，在翅中部有 1 个较宽的棕褐色斜斑，翅面上有稀疏小刻点。老熟幼虫圆筒形，浅黄白色。头部褐色，前胸背板有 1 个黄色近方形斑纹。1 年发生 1 代，以幼虫在树木的根部越冬。成虫羽化后，以咬食嫩枝皮层和叶脉作为补充营养，可造成被害枝上叶片枯萎。卵产在离地面 20 cm 以下粗枝杆上，产卵槽近长方形	①定期除草，清洁绿篱，尤其注意新栽植苗木是否带入该虫，一旦发现可人工拔除受害植株并将根茎处幼虫杀死； ②成虫羽化期，可在树下寻找虫粪，树干是否危害，寻找捕捉成虫，或利用成虫假死性，在树下放置白色薄膜，摇树捕捉成虫； ③成虫羽化初期至产卵期的 5 月为喷药杀灭成虫的最好时期，此时成虫主要在树干中上部取食树皮，可用 40％氧化乐果乳油 1 500 倍液喷雾，树干及树下草丛必须喷湿； ④7、8 月份幼虫危害期有木屑排出时，用磷化锌毒签毒杀幼虫
卫矛矢尖蚧	主要危害大叶黄杨、卫矛等卫矛属植物，以雌、若虫群集在枝、叶上刺吸汁液，虫口密度极大，轻者造成叶片失绿变色，早期脱落，重者枝梢枯。雌成虫介壳长梨形，前尖后宽，稍弯曲，长约 1.7 mm，暗褐色，背面有一不明显的中脊线。壳点 2 个黄褐色，突出于头端。雄成虫介壳长 0.98 mm，狭长，两侧近平行，白色，蜡质状，背有 3 条纵脊，壳点 1 个位于前端。1 年发生 2～3 代，以受精雌成虫在寄主枝干上越冬	①结合过密枝条疏枝，剪除并烧毁被害严重的枝叶。 ②若虫孵化期，喷洒 40.7％乐斯本 800 倍液、2.5％溴氰菊酯 2 000～3 000 倍液、10％吡虫啉可湿性粉剂 2 000～3 000 倍液、25％扑虱灵可湿性粉剂 2 000 倍液、40％速扑杀乳油 2 000 倍液等。注意在天敌较多的地区，使用化学农药时，应尽量避开天敌发生期。 ③休眠期喷洒 5 波美度的石硫合剂，或在生长季节(避开旺梢生长期)喷洒 3％的柴油乳剂

三、其他管理

(一)修剪

绿篱常用的植物种类有桧柏、侧柏、大叶黄杨、瓜子黄杨、女贞、珊瑚、冬青、小叶女贞、小叶黄杨、胡颓子、月桂、海桐、黄刺梅等,而色带、色块常用的植物主要包括金叶女贞、红叶小檗、大叶黄杨、小叶黄杨和桧柏。组成绿篱色带和色块的植物种类不同,修剪的方式也不一样,另外,绿篱、色带和色块的立面和断面的形状也不尽相同,因此修剪时必须综合考虑。

1.修剪方法

绿篱日常养护主要是修剪。在北方通常每年早春和夏季各修剪1次,以促发枝密集和维持一定形状。绿篱可修剪的形状很多。

绿篱定植以后,最好任其自然生长1年,以免因修剪过早而妨碍地下根系的自然生长。从第2年开始,再按照所确定的绿篱高度开始截顶。园林中的绿篱高度都有一定的标准,凡是超过这一标准的枝条,不论是充分木质化的老枝,还是幼嫩的新梢,都应把它们整齐剪掉。如果下手过晚,不但浪费大量营养,还会因先端枝条生长过快造成篱体下部空虚,无法形成稠密而丰厚的树丛。

(1)绿篱的整形方式

①自然式绿篱。这种类型的绿篱一般不进行专门的整形,在栽培的过程中仅作一般修剪,剔除老、枯、病枝。自然式绿篱多用于高篱或绿墙。一些小乔木在密植的情况下,如果不进行规则式修剪,常长成自然式绿篱,因为栽植密度较大,侧枝相互拥挤、相互控制其生长,不会过分杂乱无章,但应选择生长较慢、萌芽力弱的树种。

②半自然式绿篱。这种类型的绿篱虽不进行特殊整形,但在一般修剪中,除剔除老枝、枯枝与病枝外,还要使植篱保持一定的高度,下部枝叶茂密,使绿篱呈半自然生长状态。

③整形式绿篱。这种类型的绿篱是通过修剪,将篱体整成各种几何形体或装饰形体。为了保持绿篱应有的高度和平整而匀称的外形,应经常将突出轮廓线的新梢整平剪齐,并对两面的侧枝进行适当的修剪,以防分枝侧向伸展太远,修剪时最好不要使篱体上大下小,否则不但会给人以头重脚轻的感觉,而且会造成下部枝叶的枯死和脱落。在进行整体成形修剪时,为了使整个植篱的高度和宽度均匀一致,应打桩拉线进行操作,以准确控制篱体的高度和宽度。

(2)整形式绿篱的配置形式与断面形状　绿篱的配置形式和断面形状可根据不同的条件而定。但凡是外形奇特的圆形篱体,修剪起来都比较困难,需要有熟练的技术和比较丰富的经验。因此,在确定篱体外形时,一方面应符合设计要求,另一方面还应与树种习性和立地条件相适应。

通常多用直线形,但在园林中,为了特殊的需要,如便于安放坐椅和塑像等,也可栽植成各种曲线或几何图形。在整形修剪时,立面形体必须与平面配置形式相协调。根据绿篱横断面的形状可以分为以下几种形式。

①方形。这种造型比较呆板,顶端容易积雪受压、变形,下部枝条也不易接受充足的阳光,以致部分枯死而稀疏(图附 3-71a-A)。

②梯形。这种篱体上窄下宽,有利于基部侧枝的生长和发育,不会因得不到阳光而枯死稀疏。篱体下部一般应比上部宽15～25 cm,而且东西向的绿篱北侧基部应更宽些,以弥补光照的不足(图附 3-71a-B)。

③圆顶形。这种绿篱适合在降雪量大的地区使用,便于积雪向地面滑落,防止篱体压弯变形(图附 3-71a-C)。

④柱形。这种绿篱需选用基部侧枝萌发力强的树种,要求中央主枝能通直向上生长,不扭曲,多用作背景屏障或防护围墙。

⑤尖顶型。这种造型有 2 个坡面,适合宽度在 1 m 以上的绿篱(图附 3-71a-D)。

绿篱的纵断面形状有长方式、波浪式、长城式等(图附 3-71b、c、d)。

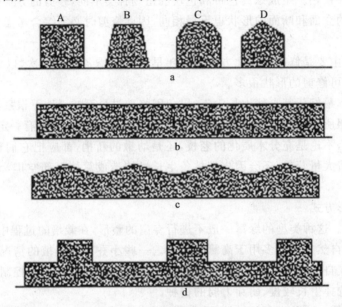

图附 3-71 绿篱的横断面和纵断面形式
a.横断面类型 b.长方式 c.波浪式 d.长城式

2.修剪时间

在一年中,什么时候修剪最合适,主要根据树种确定。如果是常绿针叶树,因为新梢萌发较早,应在春末夏初完成第 1 次修剪。盛夏到来时,多数常绿针叶树的生长已基本停止,转入组织充实阶段,这时的绿篱树形可以保持很长一段时间。立秋以后,如果水肥充足,会抽秋梢并开始旺盛生长,此时应进行第 2 次全面修剪,使株丛在秋冬两季保持规整的形态,使伤口在严冬到来之前完全愈合。

大多数阔叶树种,在生长期中新梢都在加长生长,只是盛夏季节生长得比较缓慢,因此不能规定死板的修剪时间,春、夏、秋三季都可进行修剪。用花灌木栽植的绿篱通常不大可能进行严格的规整式修剪,其修剪工作最好在花谢以后进行。这样做既可防止大量结实和新梢徒长而消耗养分,又可促进花芽分化,为翌年或下期开花做好准备。

为了在一年中始终保持规则式绿篱的理想树形,应随时根据它们的长势,把突出于树丛之外的枝条剪掉,不能任其自然生长,以满足绿篱造型的要求,使树膛内部的小枝越长越密,从而形成紧实的绿色篱体。

(二)防寒

在我国的东北、西北、华北等地,降水量较少,冬季严寒干旱,使得绿篱、色带和色块中的部分树木死亡是常有的事,特别是大叶黄杨和小叶黄杨,经常出现栽植的第 1 年的春、夏、秋三季绿,冬季黄,第 2 年春季大面积死亡的现象。其原因主要包括以下几个方面:一是苗源问题,这些苗木均从南方运来,没有在北方经过驯化就使用,其不能够适应北方的气候条件,因此被冻死;二是栽植的位置处于风口处,冬季的严寒和多风使其因缺水而被"抽死";其三是浇冻水不及时,或早或晚,虽然能够过冬却在干旱的春季被"渴死"。

针对以上问题,必须做好苗木的防寒工作,在选择好苗源的基础上,必须适时浇好冻水,另外在种植设计上应避免栽植在风口处,另外,在北方一些城市采用冬季覆盖的方法取得较好的效果,方法是用彩条布将易受冻害的树木覆盖起来,时间不宜过早或过晚,应该结合本地区的气候条件来确定,一般在夜间温度在 $-5℃$ 左右,或白天温度在 $5℃$ 左右为宜。在来年的春季要及时撤除覆盖物,不要过晚,否则会出现苗木被捂的问题。

附录 3-7　绿地草本花卉的养护管理

一、一、二年生草本花卉的养护管理

(一)灌溉与排水

花坛花卉的灌溉,有条件可采用漫灌法,灌一次透水,可保持绿地湿润 $3\sim5$ 天。也可用胶管、塑料管引水浇灌。大面积圃地、园地的灌溉,需用灌溉机械进行沟灌、漫灌、喷灌或滴灌。

灌溉的次数,由季节、天气、土质、花卉本身生长状况来决定。夏季因温度高蒸发快,灌溉的次数多于春、秋季。而冬季则少浇水或停止浇水。同一种花卉不同的生长发育阶段,对水分的需求量也不同。花卉枝叶生长盛期,需较多的水分,开花期,只要保持园地湿润,结实期可少浇水。

一、二年生花卉多为浅根性,因此不耐干旱,应适当多灌溉,以免缺水造成萎蔫。根系在生长期,不断地与外界进行物质交换,也在进行呼吸作用。如果绿地积水,则土壤缺氧,根系的呼吸作用受阻,久而久之,因窒息引起根系死亡,花株也就枯黄。所以,花坛绿地排水要通畅、及时,尤其在雨季,力求做到雨停即干。对于较怕积水的花卉,应布置在地势高、排水好的绿地。

(二)施肥

花卉在生长发育过程中,植株从周围环境吸收大量养分,所以,必须向土壤施入氮、磷、钾等肥料,来补充养料,满足花卉的需要。施肥的方法、时期、施入种类、数量与花卉种类、花卉所处的生长发育阶段、土质等都有关。通常施肥分为:

1. 基肥

基肥也称底肥。选用厩肥、堆肥、饼肥、河泥等有机肥料加入骨粉或过磷酸钙、氯化钾作基肥,整地时翻入土中,有的肥料如饼肥、粪干有时也可进行沟施或穴施。这类肥料肥效较长,还能改善土壤的物理和化学性能。

2. 追肥

追肥是补充基肥的不足,在花卉的生长、开花、结果期,定期追施充分腐熟的肥料,及时有效地补给花卉所需养分,满足花卉不同生长、发育时期的特殊要求。追肥的肥料可以是固态的，也可以是液态的。追施液肥，常在土壤干燥时，结合浇水一起进行。一、二年主花卉所需追肥次数较多，可 10～15 天 1 次。

3. 根外追肥

根外追肥即对花卉枝、叶喷施营养液，也称叶面喷肥。当花卉急需养分补给或遇上土壤过湿时，可采用根外追肥。营养液中，养分的含量极微，很易被枝、叶吸收，此法见效快，肥料利用率高。将尿素、过磷酸钙、硫酸亚铁、硫酸钾等，配成 0.1%～0.2% 的水溶液，雨前不能喷施。应于无风或微风的清晨、傍晚或阴天施用，要将叶的正反两面全喷到。一般每隔 5～7 天喷 1 次。根外追肥与根部施肥相结合，才能获得理想的效果。

一般花卉在幼苗期吸收量少，在中期茎叶大量生长至开花前吸收量呈直线上升，一直到开花后才逐渐减少。准确施肥还取决于气候、管理水平等。施用时不能玷污枝叶，要贯彻"薄肥勤施"的原则，切忌施浓肥。

水、肥管理对花卉的生长、发育影响很大，只有合理的进行浇水，施肥，做到适时、适量，才能保证花卉健壮的生长。

(三)修剪与整形

通过修剪与整形可使花卉植株枝叶生长均衡，协调丰满，花繁果硕，有良好的观赏效果。一、二年生花卉常用的措施是摘心。

摘心是指摘除正在生长中的嫩枝顶端。摘心可以促使侧枝萌发，增加开花枝数，使植株矮化，株形圆整，开花整齐。也有抑制生长，推迟开花的作用。

一、二年生花卉中，常需要进行摘心的花卉有一串红、百日草、翠菊、金鱼草、福禄考、矮牵牛等。但对以下几种情况不应摘心，如植株矮小、分枝又多的三色堇、雏菊、石竹等，主茎上着花多且朵大的球头鸡冠花、凤仙花等，以及要求尽早开花的花卉。

此外，对于牵牛、茑萝等攀缘缠绕类和易倒伏的可设支架，诱导牵引。

(四)中耕与除草

1. 中耕

中耕是在花卉生长期间，疏松植株根际土壤的工作。通过中耕可切断土壤表面的毛细管，减少水分蒸发，可使表土中孔隙增加而增加通气性，并可促进土壤中养分分解，有利于根对水分、养分的利用。

在春、夏到来后，空地易长草，且易干燥，所以应及时进行中耕。一般在雨后或灌溉后，以及土壤板结时或施肥前进行。在苗株基部应浅耕，株行距中可略深，注意别伤根。植株长大覆盖土面后，可不再进行中耕。

2. 除草

除草要除早、除净，清除杂草根系，特别要在杂草结种子前除清。除草方式有多种，可用手锄和化学除草剂。除草剂如使用得当，可省工省时，但要注意安全。要根据花卉的种类正确使用适合的除草剂，对使用的浓度、方法和用药量也要注意。此外，运用地膜覆盖地面，既能保湿，又能防治杂草。

总之，中耕可同时除草，但除草不能代替中耕。而且，中耕在无草时也应进行。

(五)防寒越冬

需要做好防寒工作的主要是二年生花卉。二年生花卉是秋季播种，以幼苗越冬。对于石竹、雏菊、三色堇等耐寒性较强的二年生花卉,在北方地区也可采用覆盖法越冬,即用干草、落叶、塑料薄膜等进行覆盖。

二、宿根花卉的养护管理

(一)生长期的管理

播种繁殖的宿根花卉,其育苗期应注意浇水、施肥、中耕除草等工作,定植后一般管理比较简单、粗放,施肥也可减少。但要使其生长茂盛,花多花大,最好在春季新芽抽出时施以追肥,花前、花后可再追肥一次。秋季叶枯时可在植株四周施以腐熟厩肥或堆肥。

宿根花卉与一、二年生花卉相比,能耐干旱,适应环境的能力较强,浇水次数可少于一、二年生花卉。但在其旺盛的生长期,仍需按照各种花卉的习性,给予适当的水分,在休眠前则应逐渐减少浇水。

宿根花卉修剪整形常用的措施有:

(1)修剪　如荷兰菊自然株型高大,在养护时可利用修剪来调节花期与植株高度。如要求花多、花头紧密,国庆节开花,应修剪2～4次。5月初进行一次修剪,株高以15～20 cm为好;7月再进行第二次修剪,注意分枝均匀,株型均称、美观,或修剪成球形、圆锥形等不同形状;9月初最后一次修剪,此次只摘心5～6 cm,以促进其分枝、孕蕾,保证国庆节开花。

(2)摘心　如宿根福禄考,当苗高15 cm左右时,进行摘心,以促发分枝,控制株高,保证株丛丰满矮壮,增加花量及延迟开花。

(3)剥蕾　如菊花9月现蕾后,每枝顶端的蕾较大,称为"正蕾",开花较早;其下方常有3～4个侧蕾,当侧蕾可见时,应分2～3次剥去,以免空耗养分,可使正蕾开花硕大。

(二)休眠期的管理

宿根花卉的耐寒性较一、二年生花卉强,无论冬季地上部分落叶的,还是常绿的,均处于休眠、半休眠状态。常绿宿根花卉,在南方可露地越冬,在北方应温室越冬。落叶宿根花卉,大多可露地越冬,其通常采用的措施有:

1. 培土法

花卉的地上部分用土掩埋,翌春再清除泥土。如芍药。

2. 灌水法

利用水有较大的热容量的性能,将需要保温的园地漫灌。此举又提高了环境的湿度,从而达到保温增湿的效果。大多数宿根花卉入冬前都可采用这种方法。

除此之外,宿根花卉也可以采用覆盖法保护越冬。

三、球根花卉的养护管理

(一)生长期的管理

球根花卉大多根少而脆,断后不能再生新根,因此栽后生长期间绝不可移植。其叶片大多数少或有定数,栽培中应注意保护,避免损伤。否则影响养分合成,不利于新球的生长,也影响开花和观赏。花后正值新球成熟、充实之际,为了节省养分使球长好,应剪去残花和果实。球根花卉中除大丽花等少数几种花卉,根据需要应进行除芽、剥蕾等修剪整形外,其他花卉基本不需要进行此项工作。但为生产球根栽培时,为了使地下部分的球根迅速肥大且充实,也要尽早剥蕾以节省养分。此外,中耕除草时注意别损伤球根。球根花卉大多不耐水涝,应作好排水工作,尤其在雨季。花后仍需加强水肥管理。春植球根花卉,秋季掘出贮藏越冬。秋植球根花卉,冬季在南方有的可以露地越冬,在北方常在冷床或保护越冬。

(二)球根的采收

球根花卉在停止生长,进入休眠后,大部分种类的球根,需要采收并进行贮藏,渡过休眠期后再栽植。

采收应于生长停止,茎叶枯黄未脱落,土壤略湿润时。采收过早,养分尚未充分积聚于球根中,球根不够充实;采收过晚,茎叶枯萎脱落,不易确定土中球根的位置,采收时易受损伤且子球易散失。

采收时可掘起球根,除去过多的附土,并适当剪去地上部分。春植球根中的唐菖蒲、晚香玉可翻晒数天,使其充分干燥,大丽花、美人蕉等可阴干至外皮干燥,勿过干,勿使球根表面皱缩。大多数秋植球根,采收后不可置于炎日下曝晒,晾至外皮干燥即可。经晾晒或阴干的球根就可进行贮藏。

四、草本花卉常见病虫害及防治

草本花卉常见的病害有:白粉病(凤仙花、荷兰菊、金鸡菊、百日草等)、百日草叶斑病、鸡冠花叶斑病、羽衣甘蓝霜霉病、芍药红斑病、菊花叶斑病、郁金香碎色病、美人蕉锈病、萱草锈病、四季海棠灰霉病、翠菊枯萎病、唐菖蒲干腐病、鸢尾细菌性叶斑病等;常见的害虫有:短额负蝗、斜纹夜蛾、银纹夜蛾、甘蓝夜蛾、甜菜夜蛾、菜粉蝶等,其发生概况与防治措施见表附3-7。

表附 3-7 草本花卉的病虫害防治

病虫种类	发生概况	防治措施
白粉病	可危害凤仙花、荷兰菊、金鸡菊、百日草等花卉的叶片、嫩梢,始发时病斑较小、白色、较淡,主要发生在叶片的正面,背面很少有;之后白色粉层逐渐增厚、病斑扩大,覆盖局部甚至整个叶片或植株,影响光合作用。初秋,白色粉层中部变淡黄褐色,并形成黄色小圆点,后逐渐变深而呈黑褐色。叶面出现零星的不定形白色霉斑,随着霉斑的增多和向四周扩展相互连合成片,最终导致整个叶面布满白色至灰白色的粉状薄霉层,仿佛叶面被撒上一薄层面粉。细视霉斑相对应的叶背面,可见到初呈黄色后变为黄褐色至褐色的枯斑,发病早且严重的叶片,扭曲畸形枯黄	①彻底清除枯枝落叶,并集中烧毁,减少初侵染来源; ②加强栽培管理,改善环境条件。栽植密度、盆花摆放密度不要过大;温室栽培时,要注意通风透光。增施磷、钾肥,氮肥要适量。灌水最好在晴天的上午进行,灌水方式最好采用滴灌或喷灌,不要漫灌; ③化学防治:发病初期喷施15%粉锈宁可湿性粉剂1 500～2 000倍液、25%敌力脱乳油2 500～5 000倍液、40%福星乳油8 000～10 000倍液、45%特克多悬浮液300～800倍液、15%绿帝可湿性粉剂500～700倍液。温室内可用10%粉锈宁烟雾剂熏蒸; ④生物制剂:近年来生物农药发展较快,BO-10(150～200倍液)、抗霉菌素120对白粉病也有良好的防效

续表附 3-7

病虫种类	发生概况	防治措施
芍药红斑病	又称芍药褐斑病、叶霉病，是芍药和牡丹上的重要病害之一。发病后叶片出现不规则性病斑，病斑大小在 5～15 mm，紫红色或暗紫色，潮湿条件下叶背面可产生暗绿色霉层，并可产生浅褐色轮纹。发生严重时，叶片焦枯破碎，如火烧一般，影响观赏效果	①加强栽培管理：合理施肥，肥水宜充足；夏季干旱时，要及时浇灌；及时清除田间杂草； ②清除侵染来源：随时清扫落叶，摘去病叶，以减少侵染来源； ③药剂防治：70％甲基托布津可湿性粉剂1 000 倍液、10％世高水分散粒剂 6 000～8 000倍液、40％福星乳油 4 000～6 000 倍液、70％代森锰锌可湿性粉剂 800～1 000 倍液、60％防霉宝超微粉剂 600 倍液，10～15 天喷施 1 次，连续喷施 3～4 次
香石竹叶斑病	多从下部老叶开始发病。发病叶片初期出现淡绿色圆形水渍状病斑，逐渐扩大成直径可达 3～5 mm 近圆形或长条形大病斑，后期病斑中央灰白，边缘紫色或褐色。茎上发病多在茎节或枝条分叉处，病斑可环绕茎或枝条一周，造成上部枝叶枯死。花苞受害，可使花不能正常开放，并造成裂苞。所有发病部位可出现黑色霉层，即为分生孢子和分生孢子梗	参考芍药红斑病
菊花褐斑病	发病初期病叶出现淡黄色褪绿斑，病斑近圆形，逐渐扩大，变紫褐色或黑褐色。发病后期，病斑近圆形或不规则形，直径可达 12 mm，病斑中间部分浅灰色，边缘黑褐色，其上散生细小黑点，为病菌的分生孢子器。一般发病从下部开始，向上发展，严重时全叶变黄干枯	参考芍药红斑病
锈病	可危害美人蕉、萱草、香石竹、芍药等，感病初期，病叶两面均出现黄色水渍状圆形小斑，尤以叶背为多。后期小圆斑增大，并有橙黄色至褐色的疱状突起，边缘有黄绿色晕环，直径 2～6 mm，疱状突起表皮破裂，散出橘黄色粉状物（病菌的夏孢子堆），秋后病斑上产生褐色粉状物（冬孢子堆），受害严重的叶面布满病斑，并可连接成不规则形的大片坏死区，病叶黄化，最后变成褐色干枯	①清除侵染来源 结合绿地清理及修剪，及时将病枝芽、病叶等集中烧毁，以减少病原； ②加强管理，降低湿度，注意通风透光，增施磷钾肥，提高植株的抗病能力； ③药剂防治：发病初期可喷洒 15％粉锈宁可湿性粉剂 1 000～1 500 倍液，每 10 天 1 次，连喷 3～4 次；或用 12.5％烯唑醇可湿性粉剂3 000～6 000 倍液、10％世高水分散粒剂稀释6 000～8 000 倍液、40％福星乳油 8 000～10 000 倍液喷雾防治
四季海棠灰霉病	其寄主还有香石竹、唐菖蒲等，主要危害花、花蕾和嫩茎。在花及花蕾上初为水渍状不规则小斑，稍下陷，后变褐腐败，病蕾枯萎后垂挂于病组织之上或附近。在温暖潮湿的环境下，病部产生大量灰色霉层。即病原菌的分生孢子和分生孢子梗	①加强栽培管理，改善通风透光条件，合理施肥，增施钙肥，控制氮肥用量。及时清除病株销毁，减少侵染来源； ②生长季节喷施下列杀菌剂：50％扑海因可湿性粉剂 1 000～1 500 倍液、50％速克灵可湿性粉剂 1 000～2 000 倍液、45％特克多悬浮液 300～800 倍液、45％噻菌灵可湿性粉剂4 000 倍液、10％多抗霉素可湿性粉剂 1 000～2 000 倍液

续表附 3-7

病虫种类	发生概况	防治措施
羽衣甘蓝霜霉病	可危害紫罗兰、虞美人等,受害叶片产生多角形病斑,发病初期叶片正面产生淡绿色斑块,后期变为黄褐至褐色,潮湿条件下叶片背面长出稀疏灰白色的霜霉层。病菌也侵染幼嫩的茎和叶,使植株矮化变形。病菌以卵孢子越冬蔓夏,以孢子囊蔓延侵染。植株下层叶片发病较多。栽植过密,通风透光不良,或阴雨、潮湿天气发病重	①及时清除病枝及枯落叶;采用科学浇水方法,避免大水漫灌; ②药剂防治:1∶0.5∶240 的波尔多液、69%安克锰锌可湿性粉剂 800 倍液、40%疫霉灵可湿性粉剂 250 倍液、72%克露可湿性粉剂 750 倍液、66.5%普力克(霜霉威盐酸盐)水剂 600~1 000 倍液或木霉菌(灭菌灵)可湿性粉剂 200~300 倍液。发病后,也可用 50%甲霜铜可湿性粉剂 600 倍液、60%乙磷铝可湿性粉剂 400 倍液灌根,每株灌药液 300 g
翠菊枯萎病	该病发生普遍而严重,从苗期至开花期均可发生,发病后植株迅速枯萎死亡。苗期受侵染,一周内可发病,植株出现倒头,全部叶片变黄萎缩,根系常发生不同程度的腐烂。感病成株,下部叶片最先出现淡黄绿色,随即枯萎,逐渐向上发展,全株枯萎死亡。茎基部常出现褐色长条斑,剖开茎基可见维管束变褐色。有时植株仅一侧表现症状,但维管束变褐色。湿度大时,茎基部产生大量浅红色粉霉状物,此为病菌的无性繁殖体。此病在夏季高温地区表现枯萎严重,而夏季低温区则表现茎腐	①拔除病株销毁,减少病菌在土中的积累。 ②在绿地实行 3 年以上轮作。 ③土壤处理:用 40%福尔马林 100 倍液浇灌,36 kg/m²,然后用薄膜盖住 1~2 周,揭开 3 天以后再用。也可种植前用 50%绿亨一号、克菌丹、多菌灵 500~1 000 倍液浇灌,每隔 10 d 灌 1 次,连灌 2~3 次。 ④发病初期可选用 50%退菌特可湿性粉剂 500 倍液、50%多菌灵可湿性粉剂 800~1 000 倍液、20%抗枯灵水剂 400~600 倍液、70%甲基硫菌灵可湿性粉剂 1 000 倍液
唐菖蒲干腐病	主要危害球茎,也侵害叶、花及根。球茎受害后表现有三种类型,即维管束变色型、褐色腐烂型和基底干腐型。它们共同的症状是球茎组织成浅褐色至黑色干腐,叶片黄化变褐枯死和根变褐腐烂。染病部位产生水渍状不规则小斑,逐渐变成棕黄色或淡褐色斑,病斑凹陷,环状皱缩。病斑常扩展到整个球茎。植株受害后,叶柄、花柄弯曲,叶片早黄干枯,严重时花不能正常开放,甚至整株枯死	①球茎处理:选择健康无病的种球作繁殖材料,种植前对种球可用 50%三唑酮可湿性粉剂 500 倍液浸泡 30 min,或用 50%福美双拌种后再种植。栽培期内要定期检查,发现病株及时拔除并销毁。 ②土壤处理:加强栽培管理及抚育措施,病土不能连作,种植前对土壤进行消毒,施肥要合理,适量增施钾肥,勿偏施氮肥。 ③定期对植株喷施杀菌剂,如 50%多菌灵 500 倍液、0.5%波尔多液、70%甲基托布津 800 倍液
鸢尾细菌性软腐病	感病植株,最初在叶端开始出现水渍状条纹,逐渐黄化、干枯。根颈部发生水渍状的概率较高,呈糊状腐烂,腐烂的根状茎具有恶臭味。恶臭是诊断该病的重要依据。由于基部腐烂,病叶很容易拔出地面。病原细菌随病残组织在土壤中越冬。温度高、湿度大,种植密度大,有虫伤时发病重。德国鸢尾较澳大利亚鸢尾发病重	①及时剪除病叶或拔除病株烧毁; ②发病严重的土壤,用 0.5%~1%福尔马林 10 g/m² 进行消毒后再种植,或更换新土后栽植;被污染的工具应用沸水或 70%酒精或 1%硫酸铜溶液浸渍消毒后再用; ③药剂防治:发病后,每月喷洒一次农用链霉素 1 000 倍液,能控制病害蔓延。喷洒杀虫剂,防治鸢尾钻心虫,也可减轻病害的发生

续表附 3-7

病虫种类	发生概况	防治措施
银纹夜蛾	成虫体长 15~17 mm,体灰褐色,胸部有两束毛耸立着。前翅深褐色,其上有 2 条银色波状横线,后翅暗褐色,有金属光泽。老熟幼虫体长 25~32 mm,青绿色。腹部 5、6 及 10 节上各有一对腹足,爬行时体背拱曲。背面有 6 条白色的细小纵线。1 年 2~8 代,发生代数因地而异。东北,河北、山东 1 年 2~5 代,上海、杭州、合肥 4 代,闽北地区 6~8 代,以老熟幼虫或蛹越冬。北京 1 年 3 代,5~6 月间出现成虫,成虫昼伏夜出,有趋光性,产卵于叶背。初孵幼虫群集叶背取食叶肉,能吐丝下垂,3 龄后分散危害,幼虫有假死性。10 月初幼虫入土化蛹越冬	①清除园内杂草或于清晨在草丛中捕杀幼虫。人工摘除卵块、初孵幼虫或蛹; ②灯光诱杀成虫,或利用趋化性用糖醋液诱杀,糖:酒:水:醋(2:1:2:2)+少量敌百虫; ③幼虫期喷 Bt 乳剂 500~800 倍液、2.5% 溴氰菊酯乳油或 10% 氯氰菊酯乳油或 2.5% 功夫乳油 2 000~3 000 倍液、5% 定虫隆乳油 1 000~2 000 倍液、20% 灭幼脲 3 号胶悬剂 1 000 倍液、0.5% 富表甲氨基阿维菌素乳油 1 500 倍液等
甘蓝夜蛾	食性杂,近年来危害花卉严重严重。成虫体长 15~25 mm,灰褐色,前翅有明显的肾状斑和环状斑;后翅灰白色。老熟幼虫体长 50 mm,头黄褐色,胸腹部黑褐色,散生灰黄色细点。在东北、华北、西北地区每年发生 1~3 代。有滞育习性。以蛹在寄主根部附近土中越冬。越冬蛹一般于春季气温在 15~16℃ 时羽化出土。各地春末夏初的危害重于秋季的危害。成虫有趋光性	参考银纹夜蛾
菜粉蝶	幼虫通称菜青虫,成虫前后翅粉白色,前翅顶角灰黑色,雌蝶前翅有黑色圆斑 2 个,雄蝶仅 1 个黑斑;老熟幼虫体青绿色,体表密布细小黑色毛瘤。不同地区发生世代不同,世代重叠明显。以蛹在危害地附近的墙壁、篱笆、树干、杂草处越冬。危害期为 4~10 月	①人工防治:结合摘心、修剪等措施,及时摘除虫卵、幼虫或蛹; ②生物防治:低龄幼虫用 Bt 乳剂 300~500 倍液喷雾,每隔 10~15 天一次,连续喷 2~3 次。保护利用金小蜂、广大腿小蜂、姬蜂等天敌; ③化学防治:低龄幼虫用 25% 灭幼脲 3 号悬浮剂 1 000~1 500 倍液防治,或 5% 抑太保乳油 1 000~2 000 倍液,或 5% 农梦特乳油 1 000~2 000 倍液防治
短额负蝗	短额负蝗,又称小尖头蚱蜢,体色多变,有淡绿、浅黄及褐色,成虫和若虫(蝗蝻)蚕食叶片和嫩茎,大发生时可将寄主吃成光秆或全部吃光。一般每年发生 1~2 代,以卵在土中卵囊中越冬。一般冬暖或雪多情况下,地温较高,有利于蝗卵越冬。4~5 月份温度偏高,卵发育速度快,孵化早。秋季气温高,有利于成虫繁殖危害。多雨年份,土壤湿度过大,蝗卵和幼蝻死亡率高。蝗虫天敌较多,主要有鸟类、蛙类、益虫、螨类和病原微生物	①药剂喷洒:发生量较多时可采用药剂喷洒防治,常用的药剂有 3.5% 甲敌粉剂、4% 敌马粉剂喷粉,30 kg/hm²;25% 爱卡士乳油 800~1 200 倍液、40.7% 乐斯本乳油 1 000~2 000 倍液、30% 伏杀硫磷乳油 2 000~3 000 倍液、20% 哒嗪硫磷乳油 500~1 000 倍液喷雾; ②毒饵防治:用麦麸 100 份+水 100 份+40% 氧化乐果乳油 0.15 份混合拌匀,22.5 kg/hm²;也可用鲜草 100 份切碎加水 30 份拌入 40% 氧化乐果乳油 0.15 份,112.5 kg/hm²。随配随撒,不能过夜。阴雨、大风、温度过高或过低时不宜使用

附录 3-8 草坪的养护管理

一、肥水管理

(一)灌水

人工草坪原则上都需要人工灌溉,尤其是土壤保水性能差的草坪更需人工浇水。

1.灌水时期

除土壤封冻期外,草坪土壤应始终保持湿润,暖季型草主要灌水时期为 4~5 月、8~10月;冷季型草为 3~6 月、8~11 月;苔草类主要为 3~5 月、9~10 月。

2.浇水质量

每次浇水以达到 30 cm 土层内水分饱和为原则,不能漏浇。因土质差异容易造成干旱的范围内应增加灌水次数。漫灌方式浇水时,要勤移出水口,避免局部水量不足或局部地段水分过多或"跑水"。用喷灌方式灌水要注意是否有"死角",若因喷头设置问题,局部地段无法喷到时,应人工加以浇灌。冷季型草坪应注意排水,地势低洼,雨季有可能造成积水的草坪应有排水措施。

(二)施肥

高质量草坪初建造时应施入基肥外,每年必须追施一定数量的化肥或有机肥。

1.施肥时期与施肥量

高质量草坪在返青前施腐熟粉碎的麻渣等有机肥,施肥量 50~200 g/m²。

修剪次数多的野牛草草坪,当出现草色稍浅时应施氮肥,以尿素为例,每 1 m² 10~15 g,8 月下旬修剪后应普遍追氮肥 1 次。

冷季型草:主要施肥时期 9、10 月份,以氮肥为主,3、4 月份视草坪生长状况决定施肥与否,5 m² 8 月份非特殊衰弱草坪一般不必施肥。

2.施肥方式

——撒施:无论用手撒或用机器撒都必须撒匀,为此可把总施肥量分成 2 份,分别以互相垂直方向分 2 次分撒。注意切不可有大小肥块落于叶面或地面。避免叶面潮湿时撒肥,撒肥后必须及时灌水。

——叶面喷肥:全生长季都可用此法施肥,根据肥料种类不同,溶液浓度为 0.1%~0.3%,喷撒应均匀。

——补肥:草坪中某些局部长势明显弱于周边时应及时增施肥料或称作补肥。补肥种类以氮肥和复合化肥为主,补肥量依"草情"而定,通过补肥,使衰弱的局部与整体的生长势达到一致。

3.草坪施肥的依据

(1)根据草坪植物种类与需要量施肥 既按不同草坪草种、生长状况施肥,禾本科、莎草科、百合科等单子叶草坪植物需氮较多,则应以氮肥为主,配合施用磷钾肥。豆科草坪植物根具有根瘤,有固氮能力,氮肥需要量相对少,而磷钾肥需要量相对多。冷季型草坪一般春季轻施,夏季少施,秋季多施。

(2)根据土壤肥力合理施肥　一般黏重土壤前期多施用速效肥,但用量不能过多,砂性土壤应多施有机肥,应少施和勤施化肥。

(3)肥料种类要合理搭配　不单独施用某一或两种营养元素,满足植物生长中需要的各种营养元素。

(4)灌溉与施肥相结合　在干旱的地区,施肥要结合灌溉或降水,一般每追1次肥相应灌水1次,这样可以保证肥料的充分发挥。

(5)根据肥料的种类与特性施肥　酸性肥料应施入碱性土壤中,碱性肥料应施入酸性土壤中,以充分发挥肥效和改良土壤。

二、修剪

1.修剪时间

春季是草坪根系最大生长量季节,进行过度修剪对草坪往往有伤害,这是由于减少了营养物质的合成从而阻止了草坪根系纵向和横向的发育。春季贴地面修剪会形成稀而浅的根系,必将减弱草坪草在整个生长季节的生长。无论是冷地型草还是暖地型草,都不需多次修剪。

2.修剪时间和次数

修剪的次数和修剪高度密切相关。通常情况下修剪高度要求越低,其修剪次数就越多;修剪高度要求越高,修剪次数就相应的越少。不同用途草坪修剪的频率及次数见表附3-8。

表附 3-8　草坪刈剪的频率及次数

利 用 地	草坪草种类	刈剪频率(次/月)			年修刈剪次数
		4～6月份	7～8月份	9～11月份	
庭园	细叶结缕草	2～3	1	5～6	
	剪股颖	2～3	4～5	2～3	15～20
公园	细叶结缕草	1	2～3	1	10～15
	剪股颖	2～3	4～5	2～3	20～30
竞技场、校园	细叶结缕草、狗牙根	2～3	4～5	1～3	20～30
高尔夫球座	细叶结缕草	4～5	8～9	4～5	30～50
高尔夫球穴	细叶结缕草	13～14	18～20	13～14	70～90
	剪股颖	18～20	13～14	18～20	100～150

3.修剪高度

留茬高度是指修剪之后测得的地面上枝条的高度。一般草坪的留茬高度为3～4 cm,耐荫草坪的留茬高度可能更低些。通常草坪草长到6 cm时就应修剪,如果超过这个限度,将导致草坪直立生长,而不形成致密的草坪。每一草种都有一定的修剪高度范围。几种草坪草适宜的留茬高度见表附3-9。

这些修剪高度范围是由草种的特性决定的,每次修剪时,剪去的部分应少于叶片自然高度的1/3,即遵循1/3原则。

表附 3-9　几种草坪草的标准留茬高度　　　　　　cm

草种	修剪留茬高度	草种	修剪留茬高度
细弱剪股颖	1.3～2.5	匍匐剪股颖	0.5～1.5
普通狗牙根	1.3～3.8	细叶草茅	3.8～6.4
草地早熟禾	3.8～6.4	结缕草	1.3～5.0
多年生黑麦草	3.8～6.4	野牛草	1.8～5.0
假俭草	2.5～5.0	高羊茅	3.8～7.6

三、病虫害防治

草坪病虫害的发生概况与防治措施见表附 3-10。

表附 3-10　草坪的病虫害防治

病虫种类	发生概况	防治措施
褐斑病	初期受害叶片或叶鞘常出现梭形、长条形，或不规则形病斑，病斑内部呈青灰色水浸状，边缘红褐色，以后病斑变褐色甚至整叶水浸状腐烂。严重时病菌侵入茎秆。条件适宜时，在被侵染的草坪上形成几厘米至几十厘米，甚至 1～2 m 的枯草圈。枯草圈常呈"蛙眼"状，清晨有露水或高湿时，有"烟圈"。在病叶鞘、茎基部有初为白色、以后变成黑褐色的菌核形成，易脱落。病原为真菌，以土壤传播。枯草层较厚的老草坪，菌源量大，发病重。建坪时填入垃圾土、生土，土质黏重，地面不平整，低洼潮湿，排水不良；田间郁蔽，小气候湿度高；偏施氮肥，植株旺长，组织柔嫩；冻害；灌水不当等因素都有利于病害的发生。全年都可发生，但以高温高湿多雨炎热的夏季危害最重	①建坪时禁止填入垃圾土、生土，土质黏重时掺入河沙或沙质土；定期修剪，及时清除枯草层和病残体，减少菌源量。 ②加强草坪管理，平衡施肥，增施磷、钾肥，避免偏施氮肥。避免漫灌和积水，避免傍晚灌水。改善草坪通风透光条件，降低湿度。及时修剪，夏季剪草不要过低。 ③药剂防治：用三唑酮、三唑醇、五氯硝基苯等杀菌剂拌种，用量为种子重量的 0.2%～0.3%。发病草坪春季及早喷洒 12.5% 烯唑醇超微可湿性粉剂 2 500 倍液、25% 敌力脱乳油 1 000 倍液、50% 灭霉灵可湿性粉剂 500～800 倍液
腐霉枯萎病	该病主要造成芽腐、苗腐、幼苗猝倒和整株腐烂死亡。常会使草坪突然出现直径 2～5 cm 的圆形黄褐色枯草斑。清晨有露水时，病叶呈水浸状，暗绿色，变软、黏滑，连在一起，有油腻感，故得名为油斑病。当湿度很高时，尤其是在雨后的清晨或晚上，腐烂叶片成簇趴在地上且出现一层绒毛状的白色菌丝层，在枯草病区的外缘也能看到白色或紫灰色的菌丝体。病原为真菌。此菌能在冷湿环境中侵染危害，也能在天气炎热潮湿时猖獗流行	①建植前要平整土地，黏重土壤或含沙量高的土壤需要改良，要有排水设施，避免雨后积水； ②合理灌水，尽量减少灌水次数，降低草坪小气候相对湿度； ③及时清除枯草层，高温季节有露水时不修剪，以避免病菌传播； ④种植耐病品种，提倡不同草种或不同品种混合建植； ⑤药剂防治。用 0.2% 灭霉灵或杀毒矾药剂拌种是防治烂种和幼苗猝倒的简单易行、有效的方法；高温高湿季节可选择 800～1 000 倍液杀毒矾、甲霜灵锰锌、普力克等药剂进行防治

续表附 3-10

病虫种类	发生概况	防治措施
镰刀菌枯萎病	该病主要造成烂芽、苗腐、根腐、茎基腐、叶斑和叶腐、匍匐茎和根状茎腐烂等。草坪上枯萎斑圆形或不规则形,直径 2～30 cm。当高湿时,病部有白色至粉红色的菌丝体和大量的分生孢子团。老草坪枯草斑常呈"蛙眼"状,多在夏季湿度过高或过低时出现。在冷凉多湿季节,还可与雪腐病捷氏霉病菌并发,引起雪腐病或叶枯病。造成叶片枯萎或枯草斑块,或出现弥散的枯萎株。该病是由镰刀菌引起的一种真菌病害。冬季低温,菌丝体潜藏在基部组织中越冬,春季随气温回升,病菌迅速扩展,导致植株茎基部及根系腐烂。高温、土壤含水量过高或过低、枯草层太厚均有利于病害的发生	①种植抗病、耐病草种或品种。草种间的抗病性差异明显,如剪股颖＞草地早熟禾＞羊茅,提倡草地早熟禾与羊茅、麦草等混播; ②用种子重量 0.2%～0.3%的灭霉灵、杀毒矾、代森锰锌、甲基托布津等药剂进行拌种; ③加强养护管理。提倡重施秋肥,轻施春肥,增施有机肥和磷钾肥,控制氮肥用量。减少灌溉次数,控制灌水量保证干湿均匀。及时清除枯草层; ④在根颈腐烂症状尚未发生前施用 40%敌克松可湿性粉剂 500 倍液或 70%甲基托布津可湿性粉剂 800～1 000 倍液,用药液为 500 g/m²
锈病	主要危害叶片、叶鞘或茎秆,在感病部位生成黄色至铁锈色的夏孢子堆和黑色冬孢子堆。禾草感染锈病后叶绿素被破坏,光合作用降低,呼吸作用失调,蒸腾作用增强,大量失水,叶片变黄枯死,草坪稀疏、瘦弱,景观被破坏。该病是由锈菌引起的一种真菌病害。病原菌以菌丝体或夏孢子在病株上越冬。北京地区的细叶结缕草 5～6 月份叶片上出现褪绿色病斑,发病缓慢,9～10 月份发病严重,草叶枯黄。9 月底、10 月初产生冬孢子堆。广州地区发病较早,3 月份发病,4～6 月份及秋末发病较重。病原菌生长发育适温为 17～22℃,空气相对湿度在 80%以上有利于侵入,光照不足,土壤板结,土质贫瘠,偏施氮肥的草坪发病重。病残体多的草坪发病重	①加强养护管理:生长季节多施磷、钾肥,适量施用氮肥。合理灌水,降低田间湿度。发病后适时剪草,减少菌源数量。适当减少草坪周围的树木和灌木,保证通风透光; ②药剂防治:发病初期喷洒 15%粉锈宁可湿性粉剂 1 000 倍液;或 25%粉锈宁可湿性粉剂 1 500 倍液,防治效果达 93%以上,药效维持在 1～2 个月;或用 70%甲基托布津可湿性粉剂 1 000 倍液防治,效果也良好;或用 12.5%速保利超微可湿性粉剂稀释 3 000～4 000 倍液、25%敌力脱乳油 2 500～5 000 倍液、40%福星乳油稀释 8 000～10 000 倍液、10%世高水分散粒剂稀释 6 000～8 000 倍液喷雾
黏虫	危害黑麦草、早熟禾、剪股颖、结缕草、高羊茅等。成虫体灰褐色至暗褐色;前翅灰褐色或黄褐色;环形斑与肾形斑均为黄色,在肾形斑下方有 1 个小白点,其两侧各有 1 个小黑点。老熟幼虫圆筒形,体色多变,黄褐色至黑褐色,头部淡黄色,有"八"字形黑褐色纹,胸腹部背面有 5 条白、灰、红、褐色的纵纹。1 年发生多代,并有随季风进行长距离南北迁飞的习性。成虫有较强的趋化性和趋光性。幼虫共 6 龄,1～2 龄幼虫白天潜藏在植物心叶及叶鞘中,高龄幼虫白天潜伏于表土层或植物茎基处,夜间出来取食植物叶片。有假死性,虫口密度大时可群集迁移危害。黏虫喜欢较凉爽、潮湿、郁闭的环境,高温干旱对其不利	①清除草坪周围杂草或于清晨在草丛中捕杀幼虫; ②诱杀成虫:灯光诱杀成虫;或利用成虫的趋化性,用糖醋液诱杀,按糖、酒、醋、水为 2:1:2:2 的比例混合,加少量敌百虫或吡虫啉; ③初孵幼虫期及时喷药,喷洒 25%爱卡士乳油 800～1 200 倍液、40.7%乐斯本乳油 1 000～2 000 倍液、30%伏杀硫磷乳油 2 000～3 000 倍液、20%哒嗪硫磷乳油 500～1 000 倍液、50%辛硫磷乳油 1 000 倍液、10%天王星乳油 3 000～5 000 倍液;或用每克菌粉含 100 亿个活孢子的杀螟杆菌菌粉或青虫菌菌粉 2 000～3 000 倍液喷雾; ④人工摘除卵块、初孵幼虫及蛹

续表附 3-10

病虫种类	发生概况	防治措施
斜纹夜蛾	危害黑麦草、早熟禾、剪股颖、结缕草、高羊茅等。成虫体灰褐色；前翅黄褐色至淡黑褐色，多斑纹，以前缘近中部至后缘外方有 3 条白色斜纹而得名。老熟幼虫头部褐色，胸腹部颜色变化大，为土黄、青黄、灰褐或暗绿色；背面有 5 条灰黄或橙黄色纵线，从中胸至第 9 腹节在亚背线内侧各有 1 半月形黑斑；第 1、第 8 腹节最大，中后胸的黑斑外侧有黄白色小点；气门黑色。该虫 1 年发生多代。该虫喜温暖潮湿环境，7～10 月份有利于发生，而以 8、9 月份危害严重。成虫有趋光性和趋化性	①诱杀成虫：利用成虫的趋光性，用黑光灯、糖醋液、杨树枝以及甘薯、豆饼发酵液诱杀成虫，糖醋液中可加少许敌百虫或吡虫啉。 ②清洁草坪，加强田间管理，同时结合日常管理采摘卵块，消灭幼虫。 ③药剂防治：喷药宜在暴食期以前并在午后或傍晚幼虫出来活动后进行，可供选择的药剂有：40.7%乐斯本乳油 1 000～2 000 倍液、20%哒嗪硫磷乳油 500～1 000 倍液、50%辛硫磷乳油 1 000 倍液，或用每克菌粉含 100 亿个活孢子的杀螟杆菌菌粉或青虫菌菌粉 2 000～3 000 倍液喷雾
草地螟	危害多种草坪禾草，初孵幼虫取食幼叶的叶肉，残留表皮，并常在植株上结网躲藏，在草坪上称为"草皮网虫"，3 龄后食量大增，可将叶片吃成缺刻、孔洞。成虫体灰褐色；前翅灰褐色至暗褐色，中央稍近前缘有 1 个近似长方形的淡黄或淡褐色斑，翅外缘黄白色并有 1 串淡黄色小点组成的条纹。老熟幼虫头部黑色，有明显的白斑；前胸盾黑色，有 3 条黄色纵纹；胸腹部黄褐色或灰绿色，有明显的暗色纵带间黄绿色波状纹；体上毛瘤显著，刚毛基部黑色，外围有 2 个同心黄色环。该虫 1 年发生 2～4 代。成虫昼伏夜出，趋光性很强，有群集远距离迁飞的习性。幼虫发生期在 6～9 月份。幼虫活泼、性爆烈，稍被触动即可跳跃，高龄幼虫有群集迁移习性。高温多雨年份有利于发生	①人工防治：利用成虫白天不远飞的习性，用拉网法捕捉。 ②药剂防治：用 30%伏杀硫磷乳油 2 000～3 000 倍液、20%哒嗪硫磷乳油 500～1 000 倍液、50%辛硫磷乳油 1 000 倍液，或用每克菌粉含 100 亿活孢子的杀螟杆菌菌粉或青虫菌菌粉 2 000～3 000 倍液喷雾
蝗虫	危害草坪的蝗虫种类较多，主要有土蝗、稻蝗、菱蝗、中华蚱蜢、短额负蝗、蒙古疣蝗、笨蝗、东亚飞蝗等。喜食草坪禾草，成虫和若虫（蝗蝻）蚕食叶片和嫩茎，大发生时可将寄主吃成光秆或全部吃光。蝗虫一般每年发生 1～2 代，绝大多数以卵块在土中越冬。一般冬暖或雪多情况下，地温较高，有利于蝗卵越冬。4～5 月份温度偏高，卵发育速度快，孵化早。秋季气温高，有利于成虫繁殖危害。多雨年份，土壤湿度过大，蝗卵和幼蝻死亡率高。干旱年份，在管理粗放的草坪上，土蝗、飞蝗则混合发生危害。蝗虫天敌较多，主要有鸟类、蛙类、益虫、螨类和病原微生物	①药剂喷洒：发生量较多时可采用药剂喷洒防治，常用的药剂有 3.5%甲敌粉剂、4%敌马粉剂喷粉，30 kg/hm²；25%爱卡士乳油 800～1 200 倍液、40.7%乐斯本乳油 1 000～2 000 倍液、30%伏杀硫磷乳油 2 000～3 000 倍液、20%哒嗪硫磷乳油 500～1 000 倍液喷雾。 ②毒饵防治：用麦麸 100 份＋水 100 份＋40%氧化乐果乳油 0.15 份混合拌匀，22.5 kg/hm²；也可用鲜草 100 份切碎加水 30 份拌入 40%氧化乐果乳油 0.15 份，112.5 kg/hm²。随配随撒，不能过夜。阴雨、大风、温度过高或过低时不宜使用

续表附 3-10

病虫种类	发生概况	防治措施
蛴螬	蛴螬是鞘翅目金龟甲科昆虫幼虫的统称。蛴螬的头部黄褐色,较坚硬;咀嚼式口器发达,主要取食禾草根部;身体乳白色,柔软,多皱褶和细毛;有 3 对发达的胸足;腹部无足并向腹面弯曲,使身体呈"C"。成虫统称金龟甲,前翅硬化如刀鞘。是危害草坪最重要的地下害虫之一。危害草坪的蛴螬种类很多,主要有华北大黑鳃金龟、毛黄鳃金龟、铜绿丽金龟、中华弧丽金龟和白斑花金龟等。蛴螬取食根部,严重时草坪草植株枯萎,变为黄褐色,甚至死亡。被咬断根系的草皮很容易被掀起,可以像卷草皮卷一样把大片草皮卷起来,这时在草根及地面上能见到许多蛴螬	①成虫防治:成虫有假死性,可人工振落捕杀;利用成虫的趋光性,设置黑光灯进行诱杀;成虫发生盛期,喷洒 2.5%功夫乳油 3 000 ～5 000 倍液、40.7%乐斯本乳油 1 000～2 000 倍液、30%佐罗纳乳油 2 000 ～ 3 000 倍液、25%爱卡士乳油 800～1 200 倍液,消灭成虫。 ②蛴螬防治:毒土法,虫口密度较大的草坪,撒施 5%辛硫磷颗粒剂,用量为 30 kg/hm^2,为保证撒施均匀,可掺适量细沙土。喷药、灌药,用 50%辛硫磷乳油 500～800 倍液喷洒地面,也可用 48%毒死蜱乳油 1 500 倍液灌根。拌种,草坪播种前,将 75%辛硫磷乳油稀释 200 倍,按种子量的 1/10 拌种,晾干后使用。 ③灌水淹杀蛴螬

四、其他管理

1.草坪杂草的种类

杂草防除是草坪建植与养护管理中的一个关键环节,尤其是建植的新草坪,一旦杂草未能得到有效控制,很可能导致整片草坪被彻底毁灭。

常见草坪杂草的识别 草坪杂草的种类很多,据报道,我国目前已发现杂草种类约 1 000 种以上,常见杂草有 600 种左右,其中主要杂草有 60 种。1 年生禾本科杂草有马唐、狗尾草、牛筋草、稗草、画眉草、野燕麦、秋稷;多年生杂草有香附子、狗牙根、白茅、隐子草、双穗雀稗、碱草;阔叶杂草有播娘蒿、荠菜、藜类、香蒿、猪秧秧、繁缕、大马蓼、刺儿菜、苣荬菜、苍耳、龙葵、繁缕、马齿苋、律草、蒲公英、酢浆草、萹蓄、皱叶酸模、菊苣等。

2.草坪除草剂应用

(1)2,4-D 除草剂

——防除的杂草对象:对 2,4-D 类除草剂敏感的杂草种类有藜、碱蓬、猪毛菜、苋、野豌豆、苍耳、鸭跖草、田旋花、小旋花、马齿苋、荠菜、播娘蒿等,这些杂草在施药后,很快就出现叶片卷曲、顶叶下垂,以后逐渐变黄卷缩,最后死亡的现象;对 2,4-D 类较敏感的杂草种类有苦卖菜、小蓟、盐蒿、地肤、刺儿菜等,施药后 1～2 天这些杂草略受抑制,叶片逐渐卷曲萎缩,停止生长,但不死亡;抗性杂草有萹蓄、车前等;禾本科杂草抗性强,基本不起作用。

——使用适期:禾草的分蘖末期为最适施药期。在禾草三叶期以前抗药性很弱,以后随叶龄的增加抗性逐渐加大,至 4～5 叶抗性最强,拔节后又逐渐减弱。

——使用方法:主要采取兑水喷雾茎叶处理的方法,也可采用毒土撒施法,即把药与细砂充分混拌后均匀撒施后,立即灌水。

——剂量:0.454 kg/hm^2,与百草敌(麦草畏)混用,可增加对萹蓄、卷茎赛等对 2,4-D 类有抗性的杂草的防治效果,也可与酸性化肥如硝酸铵、磷酸铵、过磷酸钙等混合使用。

(2)百草敌(麦草畏)

——防除对象:百草敌可以防除多种1年生和多年生阔叶杂草,如反枝苋、藜、鸭跖草、蓼、苍耳、猪毛菜、卷茎蓼、刺儿菜、田旋花、播娘蒿、猪秧秧、繁缕、苣荬菜、萹蓄、荠菜、小旋花等。杂草接触药剂后1~2天植株出现畸形卷曲,1周内变褐,7~14天全枯死。百草敌在麦田与2,4-D混用,除草作用增强,杀草谱扩大,特别对2,4-D类除草剂较难防除的萹蓄、卷茎蓼、猪秧秧及多年生根茎繁殖的杂草如小旋花等有较好的防效。

——适期和方法:百草敌单独使用时,适期为草坪成坪后6~7叶期使用,抗性杂草如卷茎蓼蔓长10~25 cm时喷雾处理,兑水量见说明书。剂量1.0 kg/hm² 与2,4-D除草剂混用时要减半。

(3)草甘膦 为种植前使用的除草剂,杂草因为种子本身或萌发条件所限,一般只在表层萌发生长,若能通过给水、松土的办法促进表土杂草种子萌发,1~2片叶时用草甘膦杀死,如是3次,表层杂草活动种子就会大量减少,这时再播种或种植新草,杂草的数量便会明显减少。在时间上可能占用1个月时间。

1年生杂草10%草甘膦水剂300~500 mL/667 m²,多年生杂草800~1 000 mL/667 m²,施药时加入0.2%表面活性剂或0.2%中性洗衣粉能明显提高药效。草甘膦落入到土中,与铁和铝结合而失活,所以最后1次施药1周后就可播种。关键是别把深层的杂草种子翻到上表层。

(4)棉隆 是播种前使用的除草剂,该产品在土壤中分解成异硫氰酸甲酯、甲醛和硫化氢等,可杀死土壤中的线虫、真菌、地下害虫和某些杂草。如狗牙根、马唐、狗尾草、宝盖草、野田芥和马齿苋。当土温达到12~18℃,含水量16%以上防效就好,且药害亦少。用量:沙质土壤4 900~5 880 g/667 m²,黏质土壤5 500~6 800 g/667 m²。撒施或沟施,随即覆盖,有条件的地方可喷水或加薄膜封闭,过一段时间后松土通气,然后播种。

(5)环草隆 为播后苗前使用,通过根系吸收进入植物体内。可用于早熟禾、多年生黑麦草和高羊茅上防除马唐、狗尾草、稗草,对牛筋草和多数阔叶草效果不好。播后随即施用。用量150~900 g/667 m²,剪股颖的忍耐力不好,若施药后无雨,应及时喷灌。

(6)阔叶净 是内吸传导型除草剂。经试验应用可在早熟禾、高羊茅和多年生黑麦草和苔草防除繁缕、田蓟、播娘蒿、野田芥、藜、荠菜、猪毛菜、马齿苋、车前等一年生阔叶草等。用量:75%干悬浮剂1 g/667 m²。施药时加入0.1%表面活性剂或0.2%中性洗衣粉可明显提高药效。对小旋花、回旋花、旋覆花、苦荬菜等多年生杂草,1次施药防治不会彻底根除,可考虑再度生长到有一定承受药剂的叶面积再次施药,以达到有效防治的目的。此药的作用缓慢,施药后2~3周才能明显见效。所以在缀花草坪上使用时需注意,应选择在无风天施药,以免药液刮到阔叶草上,施药时喷雾器的喷头朝向尽量躲开有阔叶植物的一面。使用过的药械要彻底清洗,洗涤的废水亦不要倒在生长着阔叶植物的地上。

参 考 文 献

[1] 郭学望,包满珠.园林树木栽培养护学.北京:中国林业大学出版社,2004.

[2] 丁世民.园林绿地养护技术.北京:中国农业大学出版社,2009.

[3] 石进朝.园林植物栽培与养护.北京:中国农业大学出版社,2012.

[4] 赵和文.园林树木选择.栽植.养护.北京:化学工业出版社,2009.

[5] 魏岩.园林植物栽培养护.北京:中国林业出版社,2009.

[6] 余远国.园林植物栽培与养护管理.北京:机械工业出版社,2010.

[7] 程亚樵.园林植物病虫害防治.北京:中国农业大学出版社,2007.

[8] 吴丁丁.园林植物栽培与养护.北京:中国农业大学出版社,2007.

[9] 吴泽民.园林树木栽培学.北京:中国农业出版社,2003.

[10] 祝遵凌,王瑞辉.园林植物栽培养护.北京:中国林业出版社,2005.

[11] 龚维红,赖九江.园林树木栽培与养护.北京:中国电力出版社,2009.

[12] 王玉凤.园林树木栽培与养护.北京:机械工业出版社,2010.

[13] 李承水.园林树木栽培与养护.北京:中国农业出版社,2007.

[14] 李庆卫.园林树木整形修剪学.北京:中国林业出版社,2011.

[15] 田伟政,崔爱萍.园林树木栽培技术.北京:化学工业出版社,2009.

[16] 余远国.园林植物栽培与养护管理.北京:机械工业出版社,2007.

[17] 李承水.园林树木栽培与养护.北京:中国农业出版社,2009.

[18] 陈有民.园林树木学.北京:中国林业出版社,1990.

[19] 王乃康,茅也冰,赵平.现代园林机械.北京:中国林业出版社,2004.

[20] 刘毅.草坪与园林绿化机械选用手册.北京:机械工业出版社,2003.

[21] 李国庆.草坪建植与养护.北京:化学工业出版社,2011.